建筑工程施工项目管理应用创新丛书

建筑工程项目安全管理应用创新

杨 勤 徐 蓉 主 编
马荣全 吴 芸 副主编

中国建筑工业出版社

图书在版编目(CIP)数据

建筑工程项目安全管理应用创新/杨勤，徐蓉主编.—北京：
中国建筑工业出版社，2011.2
（建筑工程施工项目管理应用创新丛书）
ISBN 978-7-112-12891-4

Ⅰ.①建… Ⅱ.①杨…②徐… Ⅲ.①建筑工程-安全管理
Ⅳ.①TU714

中国版本图书馆CIP数据核字(2011)第016207号

  本书主要以建筑工程项目安全管理为对象，在介绍国内外建筑工程安全管理法律法规制度的基础上，分析了建筑工程安全管理的基本原理，着重介绍了项目安全管理的创新应用，对安全管理的现状及产生问题的原因进行了剖析，对建筑工程项目的班组安全员聘任制、安全培训、安全信息化管理以及保险机制等安全管理应用创新内容进行了详细阐述。最后，对建筑工程项目安全管理进行了总结和展望。

  本书共分10章，主要内容包括：安全管理概述、我国安全生产法律法规及制度分析、国外安全法律法规及制度分析、建筑工程安全管理原理及理论分析、安全管理制度创新、班组安全员聘任制、安全教育培训、建筑生产安全管理信息系统、安全保险机制、建筑工程项目安全管理的发展展望。

  本书可作为从事工程项目安全管理的工程技术人员和管理人员工作、培训用书，也可作为土建类大专院校有关专业师生的教学参考。

* * *

责任编辑：郦锁林 赵晓菲
责任设计：赵明霞
责任校对：陈晶晶 姜小莲

建筑工程施工项目管理应用创新丛书
建筑工程项目安全管理应用创新
杨　勤　徐　蓉　主编
马荣全　吴　芸　副主编

*

中国建筑工业出版社出版、发行（北京西郊百万庄）
各地新华书店、建筑书店经销
北 京 天 成 排 版 公 司 制 版
北京富生印刷厂印刷

*

开本：787×1092毫米　1/16　印张：17　字数：424千字
2011年3月第一版　　2013年3月第四次印刷
定价：**39.00**元
ISBN 978-7-112-12891-4
(20165)

版权所有　翻印必究
如有印装质量问题，可寄本社退换
（邮政编码　100037）

序

建筑业是除煤炭、交通外的第三大高危产业,所以建筑生产安全一直以来都是关系到国计民生的头等大事,保障人民的生命财产安全是建筑业企业自觉履行社会责任、实现持续发展的根本前提。随着社会主义现代化进程的推进、基本建设规模的扩大,我国建筑业得到了迅速发展,建筑企业如雨后春笋般涌现,建筑业从业人员更是不计其数。建筑企业每年为国民经济发展创造了巨大的价值,为我国社会主义现代化建设作出了巨大的贡献。而与此同时,建筑企业的生产安全问题也成为经济建设进程中一个非常严峻的问题。虽然近几年来,伴随着建筑工程技术的不断进步、企业综合管理水平的不断提升,建筑事故发生率逐年下降。但是,与欧美等发达国家相比,我国的建筑事故发生率仍然较高。因此,在大力发展生产力的同时,加强安全管理,保障生命财产安全,是我们迫切需要深入研究的课题。

随着我国建筑业的不断发展,建筑专业要求不断提高,新型工程技术不断涌现,再加上专业化分工的不断深入,传统的安全管理模式已不能适应现代工程技术和管理的更高要求。因此,在建筑安全管理方面,我们应充分借鉴国外先进经验,并坚持走自主创新道路,探索出一条适合我们国家建筑业安全管理发展的新途径,推动我国建筑项目安全管理向更高的层次发展。

建筑工程项目安全管理,首先应强化人的主观安全意识"主观意识决定其行为方式。从建筑行业企业管理层到实施操作层,所有从业人员都要树立安全优于生产、生产离不开安全"的理念,主动辨识危险源,采取防范措施;同时,还要创造良好的安全生产环境,使建筑生产过程的各项静态和动态要素都处于安全可控的状态;并且在安全事故发生最初采取及时有效的处理措施,减少对各种资源的破坏,减少对人民生命财产损失的威胁。

建筑工程项目的安全管理不仅仅是定性的原则要求,更是定量的分析过程。安全事故的发生表面上具有随机性和偶然性,但其本质上更具有因果性和必然性;对于个别事故具有不确定性,但对大样本则表现出统计规律性。安全事故预测,是依据事故历史数据,按照一定的预测理论模型,研究事故的变化规律,对事故的发展趋势和可能结果预先做出科学推断和测算的过程。因此,现代建筑工程项目安全管理应借助于概率论、数理统计与随机过程等数学理论,研究具有统计规律性的随机现象,以预测建筑工程项目安全事故的发展趋势,为制定建筑行业安全政策、建立企业安全预警机制提供依据和指导。

中国建筑第八工程局多年来一直是中国建筑业的领先企业,不仅对建筑工程技术进行了深入的研究,而且对建筑工程项目安全管理应用创新进行了大量的探讨,并取得了丰硕成果。最近他们联合同济大学等著名土木建筑高等院校,从理论分析出发,坚持理论联系实际的原则,针对我国建筑业的发展现状,对传统问题从新的角度进行研究分析,借鉴国内外的先进经验,编写了《建筑工程项目安全管理应用创新》一书。该书在总结经验、明确方法、保证系统全面的同时，力求体现实用性和可操作性，以满足建筑工程项目安全管理的实际需要，对从事工程项目管理工作的工程技术和管理人员具有很强的理论与实践指导和借鉴作用。

我相信，《建筑工程项目安全管理应用创新》一书的出版能够为我国建筑工程安全管理提供实施性的指导方向，为推动我国建筑工程项目安全管理水平的提高作出新贡献！

建筑工程项目安全生产是建筑业企业发展的永恒主题，安全管理应用创新也需要不断地发展和完善，衷心希望各位专家同行能够在阅读此书时提出更加宝贵的意见和建议，共同促进我国建筑工程项目安全管理水平的不断提高。

前　言

安全生产长期以来一直是我国的一项基本国策，是保护劳动者安全健康和发展生产力的重要工作，同时也是维护社会安定团结和促进国民经济稳定、持续、健康发展的基本条件，是社会文明程度的重要标志。

建筑业是我国社会主义经济建设的支柱产业，在我国职业伤害事故中，建筑业事故伤害发生率仅次于矿山业位居第二。随着我国建筑业和建设管理体制改革的不断深化，建筑业企业的生产方式和组织结构发生了深刻的变化，建筑业安全生产已经越来越受到党中央、国务院的高度重视，日益成为我国现代化建设和构建和谐社会过程中需要着重考虑的问题。全面提高我国建设工程安全生产的保证水平和降低事故发生率，实现建设工程社会效益、环境效益和经济效益的协调发展，已成为当前一项十分严肃的重大政治任务和重大战略管理目标。因此，深刻认识安全工作的重要性，进一步加强安全管理工作，最大限度地控制和减少各类事故的发生，创造良好的安全生产环境，是十分重要的研究课题。

当前建筑工程项目安全管理不完善，安全投入不够，建筑施工从业人员流动频繁，文化素质参差不齐，安全和自我保护意识差，都是导致建筑企业安全事故发生的主要因素。项目施工是建筑施工企业生产的最前沿阵地，项目安全管理是项目管理的一项重要的工作，如何应对日益突出的安全问题，强化项目安全管理，是每一个项目管理人员，尤其是安全管理人员所面临的亟待解决的严峻问题。

编者考虑到，经过多年的探索与发展，不论是国家的法规、规范制度，建筑业企业的工程安全管理水平，还是从业人员的素质，都有了长足的发展。工程项目安全管理的知识也在不断地更新与扩充，《建筑工程项目安全管理应用创新》一书希望能够探索安全管理的创新思路，做到基本理论更加系统、专业知识更加全面、实用意义更加强化，以促进和推动我国建筑工程项目安全管理事业的发展。

本书由杨勤、徐蓉主编，第一章、第六章由徐蓉、王旭峰、陈希、张兴国编写，第二章、第三章由廖一鸣、吴芸（上海电力学院）、吴海潮编写，第四章由马荣全、赵重兴、杨勤编写，第五章由杨勤、陈寅编写，第七章由徐蓉、于水、张兴国编写，第八章由马荣全、丁爱武编写，第九章由徐蓉、贺明华、俞宝达编写，第十章由杨全付编写。在本书编写过程中，中国建筑第八工程局有限公司给予了大力支持，在此表示衷心的感谢！

限于编者的学识，在编写过程中难免出现这样或那样的不足，敬请有关专家、学者和广大读者给予指正，不胜感激！

目 录

1 安全管理概述 ·· 1
　1.1 安全管理相关概念 ·· 1
　1.2 建筑工程项目安全生产 ··· 2
　1.3 建筑工程安全管理的要素 ··· 6
　1.4 建筑工程项目安全管理的现状 ·· 8
　1.5 建筑工程项目安全管理的重要性 ·· 15
2 我国安全生产法律法规及制度分析 ·· 17
　2.1 《中华人民共和国建筑法》介绍 ·· 17
　2.2 《中华人民共和国安全生产法》介绍 ··· 19
　2.3 《建设工程安全生产管理条例》概述 ··· 23
　2.4 《安全生产许可证条例》、《建筑施工企业安全生产许可证管理规定》介绍 ··· 29
　2.5 《建设工程质量管理条例》介绍 ·· 30
　2.6 我国建筑业安全生产的其他有关法律法规介绍 ··························· 32
　2.7 我国安全生产管理基础制度 ·· 35
3 国外安全法律法规及制度分析 ··· 58
　3.1 美国《职业安全与健康法》(OSH Act)主要内容介绍 ················· 58
　3.2 英国安全生产管理现状及有关法案介绍 ····································· 65
　3.3 日本建筑安全管理的主要法规介绍 ·· 72
　3.4 法国的安全管理现状及经验 ·· 79
　3.5 德国的安全管理现状及经验 ·· 80
　3.6 国外安全管理现状小结及可借鉴的经验 ····································· 81
4 建筑工程安全管理原理及理论分析 ·· 83
　4.1 安全管理基本原理 ·· 83
　4.2 安全事故致因理论 ·· 86
　4.3 安全事故预测理论分析 ··· 93
　4.4 安全事故预控理论分析 ··· 103
5 安全管理制度创新 ·· 112
　5.1 安全管理制度建立的原则 ··· 113
　5.2 安全管理制度创新的要点 ··· 113
　5.3 我国建筑业安全管理创新研究 ·· 115
　5.4 施工企业安全管理制度创新分析 ··· 116
6 建筑工程项目安全管理应用创新——班组安全员聘任制 ····················· 128

   6.1 班组的安全管理概述 ······ 128
   6.2 班组安全员聘任制度 ······ 140
   6.3 班组安全教育培训 ······ 149
   6.4 班组安全检查 ······ 157
   6.5 安全员的安全管理工作 ······ 160

7 建筑工程项目安全管理应用创新——安全教育培训 ······ 169
   7.1 安全教育培训的重要性 ······ 169
   7.2 我国安全教育培训现状分析 ······ 170
   7.3 安全教育培训的内容 ······ 173
   7.4 以劳务企业为核心的新型培训组织机制 ······ 178
   7.5 建立安全教育培训平安卡制度 ······ 181
   7.6 建筑企业安全教育培训的特点和要求 ······ 183
   7.7 建筑企业安全教育培训的工作流程 ······ 184
   7.8 施工企业安全教育培训的基本方法和技巧 ······ 189

8 建筑生产安全管理信息系统 ······ 198
   8.1 建筑生产安全管理信息系统概论 ······ 198
   8.2 建筑生产安全管理信息系统的前期开发 ······ 201
   8.3 建筑生产安全管理信息系统的设计实施 ······ 207
   8.4 建筑生产安全管理信息系统的运行管理和评价 ······ 211
   8.5 安全生产现场监控系统的设计与运行 ······ 214
   8.6 建筑生产安全管理信息系统的发展展望 ······ 216

9 建筑工程项目安全管理的应用创新——安全保险机制 ······ 218
   9.1 保险 ······ 218
   9.2 工程保险 ······ 219
   9.3 建筑工程意外伤害保险参与主体及相关关系 ······ 228
   9.4 国外政府对工程保险行业的管理 ······ 230
   9.5 基于工程保险的安全风险管理模式 ······ 235
   9.6 我国工程保险制度健全与完善的配套建设 ······ 246
   9.7 建筑工程意外伤害保险案例分析 ······ 249

10 建筑工程项目安全管理的发展展望 ······ 254
   10.1 总结 ······ 254
   10.2 安全管理的发展展望 ······ 258

参考文献 ······ 262

1 安全管理概述

1.1 安全管理相关概念

1.1.1 安全

安全是一个普遍的、大家都很熟悉的概念，它具有十分广阔的含义，涉及从军事战略到国家安全，以及社会公众安全、交通安全、网络安全等领域。安全既包括有形实体安全，例如国家安全、社会公众安全、人身安全等，也包括虚拟形态安全，例如网络安全等。安全的基本含义包括两个方面，一是预知危险，二是消除危险，二者缺一不可。从广义上讲，安全就是预知人类活动各个领域里存在的固有的或潜在的危险，并且为了消除这些危险所采取的各种方法、手段和行动的总称。从狭义上说，安全是在人类生产过程中，将生产系统的运行状态对人类的生命、财产、环境可能产生的损害控制在人类能接受的水平以下的状态。

1.1.2 安全管理

安全管理可以定义为安全管理者对安全生产活动进行的计划、组织、指挥、协调和控制的一系列活动，以保护工作人员在生产过程中的安全与健康。从管理的范围和层次上看，安全管理包括宏观安全管理和微观安全管理两部分。宏观安全管理是指国家从思想指导、机构建设以及法律、经济、文化、科学手段等方面所采取的措施和进行的保护工作人员安全与健康的活动。微观安全管理是指安全生产主体根据国家法律、法规所采取的措施和进行保护工作人员在生产过程中安全与健康的行为。

1.1.3 建筑安全管理

建筑业是安全事故多发行业之一，由安全事故带来的生命和财产损失十分巨大，因此，改善建筑业的安全状况、确保建筑安全生产的意义十分重大。建筑安全事故的发生是多种因素综合作用的结果，但绝大多数的事故与安全管理有关，可以说，科学有效的安全管理是建筑安全生产的有力保障。建筑安全管理是安全管理原理、方式和方法在建筑领域的具体应用，它包括宏观的和微观的建筑安全管理两个方面。宏观的建筑安全管理是指国家安全生产管理机构以及建设行政主管部门从组织、法律法规、执法监督等方面对建设项目的安全生产进行管理。微观的建筑安全生产管理主要是指直接参与建设项目的安全主体，包括建筑企业、业主或业主委托的监理机构、管理公司、中介机构等对建设项目安全生产的计划、实施、控制、协调、监督和管理。

1.1.4 建筑安全风险管理

建筑安全风险管理是指建筑产品在全寿命周期中各责任主体基于风险发生和控制技术的研究而具体实施的安全管理。

建筑产品的全寿命周期，指建筑产品在建设单位产生投资意向开始到报废为止；基于风险发生和控制技术的研究而具体实施的安全管理指各责任主体通过风险识别、风险估测、风险评价，并在此基础上优化组合各种风险管理技术，对风险实施有效的控制，妥善处置风险所带来的损失，以保护工作人员在生产过程中的安全与健康，保护国家和集体的财产不受损失，保障建设的顺利进行，提高生产效益，以期达到以最低成本获得最大安全保障的目标。

1.1.5 建筑工程项目安全管理

建筑工程项目安全管理，是在项目施工过程中，组织安全生产的全部管理活动。通过对生产因素具体的状态控制，使生产因素中的不安全的行为和状态减少甚至消除，不引发安全事故，确保工程项目效益目标的实现。

1.2 建筑工程项目安全生产

1.2.1 建筑工程项目生产特点

作为一个传统的产业部门，建筑业之所以成为一个时常发生安全事故的行业，与其自身的特点有关：

1) 工程建设最大的特点就是产品固定，这是它不同于其他行业的根本点。建筑产品是固定的，体积大、生产周期长。建筑物一旦开始施工就固定了，生产活动都是围绕着建筑物、构筑物进行的，有限的场地上集中了大量的人员、建筑材料、设备零部件和施工机具等，这样的情况可以持续几个月或数年，直至工程完工。建筑工程是一个庞大的人机系统工程，在项目建设过程中，施工人员与各种施工机具和施工材料为了完成一定的任务，既各自发挥自己的作用，又必须相互联系，相互配合。这一系统的安全性和可靠性不仅取决于施工人员的行为，还取决于各种施工机具、材料以及建筑产品(统称为物)的状态。一般来说，施工人员的不安全行为和物的不安全状态是导致安全事故、造成损害的直接原因。而建筑工程中的人、物以及施工环境中存在的可能导致安全事故的风险因素非常多，如果不能及时发现并排除，将会很容易导致安全事故的发生。

2) 工程项目的施工具有单件性的特点。单件性是指没有两个完全相同的建设项目，不同的建设项目所面临的安全事故风险的多少和种类都是不同的，同一个建设项目在不同的建设阶段所面临的风险也不相同。建筑业从业人员在完成每一件建筑产品(房屋、桥梁、隧道等)的过程中，每一天所面对的都是一个几乎全新的工作环境。在完成一个建筑产品以后，又转移到新的地区参与下一个建设项目的施工。因此，不同工程项目在不同施工阶段的安全事故风险类型和预防重点也各不相同。

3) 工程项目施工具有离散性的特点。离散性是指建筑产品的主要制造者即现场施工的人员，在从事生产的过程中，分散于施工现场的各个部位，尽管有各种技术方案、规章制度和作业计划，但当他们面对具体生产问题时，仍旧不得不依靠自己的判断作出决定。因此，尽管部分施工人员已经积累了许多工作经验，还是必须不断适应一直变化的人、机、环境系统，并且对自己的作业行为作出决定，从而增加了建筑业生产过程中由于工作人员采取不安全行为或者工作环境的不安全因素导致事故的风险。

4) 建设项目施工大多是在露天的环境中进行的，所进行的活动必然受到施工现场的地理环境和气象条件的影响。例如，在现场气温极高或极低、照明不足（如夜间施工）、下雨或者大风等条件下施工时，容易造成工作人员生理或者心理上的疲劳，从而注意力不集中，可能导致安全事故的发生。

特别是建筑业高处作业较多，工人常年在室外操作。一幢建筑物从基础、主体结构到屋面工程、室外装修等，露天作业工作量约占整个工程的70%。现在的建筑物一般都在7层以上，绝大部分工作人员都在十几米或几十米的高处从事露天作业。工作条件差，受到气候条件多变的影响大，发生事故的可能性随之增大。

5) 建设项目安全事故种类多。近年来，建筑任务已由工业为主向民用建筑为主转变，建筑物由低层向高层发展，施工现场由较为宽阔的场地向狭窄的场地变化。施工现场的吊装工作量增多，垂直运输的方法也随之增多了，如采用龙门吊、高大旋转塔吊等。随着流水施工技术和网络施工技术的运用，交叉作业也随之大量增加，木工机械如电平刨、电锯等普遍使用。因施工条件变化，伤亡事故类别增多。过去是"钉子扎脚"等小事故较多，现在则经常发生机械伤害、高处坠落、触电等事故。

6) 工程建设往往有多方参与，管理层次较多，管理关系复杂。仅现场施工就涉及业主、总承包商、分包商和监理等各方。安全管理要做到协调管理、统一指挥，需要先进的安全管理方法和较强的组织能力，而目前很多项目的安全管理仍未能做到这点。因此，人的不安全行为、物的不安全状态以及环境的不安全因素往往相互交叉，是造成安全事故的直接原因。

7) 目前世界各国的建筑业仍属于劳动密集型产业，技术含量相对偏低，从业人员的文化素质较低。尤其是在发展中国家和地区，大量的没有经过全面职业培训和严格安全教育的劳动力涌向建筑业成为施工人员。一旦安全管理措施不当，这些工作人员往往成为建筑安全事故的肇事者和受害者，不仅为自己和他人的家庭带来巨大的痛苦和损失，还给建设项目甚至社会造成很多不利的影响。

8) 建筑业作为一个传统的产业部门，许多相关从业人员不重视安全生产和安全事故预防的错误观念由来已久。由于大量的事件或者错误操作并未导致伤害或者财产损失事故，而且同一诱因导致的事故后果差异很大，所以不少人认为建筑伤亡事故完全是由于一些偶然因素引起的，是不可避免的。由于没有从科学的角度深入地认识安全事故发生的根本原因并采取积极的预防措施，因而造成了建设项目安全管理不力，发生安全事故的可能性增加。

此外，传统的建设项目三大管理目标（即进度、质量和成本）是项目生产人员主要关注的对象，在施工过程中，往往为了达到这些目标而牺牲安全管理。再加上目前建筑市场竞争激烈，一些承包商为了降低成本，经常削减用于安全生产的支出，加剧了安全管理状况的恶化。建筑施工条件复杂，加上流动分散、工期不固定，比较容易使工作人员形成临时观念，从而不采取可靠的安全防护措施，存在侥幸心理，伤亡事故必然频繁发生。

利用数理统计的方法，对2000~2008年9年来发生的12413起施工伤亡事故的类别、原因、发生的部位等进行统计分析（图1-1），得到的结论显示，由于建筑结构的高度、跨度不断增大，新技术大量出现，特别是大型土木工程忽视安全管理，主要安全事故的类型有了新的变化。在各类施工伤亡事故中，按照发生事故所占比例的多少统计如下：高处坠落占48%、触电占13%、坍塌占11%、物体打击占12%、机械伤害占6%、起重伤害占4%。这六类施工伤亡事故占建筑工程项目安全事故总数的94%。

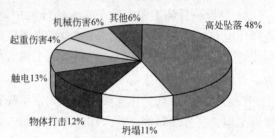

图1-1 施工伤亡事故类型及所占比例

1.2.2 建筑工程项目安全生产的特点

安全生产作为建筑项目中的重中之重，其自身具有如下特点：

1) 产品的固定性导致作业环境的局限性。

建筑产品坐落在一个固定的位置上，大量的人力、物资、机具必须在有限的场地和空间上集中进行交叉作业，导致作业环境的局限性，因此，容易产生物体打击等伤亡事故。

2) 露天作业导致作业条件恶劣。

建筑工程施工大多在露天空旷的场地上进行，导致工作环境相当艰苦，容易发生伤亡事故。

3) 体积庞大带来了施工多为高空作业。

建筑产品的体积十分庞大，操作人员大多在十几米、甚至几百米高空上进行高处作业，因此，容易产生高处坠落的伤亡事故。

4) 流动性大、工作人员整体素质低、安全意识差带来了安全管理难度大。

由于建筑产品的固定性，当前产品完成后，施工单位就必须转移到新的施工地点去，施工人员流动性大，整体素质较差，要求安全管理措施必须及时到位，这就给工程施工安全管理带来了难度。

5) 手工操作多、体力消耗大、强度高等带来了个体劳动保护的艰巨性。

在恶劣的作业环境下，施工人员的手工操作多，体能耗费大、劳动时间长、劳动强度大，其职业危害严重，带来了个人劳动保护的艰巨性。

6) 产品多样性、施工工艺多变性要求安全技术与管理措施的针对性。

建筑产品具有多样性、施工生产工艺复杂多变，如一栋建筑物从基础、主体至竣工验收各道施工工序均有其不同的特性，其不安全因素各不相同。同时，随着工程建设进展，施工现场的不安全因素也在随之变化，这就要求施工单位必须针对工程进度和施工现场实际情况不断地及时采取安全技术措施和安全管理措施确保施工安全。

7) 施工场地窄小带来了多工种立体交叉性。

近年来，建筑物由低向高发展，施工现场却由宽向窄发展，特别是城市市区内，致使施工场地与施工条件要求的矛盾日益突出，多工种交叉作业增加，导致机械伤害、物体打击事故增多。

8) 拆除工程潜在危险带来作业的不安全性。

随着旧城改建，拆除工程数量加大，拆除工程潜在危险大，表现在：无原建(构)筑物施工图纸；不断加层或改变结构，使原来建筑的力学体系受到破坏，带来作业的不安全性，易导致拆除工程倒塌事故的发生。

建筑安全生产管理具有系统性、复杂性、连续性的特点，这种特点要求建筑企业为了保证安全生产，必须投入大量人力、物力和财力。而目前建筑施工企业发生安全事故之后，对企业的信用影响不大，对受伤害人员的赔偿费也较低。建筑施工伤亡事故中90%的受害者是农民工，企业的赔偿仅几万元，最多不过几十万元。而据测算，每死亡一名30岁男性建筑业农民工的损失成本应在60万～80万元。发生安全事故的成本如此之低，再加上安全事故从表面上看具有一定的偶然性，侥幸心理使企业不愿为偶然的、很小的损失而对安全管理有大量投入。最终导致施工伤亡事故得不到根本的预防和控制。

人的思想是和一定条件联系在一起的，个人的安全思想需要建立在一定的基础上。美国心理学家马斯洛(A. H. Maslow)在他1943年出版的《调动人的积极性的理论》一书中首次提出需求层次理论(图1-2)，并在1954年出版的《动机与个性》一书中对该理论进行了进一步的阐释。马斯洛认为，各需求层次的要求是逐层递升的。一般来说，只有低层次的需求得到相对满足后，这种需求失去了对行为的动力作用，其上一层级的需求才会变得清晰和迫切起来，成为激励因素。他还认为人的5种需求在不同的年龄阶段和不同的社会条件下，总有一种需求处于优势地位，这种处于优势地位的需求是主导需求，其需要强度最大。通过需求层次理论来了解建筑从业人员的安全思想，可以窥视人员安全思想背后的深层次问题，为我们解决建筑安全问题提供新的视角和思路。

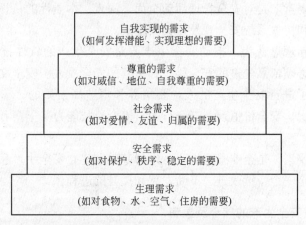

图1-2 马斯洛的需求层次理论

2008年，我国建筑从业人员达3893万人，其中吸纳农村富余劳动力3137万人，农民工的比例达80.58%。这些农民工基本都来自贫困地区，他们外出打工的目的(行为动机)

是以赚钱为主，用以养家糊口或送孩子读书。养家糊口是最基本的生存需求，送小孩读书则是他们身为父母应尽的责任。因此，他们的心理状态大都是多赚点钱，不计脏苦，不注重工作条件和环境。目前，建筑生产一线的人员，80%以上是农民工(有的工地甚至90%是农民工)，伤亡事故人员中死亡的90%都是农民工，这就印证了农民工急需解决基本生存需求而不顾其他的心理状态。正如马斯洛的需求层次理论所揭示的，第一层次的需求得不到满足时，是不可能去追求第二层次(安全保护)及以上的需求的，发达国家的安全事故发生率较低和从业人员注重安全保护有关，这是因为他们已经实现了基本的生理需求，转而追求更高层次的需求。

目前，在建筑工人还处于为满足基本生存需求而奔波的情况下，安全思想对于他们来说只是个概念问题，在安全和赚钱的矛盾之间，他们更多的是选择后者。在安全保护上，他们是被动的，他们的安全意识十分薄弱，同时这也是十分无奈的。此外，农民工普遍文化素质较低，这也是造成他们安全意识薄弱的主要方面。

建筑工程项目安全生产的上述特点，决定了施工生产的安全隐患多存在于高处作业、交叉作业、垂直运输、个体劳动保护以及使用电气工具上，安全事故也多发生在高处坠落、物体打击、机械伤害、起重伤害、触电、坍塌及拆除工程倒塌等方面。新、奇、个性化的建筑产品的出现既对施工技术提出新的要求，也给建筑工程施工安全带来了新的挑战，同时也给建筑工程施工安全管理和安全防护技术建立了新的目标。

1.3 建筑工程安全管理的要素

国家安全生产监督管理局局长李毅中在2005年3月国家安全生产监督管理总局干部大会上提出了安全管理"五要素"，即安全文化、安全法制、安全责任、安全科技、安全投入。安全生产"五要素"的提出，引起了安全管理界极大的关注，体现了解决安全管理问题的新思维、新理念和新举措。

安全管理"五要素"是对安全管理活动全面、深入、本质性的认识和深层次开发；搞好安全管理要接受和树立系统安全观及广义安全观。

安全文化观的新理念认为，推动安全生产要对安全生产的软件技术和硬件技术同时抓，发展安全生产必须依靠先进的安全科技和持续的安全投入。安全文化是安全生产的核心和灵魂，它主宰了进行安全生产的人，要培养和塑造高素质的、掌握安全科技文化的人，而人的安全意识、安全价值观、安全行为、安全科技能力又丰富和繁荣着与时俱进的安全文化。

安全管理"五要素"是企业安全生产运作的基础和建立安全生产长效机制的根本，是一个有机的体系，是一个持续改进、不断发展和提升的进程。

1.3.1 安全文化是安全生产的核心及灵魂

安全文化是安全生产的核心，是安全生产的灵魂，是安全生产的第一要素。特别是在当前经济迅速发展的情况下，工业伤亡事故正处于高发时期，需要人们能正确地处理生产与安全、生命与生产、效益与安全的关系，真正做到生产经营活动安全生产、安全第一。

安全生产就是珍爱生命，就是在安全优先的原则下创造经济效益和社会效益，就是保护劳动者在生产经营活动中的安全与健康，就是促进国民经济发展，保障社会秩序稳定。据调查统计和分析，80%的意外伤亡事故都是由于人的因素而引发的，只要提高劳动者的科技文化素质，这些事故是完全可以避免的。因此。只有把安全生产工作提高到安全文化的高度来认识，树立起安全生产的科学理念，培养安全的工作方法，提高安全意识，规范从业人员的安全行为，人人力行安全，人人自律安全，安全生产的严峻形势才会有根本好转。

要倡导和弘扬、创新和塑造具有企业特色的安全文化，用科学的安全生产观、安全价值观、安全生命观，引导企业生产和发展。让劳动者、生产经营者都能理解"安全第一、人命关天、珍惜生命、尊重人权"的理念，给从业人员创造学习、培训、深造的机会，使企业从业人员的安全科技文化素质达到同当代工业进步与时俱进的水平。通过安全文化的物质层面、制度层面、价值观与行为规范层面和精神层面，潜移默化的影响和塑造人们安全生产的新理念，形成现代工业生产的安全意识、安全思维、安全价值观、安全行为规范及安全哲学观点。只有通过安全文化的功能、作用及氛围，才能最深刻地培养和塑造出适应市场经济发展的高水平、高素质的安全科技文化劳动者。

没有文化的企业是没有生命力的企业，没有安全科技文化素质的劳动者是拿自己生命作赌注的冒险者、愚昧无知者。没有安全文化就会失去企业发展的动力，就会失去安全生产的灵魂，生产活动就会变成纯粹意义上的商品，就会失去以人为本发展生产，就会失去公德和伦理积累资本，这绝不是社会主义特色的市场经济下的生产经营活动。安全文化的潜在和现实的核心动力在于能直接影响和造就具有现代安全科学意识、安全思维及正确的安全价值观、人生观和安全行为的安全劳动者。

1.3.2 安全法制是安全生产行为的戒律、规范及标准

安全法制是指有关安全生产的法律法规、规章制度、技术标准。它是规范建筑企业安全生产行为的戒律和尺度，是处理违法违章的利器。企业从事的生产经营活动，必须遵纪守法，按照规章、制度办事，才能按科学的规律进行安全生产，才能规范生产经营活动人员的安全行为，才能维护企业安全生产的正常活动，才能保护劳动者的合法权益。

1.3.3 安全责任是生产经营者的主体责任和应尽的社会义务

安全责任是企业的主体责任，是企业及员工应尽的职责，是企业对社会及环境应尽的义务，是保证安全生产的基础，管生产必须管安全，必须贯彻"安全第一，预防为主"的方针，安全责任关键在于落实，必须层层健全，层层落实，落到实处，人人对安全尽责，处处照章办事，安全生产才不会成为空话。安全责任的落实是安全生产的坚实基础，管生产必须管安全，安全责任重于泰山，履行安全责任是企业及员工应尽的天职。

1.3.4 安全科技是支撑和发展安全生产不可或缺的软件和硬件

安全科技是安全生产发展的动力和技术手段。安全生产必须依靠先进的安全科学技术。发展生产必须依靠先进的科学理论和技术发明，不断地将劳动者从繁重的体力、脑力

劳动中解放出来，从风险大、危害大的作业岗位上解放出来，先进的安全装置、防护设施、预测报警技术都是保护生产力、解放生产力、发展生产力的重要途径，安全科技是安全生产的理论先导、技术支持和动力源泉。

1.3.5 安全投入是安全生产的经济后盾和发展的重要条件

安全投入是安全生产的成本投入，是安全生产的重要技术支撑和重要经济保障。安全投入是安全生产的物质保障，是实现保护生产力、提高生产力的重要表现形式，也是提高企业文明形象和经济效益不可或缺的重要手段。安全投入应理解为有关安全生产的人、财、物的投入，需要有实际的安全经费和成本的投入。安全设备的更新，施工工艺技术改造，安全科技教育都需要有经济投入才能实现。

1.4 建筑工程项目安全管理的现状

1.4.1 建筑工程项目安全管理的发展历程

我国建筑工程安全管理的发展，大致可分为六个阶段："一五"期间，"二五"期间，"三五"至1976年，1976年至1981年，1981年至1991年，1991年至今。其中，"二五"期间，由于受"大跃进"的影响，建筑业滑坡，建筑业万人死亡率为5.12；"三五"至1976年，受十年"文革"的影响，建筑工程安全生产工作处于停顿甚至倒退状态，高峰时万人死亡率达到5.3。各阶段的安全生产状况见表1-1。

安全生产状况统计表　　　　　　　　　　　　　表1-1

阶段	时代	建筑业总产值(亿元/年)	占社会总产值(%)	万人死亡率
1	"一五"期间	4～57	0.7～5.6	1.67
2	"二五"期间	200～90	9～4.5	5.12
3	"三五"至1976年	—	—	1.65～5.3
4	1976～1981年	767(1980年)	—	2.3(1980年)
5	1981～1991年	2038(1986年)	10.8	1.5(1990年)
6	1991年至今	75864(2009年)	13.3～13.4	1.4(2009年)

1.4.2 当前建筑工程项目安全管理的主要问题

1）法律法规的不健全和可操作性差，带来政府监管机制不适应市场经济体制要求，未能形成有效的外部监督管理机制。依据我国现行的法律法规，对建筑施工企业进行外部监督管理的有以下四个方面：第一，建设行政主管部门进行的行政执法监督管理；第二，《建筑法》规定的员工意外伤害保险，由保险单位进行的监督管理；第三，《工伤保险条例》（国务院令第375号）对施工单位执行安全卫生规程和标准、预防工伤事故发生进行的监督管理；第四，《建设工程安全生产管理条例》规定的工程监理单位进行的监督管理。上述第一项行政执法监督管理，因长期缺乏专职机构、人员编制和经费以及执法人员整体业务水平不高,难以形成有效的外部监管机制;第二项监督管理,在实际操作过程中,尚未形成由保险单位对施工单位的监督管理;第三项监督管理,属社会保险范畴,但缺乏具体依据和可操作性;第四项监督管理,要形成监督管理机制还需不断完善,要通过法律法规和规范标准等的健全和完善,使之具有较强的可操作性,才能使建筑工程安全监理制度很好地发挥外部监管功能。因此,法律法规及规范的不健全和可操性差等,导致了政府监督管理机制不能适应市场经济发展要求,未形成有效的外部监督管理机制。

2) 建筑业从业人员整体素质低、安全技术与管理滞后,给施工安全管理带来挑战。目前,我国建筑业从业人员有3893万人,农民工大约3137万人,占建筑业从业人员总数的80%以上,其安全防护意识、操作技能低下,建设行业安全技术与安全管理人员偏少,特别是专职安全生产管理人员就更少了。同时,建筑业从业人员的安全教育落实情况较差,安全培训严重不足。我国建筑业安全生产科技相对落后,科研经费投入不足,安全技术与管理难以满足当前科技含量高、施工难度大和危险性高的施工安全要求。

3) 安全教育培训制度不健全。目前,我国土木工程专业、工程管理专业等建筑类高等学校、中等学校削弱或忽视了施工安全技术与安全管理的教育与培训,造成后备人才严重不足。施工企业的企业安全教育培训,如三级安全教育、安全培训等没有建立有效的监督约束机制,流于形式,效果较差。

4) 安全管理资金的投入严重不足,施工安全成本支出得不到保障。施工企业对工程施工安全生产所必需的投入严重不足,特别是安全生产资金。建筑工程安全施工需要有一定执业资格的工作人员,合格的工器具,符合标准的加工对象和能源、动力,成熟的施工工艺技术及完备的安全保障设施等。这些都必须要投入必要的资金,构成建筑工程施工安全直接成本,同时,安全施工还需要有监测人员、监测设备等,即构成建设工程施工安全间接成本。建筑工程施工安全成本包括建筑工程施工安全直接成本和建筑工程施工安全间接成本。当建筑工程施工安全成本投入较低时,工程安全事故率升高,反之,当建筑工程施工安全成本投入较高时,工程安全事故率降低。

建筑工程施工安全成本理所当然地应计入工程成本,并且施工安全成本应得到补偿。但是,目前我国建筑市场,特别是招投标市场管理等尚未完全规范,建设单位(或业主)严重压价,施工单位层层违法转包或分包,施工单位的承包收入难以保证建筑工程施工安全成本得到补偿,这是建筑工程安全生产形势严峻的重要经济原因。

5) 施工企业的安全管理缺乏内部监管机制。施工企业安全管理包括对施工单位内部安全行为的监管和对分包等单位安全行为的监管。由于招投标市场的过度竞争,施工企业的承包价格往往不能对建筑工程施工安全成本进行完全补偿,很难保证施工安全费用的投入。同时,施工企业要追求最大利润,决定了它自身不会主动加强自我监管,不会自身增大监管成本。正因为如此,相当多的施工企业撤销安全管理机构和专职安全生产管理人员、安检员等。因此,众多施工企业缺乏正常运转的内部安全监管机制。

6) 部分施工企业未建立生产安全事故应急救援机制。部分施工企业未能建立有效的生产安全事故应急救援机制,包括未制定应急救援预案,未建立应急救援组织,未落实应急救援器材、设备和人员等。发生生产安全事故后,未能及时有效地开展救援工作,导致安全事故的扩大化。

7）建筑工程项目各方主体安全责任未落实到位。部分施工企业安全生产主体责任意识不强，重效益、轻安全，安全生产基础工作薄弱，安全生产投入严重不足，安全培训教育流于形式，施工现场管理混乱，安全防护不符合标准要求，"三违"现象时有发生，未能建立起真正有效运转的安全生产保证体系；一些建设单位，包括有些政府投资工程的建设单位，未能真正重视和履行法规规定的安全责任，随意压缩合理工期，忽视安全生产管理；部分监理单位对应负的安全责任认识不清，对安全生产隐患不能及时进行处理，《建设工程安全生产管理条例》规定的安全生产监理责任未能真正落实到位。

8）保障安全生产的各个环境要素尚需完善。一些建设项目施工不履行法定建设程序，游离于建设行政主管部门的监管范围之外，企业之间恶性竞争，低价中标、违法分包、非法转包、无资质单位挂靠、以包代管现象突出；建筑行业生产力水平偏低，技术装备水平较落后，科技进步在推动建筑安全生产形势好转方面的作用还没有充分体现出来。建筑施工安全生产领域的中介机构发展滞后，在政府和企业之间缺少相应的机构和人员提供安全评价、咨询、技术等方面服务。

综上所述，要解决我国建筑工程项目安全管理的诸多问题，应当健全和完善建筑工程安全生产法律法规和规范标准；规范建设市场，完善招投标市场；加大安全事故等安全问题违法违规成本；完善政府监督管理机制；严格执行强制性员工意外伤害保险制度；充分发挥市场机制，推进保险单位、工程监理单位、建筑安全服务机构等多方参与建筑工程施工安全生产的多方面的外部监管，推行建筑工程安全监理等制度；借鉴发达国家建筑工程施工安全管理的成功经验等。只有这样，才能更有效地提高我国建筑工程安全生产管理水平。

1.4.3 建筑工程项目安全管理问题成因分析

1.4.3.1 法律、法规落实情况分析

1. 建筑安全管理法律法规体系

按照"三级立法"的原则及"安全第一，预防为主"的安全生产方针，近年来，我国的建筑安全生产法律法规更趋于系统、严密，形成了较完善的法律法规体系。按层次由高到低为：国家根本法、国家基本法、其他法律、行政法规、部门规章、地方性法规和规章、安全技术标准规范。宪法为最高层次，每类部门法均由若干个法律组成；国务院及建设部制定的大量建筑安全法规、规章是效力范围较大、法律效力较强的建筑安全行政法规。

2. 建筑安全管理法律法规落实中存在的问题

建筑安全管理法律法规体系在现实的运行中存在以下问题：

1）现行安全法律法规体系有待进一步完善。虽然现在的法律法规体系已经比较完整，但是由于工程项目是一个动态的过程，随着时间的推移一些新的问题又会出现，因此建筑安全法律法规体系应该不断地完善。

2）企业或项目负责人还不能很好地落实安全法律法规。虽然国家在建筑安全的各个方面都制定了比较完整的法律法规，但企业在实际的执行中往往马虎对待，靠经验进行安全管理。企业从不组织或很少组织企业安全管理人员学习相关的法律法规。

3) 企业基层员工的法律法规意识薄弱，多数是凭经验做事，容易产生"想当然"的思想，有时甚至会与现行法律法规相背。

4) 企业内部缺乏相应的长效机制以有效地落实法律法规，而仅凭企业管理层人员的协调，单纯地"头痛医头、脚痛医脚"，不能从企业内部制度根源上保证安全法律法规的落实。

1.4.3.2 安全管理制度、组织结构分析

1. 安全管理制度分析

建筑工程项目安全管理制度是指为建筑工程项目安全管理的各个环节提供保障的制度。一般包括安全生产工作的组织制度、岗位责任制度、教育培训制度、专(兼)职安全管理人员管理制度、安全生产奖罚制度、安全作业环境和条件管理制度、安全技术措施实施的管理制度、劳动保护用品使用管理制度、应急救援设备和物质管理制度、安全生产检查和验收制度、安全隐患处理和整改工作情况备案制度、安全生产事故报告、处置、分析和备案制度等。

2. 安全管理组织结构分析

1) 机构的设置

我国《安全生产法》和《建设工程安全生产管理条例》明确规定，建筑施工单位应当设立安全生产管理机构，配备专职安全生产管理人员。《建筑施工企业安全生产管理机构设置及专职安全生产管理人员配备办法》(建制[2004]213号)规定：安全生产管理机构是指建筑施工企业及其在建筑工程项目中设置的负责安全生产管理工作的独立职能部门；建筑施工企业所属的分公司、区域公司等较大的分支机构应当独立设置安全生产管理机构，负责本企业(分支机构)的安全生产管理工作；建筑施工企业及其所属分公司、区域公司等较大的分支机构在建筑工程项目中设立安全生产管理机构；建筑工程项目应当成立由项目经理负责的安全生产管理小组。因此，根据我国安全生产法律法规的规定，每个建筑企业和建筑工程项目都应该设立安全生产管理机构。

2) 机构成员

建筑施工安全生产管理机构的成员，一般包括建筑企业主要负责人、项目负责人、专职安全生产管理人员、其他涉及安全责任的管理人员等。建筑企业主要负责人就是对本企业日常生产经营活动和安全生产工作全面负责、有生产经营决策权的人员，主要包括企业法定代表人、经理、企业分管安全生产工作的副经理等。项目负责人就是企业法定代表人授权，负责建筑工程项目管理的负责人等。专职安全生产管理人员就是经建设主管部门或者其他有关部门安全生产考核合格，并取得安全生产考核合格证书的在企业从事生产安全管理工作的专职人员，包括企业安全生产管理机构的负责人及其工作人员和施工现场专职安全生产管理人员。

3) 机构的职责

建筑企业施工安全生产管理机构的主要职责包括：落实国家有关安全生产法律法规和标准；编制并适时更新安全生产管理制度；组织开展全员安全教育培训；组织开展安全检查等活动。

4) 成员的职责

(1) 负责人的职责。建筑企业安全生产管理机构负责人依据企业安全生产实际,适时修订企业安全生产规章制度,调配各级安全生产管理人员,监督、指导并评价企业各部门或分支机构的安全生产管理工作,配合有关部门进行安全事故的调查处理等。

(2) 工作人员的职责。建筑企业安全生产管理机构工作人员负责安全生产相关数据统计、安全防护和劳动保护用品配备及检查、施工现场安全监督等工作。

(3) 施工现场专职安全管理人员的职责。施工现场专职安全管理人员负责施工现场安全生产巡视检查,并做好记录。发现现场存在安全隐患时,应及时向企业安全生产管理机构和工程项目经理报告,对违章指挥、违章操作的人员应立即制止。

3. 安全管理制度、组织结构存在的问题

1) 施工企业安全管理机构设置不合理,有的单位未设置单独的安全管理部门,有的单位虽有单独的安全管理部门(即安全处、安全科等),但人员配备不足,有的单位安全管理人员身兼数职,对企业安全管理不知从何做起,导致施工现场安全管理不到位,甚至失控。

2) 在建筑行业中,一些施工企业没有完整的安全管理组织机构,专职安全员形同虚设,平时在现场根本看不到,只有应付上级检查时才拉出人来充当。安全生产管理制度无法落实,安全生产没有切实根本的保障。而一些安全管理组织机构比较健全的施工企业,虽然有安全管理制度,但往往是"贴在墙上,挂在嘴上,不能落到行动上",在施工现场安全管理制度很难落实。并且当施工的进度、质量、效益、安全几方面发生冲突时,往往忽视安全生产,注重的只是进度和效益。

3) 施工现场的安全管理不到位,安全生产责任制没有具体落实。施工现场的安全管理是一种动态管理,建筑施工现场物的不安全因素在减少,但人的不安全行为却没有得到有效监控。施工现场虽都安排了一定比例的专职安全员,但部分安全员责任心不强,没有严格履行职责,没起到巡查纠错的作用。盲目施工、瞎指挥、强令工人冒险作业等违章现象时有发生。再加上有些施工安全管理人员安全意识淡薄,对工人的一些违章现象视而不见,这无疑使施工现场安全管理工作雪上加霜,导致建筑人员伤亡等安全事故层出不穷。

1.4.3.3 安全教育培训分析

安全教育培训分为两方面,一方面是对管理人员的培训:对施工单位的主要负责人、安全管理部门管理人员、项目经理、技术负责人、专职安全员要进行定期培训;另一方面是对作业人员的培训。

1. 安全教育培训的特点

根据施工企业的特点,有的放矢地开展安全教育培训工作,既是施工安全管理的重要内容,又是保证现场施工安全的重要措施。安全教育培训具备以下几个显著特点:

1) 安全教育培训的全员性。安全教育的对象是建筑企业所有从事生产活动的人员。因此,从企业经理到项目经理,从一般管理人员到一线作业人员,都必须严格接受安全教育,全力形成全员、全过程、全企业的安全意识。安全教育培训是建筑企业所有人员上岗前的先决条件,任何人不得例外。建筑企业各级领导应坚持把提高全体员工安全素质摆在重要位置,使安全第一的思想和基本的安全知识深入人心。

2) 安全教育培训的长期性。安全教育培训是一项长期性的工作,要把经常性的安全教育培训贯穿于企业员工工作的全过程，贯穿于每个工程施工的全过程，贯穿于施工企业生产活动的全过程中。新员工从进企业开始就必须接受安全教育。从施工队伍进入施工现场开始，就必须对所有从业人员进行入场安全教育和岗位培训，进行安全生产、安全技能和安全防护救护等基本安全知识的培训。

3）安全教育培训的专业性。建筑行业是一个劳动密集型行业，涉及专业多，覆盖范围广。安全生产既有管理性要求，也有技术性知识，由于安全生产是管理性与技术性相结合，教育者既要有充实的理论知识和管理才能，也要有丰富的专业知识和实践经验，这样才能使安全教育培训做到深入浅出、通俗易懂，并且收到良好的效果。

2. 安全教育中的问题

随着建筑企业改制和用工制度的改革，建筑从业人员队伍发生了根本变化，管理层与劳务层相分离，使建筑企业一线工作人员由原来的固定的自有员工，转变为现在临时的农民工。建筑从业人员从原来具有1~8级技术水平的人员，转变为现在未经任何培训的农民工，他们成为建筑从业人员的主力。农民工对建筑工程高风险的认识不足，发生死亡事故的绝大多数是刚进工地不久的年青劳力。农民工安全教育中存在的主要问题如下：

1）文化素质偏低，安全意识薄弱。建筑市场的农民工大部分只是小学毕业，有的虽然初中毕业，但知识水平只相当于小学文化水平。据调查，有90%以上的农民工未参加过技能岗位培训或未取得有关岗位证书和技术等级证书，放下镰刀就拿起瓦刀，不具备应有的岗位知识，缺乏必要的安全技能培训教育。

2）农民工是工伤事故的最大受害群体。当前，很多工程项目要求二级以上资质等级的施工企业参加投标，企业用工基本是在本地劳务市场招聘的。招聘的农民工没有经过系统的安全培训，就连入场的三级教育也往往是走形式（少数项目甚至连口头教育也没做），特别是对那些刚从农村出来的农民工，他们不熟悉施工现场的作业环境，不了解施工过程中的不安全因素，缺乏安全知识、安全意识和自我保护能力，不能辨别危害和危险，甚至于有的农民工第一天来上班，当天就发生了伤亡事故。还有些工程项目对分包单位实行"以包代管"，使得建筑施工中有关安全生产的法规、标准只停留在项目管理班子这一层，落实不到施工队伍上，操作人员不了解或者不熟悉安全规范和操作规程，又缺乏管理，违章作业现象不能及时得到制止和纠正，安全事故隐患未能及时发现或消除，所以，他们既是安全事故的肇事者，又是安全事故的受害者。

3）农民工缺乏有效的管理体制。农民工为建筑业快速发展提供了人力资源保障，同时在以农民工为主的建筑劳务市场也存在一些亟待解决的问题，一是用工企业与"包工头"签订劳务合同，一些"包头工"随意用工、管理混乱，违法转嫁经营风险，损害农民工的合法权益；二是农民工队伍庞大松散，无序流动，带来行业管理的困难。农民工是以劳务形式进入建筑工地的，大多数是属于自愿、松散的临时性组合团体，每天站在十字街口的劳务市场中，招之即来，挥之即去。而用人单位则重使用、轻培训，安全教育很难落实，缺乏有效的安全管理体制。

1.4.3.4 安全管理投入分析

1. 安全投入概念

D. Andreoni（安德鲁博士，美国）提出的安全卫生费用模型，认为劳动安全卫生费用分为预防费用和事故费用，从而第一次引入了预防费用，并提出了总费用最小原理。罗云在《安全管理科学趋势与展望》(2000)中，把安全投入定义为安全活动的一切人力、物力和财力的总和。将人员、技术、设施等的投入、安全教育及培训费用、劳动防护及保健费用、事故救援及预防费用、事故伤亡人员的救治花费等，均视为安全投入，而安全事故导致的财产损失、工作日损失、事故赔偿等则不属于安全投入的范围。邱少贤等将企业的安全投入划分为安全技术措施、工业卫生技术措施、安全教育、个体保护用品和日常安全管理及人工费等。黄盛仁在《对我国当前安全生产工作的思考》(2002)中提出，以企业为单位，对我国企业在20世纪90年代的安全生产投入进行统计时，将安全总投入划分为安全措施经费(包括安全技术＋工业卫生＋辅助设施＋宣传教育)、劳保用品投入和职业病费用等，并得出企业安全总投入占GDP的比例为7‰，其中安全措施经费占59％，劳保用品占37％，职业病费用占4％。在安全措施经费中，安全技术、工业卫生、辅助设施、宣传教育的投入比例分别为32％、25％、39％、4％。以上安全投入的分类大都是针对施工企业，目前我国还没有以建设项目为对象的安全投入统计标准。

综上所述，可以将建筑工程安全投入的概念归结如下：为达到保障建筑工程的正常开展、控制危险源、更好地实现工程建设的目的，而将一定资源投放到安全领域的一系列经济活动和资源的总称。该涵义具有双重性：既是指安全投资所进行的一系列经济活动(如安全设施维护、保养及改造、安全教育及培训的花费、事故救援及预防等)，又是指投入到安全活动中的资金(如为了改善安全生产条件、预防各种事故伤害、消除事故隐患等有害作业环境的全部费用，也就是为了保护员工在生产过程中的安全健康所支出的全部费用)。

2. 建筑工程安全投入不足的原因分析

目前，我国建筑工程的安全投入严重不足，其原因主要包括以下几个方面。

1) 企业对安全投入重要性的认识不够。由于安全投入效益具有滞后性、潜在性、隐蔽性等特点，其投入往往得不到足够的重视，这也使得在过去的很长时间里，为了谋求利润最大化，决策者往往注重生产性项目的投入与管理，而忽视项目的安全投入。

2) 安全投入决策者所掌握信息的数量和准确度的影响。决策的正确性必须建立在广泛的知识和信息之上。在安全投入决策中，决策者根据收集到的信息资料判断各种影响因素，并对其进行分析，为决策提供依据。信息的翔实和准确是正确决策的基础，要保证安全投入决策的正确性，决策者所掌握的信息数量和准确性就显得尤为重要。

3) 安全投入决策程序的规范化与合理性。决策程序是人们在决策实践中不断总结经验、对客观事物规律认识深化的基础上制定出来的。投入决策的过程，应在科学理论的指导下，遵循投入决策程序，由具有丰富经验的专家、学者和决策者通过可行性研究和科学的分析，选择最优方案。科学的决策，必须建立在规范的决策程序的基础上，否则，决策就会表现出主观性和盲目性。

4) 经济发展水平是影响安全投入绝对量和相对量的主要因素。一个国家、行业或部门，能将多少资源投入工作人员的安全保障，归根到底是受社会经济发展水平制约的。在经济比较落后的地区或时期，人们只能顾及基本的生存需要，因而主要考虑把资金用于满足生活的基本需求，而安全、健康则被放在次要的地位。随着经济的发展，人民生活水平的逐步提高,一方面科学技术和经济条件提供了基础保证,另一方面人们心理和生理对安全与健康的要求在随之提高,这就要求安全的投入随之增大。

5) 政治因素对安全投入的制约。一定社会条件下的安全是受该社会的政治制度和经济制度制约的。一个国家或地区的安全投入规模,也受政治制度、政治形势,乃至政治决策人对安全重视程度等因素的制约。我国的政治制度决定了国家机构的重要职能是在发展生产的基础上,不断满足人民物质和文化生活的需要。提高人民生产和生活的安全与健康水平、关心和重视劳动保护事业是党和政府主要工作宗旨之一。这就使得我国政府是能够在经济能力许可的基础上,尽最大可能地保障安全的投入。政治形势的变化显然会对安全的投入带来影响。如资本主义社会的资本积累初期,资本家主要考虑资本的增值,很少重视工人的生命健康与安全,对安全的投入非常少,使得职业事故与伤害发生率较高,工人对自身权利的要求由于受政治形势的威胁而没有得到正确的认识,因而这种不合理的状况得以维持和存在。随着社会的发展,显然这种状况有了显著的改善。我国在"文化大革命"时期,安全投入得不到保障,安全事故发生率呈上升趋势,也是由于政治因素的影响。

1.5 建筑工程项目安全管理的重要性

有效地遏制安全事故的发生,确保建筑施工现场作业人员的人身安全,创造文明、和谐、人性化的施工环境,是建筑施工行业贯彻落实科学发展观,真正实现以人为本价值诉求的重要手段。如何保证建筑施工过程中工作人员的生命财产安全,如何落实建筑工程项目安全管理,是建筑施工行业应时刻考虑和重视的问题。

1) 安全与生产的关系是辩证统一的关系,而不是对立的、矛盾的关系,安全与生产的统一性表现在:一方面指生产必须安全,而另一方面安全可以促进生产。我国安全生产方针经历了一个从"安全生产"到"安全第一、预防为主"的产生和发展过程,且强调在生产中要做好预防工作,尽可能将安全事故消灭在萌芽状态之中。

2) 为适应社会主义市场经济的需要,1993年国务院将原来的"国家监察、行政管理、群众监督"的安全生产管理体制,发展为"企业负责、行政管理、国家监察、群众监督"。同时,又考虑到许多安全事故的发生是由于劳动者违章违纪造成的,所以增加了"劳动者遵章守纪"这一条规定。由此可见,随着社会主义现代化建设的需要,国家也在逐步完善安全生产监察制度,愈加重视安全生产,并专门成立了安全生产监督委员会,从原来的劳动部脱离直接划归国务院管理。我国1997年11月1日颁布的《中华人民共和国建筑法》,对建筑施工企业的安全生产管理作出了明确规定,反映出国家对建筑施工企业关乎民生问题的重视,通过立法确立了建筑施工企业安全管理制度的重要性。

3) "安全第一,预防为主"是企业安全生产的工作方针,但现在仍有许多企业对安全生产不够重视,安全投入不足,这其实是项目负责人在项目管理掌舵的同时没有认清安全与企业经营、项目施工管理紧密相连的普遍反映。建筑施工企业在完善企业规章制度的前提下,相对应不同的建筑工程,建立起施工现场的安全生产保证体系,保证企业安全生产和创造效益,创建优良工程,才能树立起企业品牌和行业信誉,提高市场竞争力。因此,安全生产管理是建筑施工企业生存和发展的保证。

4）随着社会的发展与进步，安全生产的概念也在不断地发展。安全生产概念已不仅仅是保证不发生伤亡事故和保证生产顺利进行，更是增加了对人的身心健康要求，提出了搞好安全生产以促进社会经济发展、社会稳定及社会进步的要求。我们应从理论、政治、经济、伦理和社会影响等不同角度来理解安全生产，从而进一步搞好安全生产管理工作。

5）从理论上来讲，马克思主义认为，人民群众是历史的创造者。生产活动是人类最基本的活动，是人类一切活动的基础；人类社会赖以生存和发展的生产资料都是劳动群众创造的，那么实现劳动者的安全就是保护生产力，推动历史前进。

6）从政治上来讲，劳动人民是历史的创造者。安全生产是保障人权和保护人民生命财产的一项基本策略，我国宪法规定，我国是由"工人阶级领导的以工农联盟为基础的无产阶级专政的社会主义国家"。劳动人民是国家的主人，他们通过劳动生产为国家创造了巨大的物质财富，国家将把劳动人民在生产过程中的安全放在重要的地位，为此国家专门制定了《安全生产法》《劳动法》等一系列安全生产方面的法律法规，来保护劳动人民在生产劳动过程中的根本权益，实现人权保障。国际劳工组织也规范了保障就业者安全的各项章程。搞好安全生产、保护劳动者的安全与健康已成为国家乃至世界关注的一个敏感的政治问题。

7）从经济上讲，安全生产是发展社会主义市场经济的重要条件。生产力的高低决定着经济发展的高低，生产力是由人的因素和物的因素构成的，而人的因素是主体，在构成生产力诸要素中起主导作用。在构成生产力物的因素中，劳动资料占有重要地位，其中生产工具的作用尤为突出，社会越向前发展，其作用与意义也就越大，从原始人的石刀、石斧到现代生活中的自动控制系统，无非都是生产工具，都是人的劳动器官的延长，而且要靠人去操作使用。我们要保护和发展生产力，最重要的还是保障劳动者的安全，保护他们的生命和健康。且每一起安全生产事故都将造成一定的经济损失，这些直接或间接的经济损失有时是巨大的，甚至是一个企业或个人难以承受的。所以搞好安全生产管理就是保护劳动力，促进经济发展。

8）从道德伦理上来讲，家庭是社会的细胞，尤其对于我们中国，重视家庭生活是传统的美德。如果我们当中有一个家庭的某一个成员因生产事故而伤残或死亡，会造成这个家庭的极大不幸。伤亡一名员工，给他们父母、妻子儿女、亲朋故友带来很大的痛苦，甚至给家庭带来几十年和几代人的痛苦。

9）从社会稳定上来讲，生产安全事故的频发，一方面影响政府的形象，带来招商引资的负面影响，引起经济发展的波动；另一方面由于安全事故造成的人身伤害和财产损失，产生众多的经济纠纷，往往会引起人们对政府甚至对社会的不满，易引发社会的不稳定，成为社会不稳定因素。

综上所述，加强安全生产管理，实现安全生产是社会赋予的神圣使命，是人类进步和发展的保证，有着重要的现实意义和深远的历史意义，我们必须把它抓实抓好，决不能掉以轻心。

2 我国安全生产法律法规及制度分析

建筑业是国民经济的重要物质生产部门，它与整个国家的经济发展和人民生活的改善有着密切关系。作为我国的支柱产业，2004年以来，建筑业增加值占国内生产总值（GDP）的比重一直稳定在9%以上，在国民经济各部门中居第四位，仅次于工业、农业、服务业。近年来，随着改革开放步伐的加快，我国经济的高速发展，建设投资也在不断增长。尤其是近年来新开工项目迅猛增加，在建工程规模不断扩大，使建筑业进入一个前所未有的繁荣期。建筑业的不断发展，为我国能源、交通、通信、水利、城市公用等基础设施的不断完善，为我国冶金、建材、化工、机械等工业部门生产产品的使用与消费作出了积极贡献，同时也为农村劳动力的转移提供了非常重要的场所。建筑业从业人数不断创出历史新高。据国家统计局统计，全国建筑业从业人员20世纪90年代初约2500万人，到2008年从业人数已达3893万人，约占全国工业企业总从业人员的三分之一。

我国社会主义的性质决定了人民群众生命和财产安全是国家和社会的根本利益所在。在谋求经济与社会发展的整个过程中，人的生命始终是最宝贵的。而建筑业作为国民经济支柱产业的重要地位决定了建筑业的安全生产是关系到国家经济持续发展、社会和谐的大事。因此，建筑安全事故的发生将直接影响到社会的稳定和改革开放的大局。不仅如此，工程建设安全生产也是取得企业效益的前提。建筑业频繁的安全事故将造成企业成本的无效增加，浪费大量的社会资源，严重影响建筑业的可持续发展。

改革开放以来，国家建设行政主管部门抓住深化改革的历史机遇，把建筑安全行业管理工作的重点放在建立健全行政法规和技术标准体系上，加大了建筑安全生产的立法研究工作，加快建筑安全技术标准体系的完善工作，并取得可喜的成果。以下就对我国现行安全生产法律法规体系及一些安全生产管理的基本制度进行介绍。

2.1 《中华人民共和国建筑法》介绍

2.1.1 《建筑法》的意义

《建筑法》是规范我国各类房屋建筑及其附属设施建造和安装活动的重要法律，其基本精神是保证建筑工程质量和安全、规范和保障建筑各方主体的权益。作为我国建筑领域的基本法律，《建筑法》对建筑施工许可、建筑工程发包与承包、建筑安全生产管理、建筑工程质量管理等内容做出原则规定，对加强建筑活动的监督管理，维护建筑市场秩序，保证建筑工程质量和安全，促进建筑业的健康发展，提供了法律保障，为加强建筑工程质量管理发挥了积极的作用。与此同时，《建筑法》还实现了"三个规范"，即规范市场主体行为，规范市场主体的基本关系，规范市场竞争秩序，为建筑市场规范运行提供了有力保障。

2.1.2 《建筑法》的立法宗旨

《建筑法》的立法宗旨是：促进建筑业健康有序的发展，加强对建筑活动的监督管理，维护建筑市场秩序；保证建筑工程的质量和安全；保障人民生命财产安全；大力推广新技术、新工艺、新材料的应用；积极推进现代化的管理运作方式，发展和提高建筑业的生产水平。

2.1.3 《建筑法》规定的主要建筑安全生产管理制度及措施

我国建筑安全生产管理制度主要有：施工许可证制度；单位和人员从业资格制度；安全生产责任制度；群防群治制度；项目安全技术管理制度；施工现场环境安全防护制度；安全生产教育培训制度；意外伤害保险制度；伤亡事故报告制度等。

《建筑法》中针对安全生产制定的制度和措施有：

1) 建立健全安全生产的责任制和群防群治制度等制度。

2) 建筑工程设计应当符合国家规定制定的建筑安全规程和技术规范的相关规定，保证工程的安全性能。

3) 建筑施工企业在编制施工组织设计时，应当根据建筑工程的特点制定相应的安全技术措施。

4) 施工现场对毗邻的建筑物、构筑物等特殊作业环境可能造成损害的，建筑施工企业应当采取安全防护措施。

5) 建筑施工企业的法定代表人对本企业的安全生产负责，施工现场安全由建筑施工企业负责，实行施工总承包的，由总承包单位负责。

6) 建筑施工企业必须为从事危险作业的员工办理意外伤害保险，支付保险费。

7) 涉及建筑主体和承重结构变动的装修工程，施工前应提出设计方案，没有设计方案的不得施工。

8) 房屋拆除应当由具备保证安全条件的建筑施工单位承担，由建筑施工单位负责人对安全负责。

2.1.4 《建筑法》中涉及建筑业安全生产的主要条款

第一条 为了加强对建筑活动的监督管理，维护建筑市场秩序，保证建筑工程的质量和安全，促进建筑业健康发展，制定本法。

第二条 在中华人民共和国境内从事建筑活动，实施对建筑活动的监督管理，应当遵守本法。本法所称建筑活动，是指各类房屋建筑及其附属设施的建造和与其配套的线路、管道、设备的安装活动。

第三条 建筑活动应当确保建筑工程质量和安全，符合国家的建筑工程安全标准。

第三十六条 建筑工程安全生产管理必须坚持安全第一、预防为主的方针，建立健全安全生产的责任制度和群防群治制度。

第三十八条 建筑施工企业在编制施工组织设计时，应当根据建筑工程的特点制定相应的安全技术措施；对专业性较强的工程项目，应当编制专项安全施工组织设计，并采取安全技术措施。

第四十一条　建筑施工企业应当遵守有关环境保护和安全生产方面的法律、法规的规定，采取控制和处理施工现场的各种粉尘、废气、废水、固体废物以及噪声、振动对环境的污染和危害的措施。

第四十三条　建设行政主管部门负责建筑安全生产的管理，并依法接受劳动行政主管部门对建筑安全生产的指导和监督。

第四十四条　建筑施工企业必须依法加强对建筑安全生产的管理，执行安全生产责任制度，采取有效措施，防止伤亡和其他安全生产事故的发生。建筑施工企业的法定代表人对本企业的安全生产负责。

第四十五条　施工现场安全由建筑施工企业负责。实行施工总承包的，由总承包单位负责。分包单位向总承包单位负责，服从总承包单位对施工现场的安全生产管理。

第四十六条　建筑施工企业应当建立健全劳动安全生产教育培训制度，加强对职工安全生产的教育和培训；未经安全生产教育培训的人员，不得上岗作业。

第四十九条　涉及建筑主体和承重结构变动的装修工程，建设单位应当在施工前委托原设计单位或者具有相应资质条件的设计单位提出设计方案；没有设计方案的，不得施工。

第五十一条　施工中发生事故时，建筑施工企业应当采取紧急措施减少人员伤亡和事故损失，并按照国家有关规定及时向有关部门报告。

2.2　《中华人民共和国安全生产法》介绍

2.2.1　《安全生产法》的意义

2002年颁布的《安全生产法》是有关安全生产工作的一项根本大法，其顺利出台是安全生产工作法制化进程的一个重要里程碑。《安全生产法》对于全面加强我国安全生产法制建设，强化安全生产监督管理，规范生产经营单位的安全生产，遏制重大、特大事故，促进经济发展和保持社会稳定，具有重大而深远的意义。《安全生产法》的贯彻实施，有利于各级人民政府加强对安全生产工作的领导；有利于安全生产监管部门和有关部门加强监督管理，依法行政；有利于规范生产经营单位的安全生产工作；有利于提高从业人员的安全素质；有利于制裁各种安全生产违法行为。

《安全生产法》作为中国第一部全面规范安全生产的专门法律，在安全生产法律法规体系中占有极其重要的地位。它是中国安全生产法律体系的主体法规，是各类生产经营单位及其从业人员实现安全生产所必须遵循的行为准则，是各级人民政府及其有关部门进行监督管理和行政执法的法律依据，是制裁各种安全生产违法犯罪行为的有力武器。

《安全生产法》是《劳动法》的一个分支，而《劳动法》是我国整个法律体系中的一个部门法规，它的基本原则又是依据我国具有最高法律效力的根本大法《宪法》确定的。我国《宪法》第42条明确规定，"国家通过各种途径，创造劳动就业条件，加强劳动保护，改善劳动条件"，这一规定肯定了劳动者的权利，充分体现出国家对保障劳动者的安全和健康的重视，是《安全生产法》的重要立法依据。

2.2.2 《安全生产法》的立法宗旨

《安全生产法》的立法宗旨是：以人为本，突出保障人的生命财产安全；预防为主，重点不在事后处理，而是着眼事前防范；落实责任，包括企业的责任、政府的责任、中介机构的责任；依法加强监管，依法查处事故。

2.2.3 《安全生产法》确立的基本原则和基本法律制度

《安全生产法》强调预防为主，以人为本，加强监管，落实相关责任，并明确了以下基本原则：坚持"安全第一、预防为主"安全生产方针的原则；生产经营单位必须具备安全生产条件的原则；加强安全生产监督管理的原则；建立安全生产工作中奖罚机制的原则；鼓励开展和支持安全生产科学技术研究和推广应用的原则。

在制度层面，《安全生产法》确立了许多重要制度，比如：政府的监管制度；行政责任追究制度；从业人员的权利义务制度；安全救援制度；安全事故处理制度；隐患处置制度；关键岗位培训制度等等。作为一部安全生产大法，《安全生产法》确立了对各行业和各类生产经营单位普遍适用的七项基本法律制度：

1) 安全生产监督管理制度。《安全生产法》明确了企业是安全生产的责任主体，政府是安全生产的监管主体。这项制度主要包括安全生产监督管理体制、各级人民政府和安全生产监督管理部门以及其他有关部门各自的安全监督管理职责、安全监督检查人员职责、社区基层组织和新闻媒体进行安全生产监督的权利和义务等。

2) 生产经营单位安全保障制度。企业要建立各项安全保障制度，包括生产经营单位的安全生产条件、安全管理机构及其人员配置、安全投入、从业人员安全资质、安全条件论证和安全评价、建筑工程"三同时"、安全设施的设计审查和竣工验收、安全技术装备管理、生产经营场所安全管理、社会工伤保险等。

3) 安全生产第一责任人制度。《安全生产法》明确生产经营单位是安全生产的主体，对生产经营必须具备的安全生产条件、主要负责人的安全生产职责、安全管理机构和管理人员的配置、生产经营场所的安全管理和安全生产违法行为的法律责任都作了严格明确的规定。这为促进生产经营单位提高安全管理水平、建立严格的安全生产制度提供了保证。强调企业是安全生产责任主体，企业法定代表人是第一责任者。生产必须安全，安全才能生产，不安全就是违法；违法了就要对法定代表人进行处理。

4) 从业人员安全生产权利义务制度。这项制度主要包括生产经营单位的从业人员在生产经营活动中的基本权利和义务，以及应当承担的法律责任。员工有知情权，举报权，有享受工伤保险的权利，有发生安全事故后求得赔偿的权利。同时，又有义务遵章守法。从业人员对实现安全生产至关重要。如果从业人员能够切实享有权利并履行法定义务，提高自身的安全素质和安全意识，将会极大地加强安全生产的基础工作，及时有效地避免和消除大量的安全事故隐患，防患于未然。

5) 安全中介服务制度。这项制度主要包括从事安全评价、评估、检测、检验、咨询服务等工作的安全中介机构和安全专业技术人员的法律地位、任务和责任。中介机构依照法律、法规和职业准则,为企业安全生产提供技术服务。

6)安全生产责任追究制度。这项制度主要包括安全生产的责任主体、安全生产责任的确定和责任形式、追究安全责任的机关、依据和安全生产法律责任。

7)事故应急救援和处理制度。这项制度主要包括事故应急预案的制定、事故应急体系的建立、事故报告、调查处理的原则和程序、对事故责任的追究、事故信息发布等规定。

2.2.4 《安全生产法》实施的重要作用

《安全生产法》的实施有利于各级政府加强对安全生产工作的领导,促使安全监管部门依法行政、加强监管,提高经营管理者和从业人员的安全素质,增强公民的安全法律意识,具体作用表现如下:

1)《安全生产法》的第一条,开宗明义地确立了立法的三大目标:即保障人民生命安全,保护国家财产安全,促进社会经济发展。由此确立了安全生产所具有的保护生命安全的意义、保障财产安全的价值和促进经济发展的功能。

2)在《安全生产法》的总则中,规定了保障安全生产的国家总体运行机制的五个方面内容:政府监管与指导;企业实施与保障;员工权益与自律;社会监督与参与;中介支持与服务。

3)《安全生产法》明确了对我国安全生产负有责任的四方主体,包括:政府责任方、生产经营单位责任方、从业人员责任方和中介机构责任方。

4)《安全生产法》指明了实现我国安全生产的三大对策体系:首先是事前预防对策体系,加强政府监管,属于预防策略;其次是事中应急救援体系,要求生产经营单位进行危险源的预控,制定事故应急救援预案等;再次是建立事后处理对策系统,包括推行严密的事故处理及严格的事故报告制度,实施事故后的行政责任追究制度,强化事故经济处罚,明确事故刑事责任追究等。

5)《安全生产法》对生产经营单位负责人的安全生产责任作了专门的规定:建立健全安全生产责任制;组织制定安全生产规章制度和操作规程;保证安全生产投入;督促检查安全生产工作,及时消除生产安全事故隐患;组织制定并实施生产安全事故应急救援预案;及时如实报告生产安全事故。

6)《安全生产法》明确了从业人员的权利和义务:从业人员的权利包括知情权、建议权、批评权、检举控告权、拒绝权、获得符合国家标准或者行业标准劳动防护用品的权利;获得安全生产教育和培训的权利;从业人员的义务:自律遵规的义务、自觉学习安全生产知识的义务、危险报告义务。

7)《安全生产法》明确规定了我国安全生产的四种监督方式,即工会民主监督,社会舆论监督、公众举报监督、社区报告监督。

8)《安全生产法》的实施解决了我国安全生产面临的四大难题:

① 现行的有关安全生产方面的法律、法规主要是针对国有企业和大型企业制定的,对非国有企业和中小型企业的安全生产条件和安全生产违法行为缺乏相应的法律规范和处

罚依据。相当多的私营企业、集体企业、合伙企业和股份制企业不具备基本的安全生产条件，安全管理松弛，导致安全事故不断，死伤众多。《安全生产法》对所有企业的安全管理具有广泛适用性和指导性，从法律层面上约束了安全管理不规范的行为。

② 企业安全生产管理缺乏明确的法律规范，企业负责人的安全生产责任不明确，事故隐患大量存在，一触即发。

③ 安全生产投入严重不足，企业安全技术装备老化、落后，抗灾能力差，不能及时有效地预防和抵抗事故灾害。

④ 现行立法对安全责任制度没有明确规定。一些地方政府监管不到位，地方保护主义严重。有的官员甚至与违法者相互勾结，为不具备安全生产条件的企业开绿灯。

《安全生产法》明确了安全违法行为的责任。对违规违法者制裁是安全生产的保证。各级安全生产监督管理部门和司法机关要严格按照《安全生产法》的规定，对于安全违法事故严厉惩处，对各安全生产监督管理部门和生产经营单位可能出现的40多种违法行为可以进行处罚，其中包括罚款、撤职及追究刑事责任等13种处罚方式。《安全生产法》对违反法律法规的行为做出了明确的处罚规定，具有很强的针对性和可操作性，加大了法律责任追究的力度。

2.2.5 《安全生产法》中涉及建筑业安全生产的主要条款

第一条 为了加强安全生产监督管理，防止和减少生产安全事故，保障人民群众生命和财产安全，促进经济发展，制定本法。

第二条 在中华人民共和国领域内从事生产经营活动的单位（以下统称生产经营单位）的安全生产，适用本法。

第三条 安全生产管理，坚持安全第一、预防为主的方针。

第四条 生产经营单位必须遵守本法和其他有关安全生产的法律、法规，加强安全生产管理，建立、健全安全生产责任制度，完善安全生产条件，确保安全生产。

第五条 生产经营单位的主要负责人对本单位的安全生产工作全面负责。

第九条 国务院负责安全生产监督管理的部门依照本法，对全国安全生产工作实施综合监督管理；县级以上地方各级人民政府负责安全生产监督管理的部门依照本法，对本行政区域内安全生产工作实施综合监督管理。

第十二条 依法设立的为安全生产提供技术服务的中介机构，依照法律、行政法规和执业准则，接受生产经营单位的委托为其安全生产工作提供技术服务。

第十三条 国家实行生产安全事故责任追究制度，依照本法和有关法律、法规的规定，追究生产安全事故责任人员的法律责任。

第十六条 生产经营单位应当具备本法和有关法律、行政法规和国家标准或者行业标准规定的安全生产条件；不具备安全生产条件的，不得从事生产经营活动。

第十七条 生产经营单位的主要负责人对本单位安全生产工作负有下列职责：

1) 建立、健全本单位安全生产责任制；
2) 组织制定本单位安全生产规章制度和操作规程；
3) 保证本单位安全生产投入的有效实施；

4) 督促、检查本单位的安全生产工作,及时消除生产安全事故隐患;

5) 组织制定并实施本单位的生产安全事故应急救援预案;

6) 及时、如实报告生产安全事故。

第十八条 生产经营单位应当具备的安全生产条件所必需的资金投入,由生产经营单位的决策机构、主要负责人或者个人经营的投资人予以保证,并对由于安全生产所必需的资金投入不足导致的后果承担责任。

第十九条 矿山、建筑施工单位和危险物品的生产、经营、储存单位,应当设置安全生产管理机构或者配备专职安全生产管理人员。

第二十一条 生产经营单位应当对从业人员进行安全生产教育和培训,保证从业人员具备必要的安全生产知识,熟悉有关的安全生产规章制度和安全操作规程,掌握本岗位的安全操作技能。未经安全生产教育和培训合格的从业人员,不得上岗作业。

第二十三条 生产经营单位的特种作业人员必须按照国家有关规定经专门的安全作业培训,取得特种作业操作资格证书,方可上岗作业。

第三十五条 生产经营单位进行爆破、吊装等危险作业,应当安排专门人员进行现场安全管理,确保操作规程的遵守和安全措施的落实。

第四十二条 生产经营单位发生重大生产安全事故时,单位的主要负责人应当立即组织抢救,并不得在事故调查处理期间擅离职守。

第四十四条 生产经营单位与从业人员订立的劳动合同,应当载明有关保障从业人员劳动安全、防止职业危害的事项,以及依法为从业人员办理工伤社会保险的事项。

第四十六条 从业人员有权对本单位安全生产工作中存在的问题提出批评、检举、控告;有权拒绝违章指挥和强令冒险作业。

第五十一条 从业人员发现事故隐患或者其他不安全因素,应当立即向现场安全生产管理人员或者本单位负责人报告;接到报告的人员应当及时予以处理。

第六十八条 县级以上地方各级人民政府应当组织有关部门制定本行政区域内特大生产安全事故应急救援预案,建立应急救援体系。

第八十一条 生产经营单位的主要负责人未履行本法规定的安全生产管理职责的,责令限期改正;逾期未改正的,责令生产经营单位停产停业整顿。

第九十一条 生产经营单位主要负责人在本单位发生重大生产安全事故时,不立即组织抢救或者在事故调查处理期间擅离职守或者逃匿的,给予降职、撤职的处分,对逃匿的处十五日以下拘留;构成犯罪的,依照刑法有关规定追究刑事责任。

2.3 《建设工程安全生产管理条例》概述

《建设工程安全生产管理条例》(以下简称《安全生产管理条例》)是依据《中华人民共和国建筑法》《中华人民共和国安全生产法》制定的行业安全生产管理条例。它进一步明确了建设工程安全生产的安全生产责任制度;群防群治制度;安全生产教育培训制度;安全生产检查制度;伤亡事故报告制度;安全责任追究制度。明确了工程建设主体机构(建设单位、勘察设计单位、建设工程监理单位、施工企业以及与建设工程相关的其他单位,如设备出租、质量检测检验等单位)的职责、权利、义务以及违反《建设工程安全生产管理条例》的规定应承担的相应的法律责任。

2.3.1 《安全生产管理条例》的宗旨

《安全生产管理条例》的立法宗旨是为了解决建设工程安全生产实践中存在的突出问题，加强对建设工程安全生产的监督管理，保障人民群众生命和财产安全。

《安全生产管理条例》的发布与贯彻，对遏制建设工程伤亡事故上升的势头及确保建设工程的安全生产，必将发挥极大的规范作用。

2.3.2 《安全生产管理条例》的意义

《安全生产管理条例》是我国第一部规范建设工程安全生产的行政法规。《安全生产管理条例》的颁布是工程建设领域贯彻落实《建筑法》和《安全生产法》的具体表现，标志着我国建设工程安全生产管理进入法制化、规范化发展的新时期。

《安全生产管理条例》全面总结了我国建设工程安全管理的实践经验，借鉴了国外发达国家建设工程安全管理的成熟做法，对建设活动各方主体的安全责任、政府监督管理、生产安全事故的应急救援和调查处理以及相应的法律责任作了明确规定，确立了一系列符合中国国情以及适应社会主义市场经济要求的建设工程安全管理制度。《安全生产管理条例》的颁布实施，对于规范和增强建设工程各方主体的安全行为和安全责任意识，强化和提高政府安全监管水平和依法行政能力，保障从业人员和广大人民群众的生命财产安全，具有十分重要的意义。

2.3.3 《安全生产管理条例》规定的建设工程安全生产基本制度

2.3.3.1 安全生产责任制度

包括建筑活动主体的负责人责任制；建筑活动主体的职能机构或职能部门负责人及其工作人员的安全生产责任制；岗位人员安全生产责任制等。

安全生产责任制度是建设工程生产中最基本的安全管理制度，是所有安全规章制度的核心。安全生产责任制度是指将各种不同的安全责任落实到负有安全管理责任的人员和具体岗位人员身上的一种制度。这一制度是"安全第一，预防为主"方针的具体体现，是建筑安全生产的基本制度。安全生产责任制度的主要内容有：

1) 从事建筑活动主体的负责人责任制，如施工单位的法定代表人要对本企业的安全负主要的责任。

2) 从事建筑活动主体的职能机构或职能部门的负责人及其工作人员要对安全负责，如施工单位根据需要设置的安全处室、专职安全人员要对安全负责。

3) 从事建筑生产活动的岗位人员的安全生产责任制，即从事建筑生产活动的岗位人员必须对安全负责。从事特种作业人员必须经过培训，经过考核合格后方能持证上岗作业。

2.3.3.2 群防群治制度(包括企业员工遵章守纪和检举揭发制度)

群防群治制度是指员工群众进行预防安全事故和治理安全的一种制度。这一制度也是

"安全第一，预防为主"的具体体现，同时也是群众路线在安全工作中的具体体现，是企业进行民主管理的重要内容。这一制度要求建筑企业员工在施工中必须遵守有关生产的法律、法规和建筑行业安全规章、规程，不得违章作业；对于危及生命安全和身体健康的行为有权提出批评、检举和控告。

2.3.3.3 安全生产教育培训制度

安全生产教育培训制度是对广大建筑业从业人员进行安全教育培训，提高安全意识，增加安全知识和技能的制度。安全生产，人人有责，只有通过对全体从业人员进行安全教育、培训，才能使他们真正认识到安全生产的重要性、必要性，才能使他们掌握更多更有效的安全生产科学知识，牢固树立安全第一的思想，自觉遵守各项安全生产规章制度。建筑安全事故分析表明，有关人员安全意识不强、安全技能不够是发生安全事故的主要原因，是缺乏安全教育培训工作的后果。

2.3.3.4 安全生产检查制度

安全生产检查制度，是上级管理部门、企业自身或者社会保险机构等对企业安全生产状况进行定期和不定期检查的制度。通过检查可以发现问题，查出隐患，从而采取有效措施，堵塞漏洞，把安全事故消灭在发生之前，做到防患于未然，是"预防为主"的具体体现。通过检查，还可总结出好的经验加以推广，为进一步搞好安全工作打下基础。安全检查制度是安全生产的保障。

2.3.3.5 伤亡事故报告制度

伤亡事故报告制度是指施工生产中发生安全事故时，建筑企业应当采取紧急措施减少人员伤亡和事故损失，并按照国家有关规定及时向有关部门报告的制度。事故处理必须遵循一定的程序，做到"四不放过"，即事故原因没查清不放过、事故责任者和员工没受到教育不放过、事故责任者没受到处理不放过、没有针对事故原因制定防范措施不放过。

2.3.3.6 安全责任追究制度

法律责任中，规定建设单位、设计单位、施工单位、监理单位和与建设工程相关的其他单位，由于没有履行职责，造成人员伤亡和财产损失的，视情节给予相应处理。情节严重的，责令停业整顿，降低资质等级或吊销资质证书。构成犯罪的，依法追究刑事责任。

2.3.4 《安全生产管理条例》中涉及建筑业安全生产的主要条款

第六条 建设单位应当向施工单位提供施工现场及毗邻区域内供水、排水、供电、供气、供热、通信、广播电视等地下管线资料，气象和水文观测资料，相邻建筑物和构筑物、地下工程的有关资料，并保证资料的真实、准确、完整。建设单位因建设工程需要，向有关部门或者单位查询前款规定的资料时，有关部门或者单位应当及时提供。

第七条 建设单位不得对勘察、设计、施工、工程监理等单位提出不符合建设工程安全生产法律、法规和强制性标准规定的要求，不得压缩合同约定的工期。

第八条 建设单位在编制工程概算时，应当确定建设工程安全作业环境及安全施工措施所需费用。

第九条　建设单位不得明示或者暗示施工单位购买、租赁、使用不符合安全施工要求的安全防护用具、机械设备、施工机具及配件、消防设施和器材。

第十条　建设单位在申请领取施工许可证时，应当提供建设工程有关安全施工措施的资料。依法批准开工报告的建设工程，建设单位应当自开工报告批准之日起15日内，将保证安全施工的措施报送建设工程所在地的县级以上地方人民政府建设行政主管部门或者其他有关部门备案。

第十一条　建设单位应当将拆除工程发包给具有相应资质等级的施工单位。

第十二条　勘察单位应当按照法律、法规和工程建设强制性标准进行勘察，提供的勘察文件应当真实、准确，满足建设工程安全生产的需要。勘察单位在勘察作业时，应当严格执行操作规程，采取措施保证各类管线、设施和周边建筑物、构筑物的安全。

第十三条　设计单位应当按照法律、法规和工程建设强制性标准进行设计，防止因设计不合理导致生产安全事故的发生。设计单位应当考虑施工安全操作和防护的需要，对涉及施工安全的重点部位和环节应在设计文件中注明，并对防范生产安全事故提出指导意见。采用新结构、新材料、新工艺的建设工程和特殊结构的建设工程，设计单位应当在设计中提出保障施工作业人员安全和预防生产安全事故的措施建议。设计单位和注册建筑师等注册执业人员应当对其设计负责。

第十四条　工程监理单位应当审查施工组织设计中的安全技术措施或者专项施工方案是否符合工程建设强制性标准。工程监理单位在实施监理过程中，发现存在安全事故隐患的，应当要求施工单位整改；情况严重的，应当要求施工单位暂时停止施工，并及时报告建设单位。施工单位拒不整改或者不停止施工的，工程监理单位应当及时向有关主管部门报告。工程监理单位和监理工程师应当按照法律、法规和工程建设强制性标准实施监理，并对建设工程安全生产承担监理责任。

第十五条　为建设工程提供机械设备和配件的单位，应当按照安全施工的要求配备齐全有效的保险、限位等安全设施和装置。

第十六条　出租的机械设备和施工机具及配件，应当具有生产（制造）许可证、产品合格证。出租单位应当对出租的机械设备和施工机具及配件的安全性能进行检测，在签订租赁协议时，应当出具检测合格证明。禁止出租检测不合格的机械设备和施工机具及配件。

第十七条　在施工现场安装、拆卸施工起重机械和整体提升脚手架、模板等自升式架设设施，必须由具有相应资质的单位承担。安装、拆卸施工起重机械和整体提升脚手架、模板等自升式架设设施，应当编制拆装方案、制定安全施工措施，并由专业技术人员现场监督。施工起重机械和整体提升脚手架、模板等自升式架设设施安装完毕后，安装单位应当自检，出具自检合格证明，并向施工单位进行安全使用说明，办理验收手续并签字。

第十八条　施工起重机械和整体提升脚手架、模板等自升式架设设施的使用达到国家规定的检验检测期限的，必须经具有专业资质的检验检测机构检测。经检测不合格的，不得继续使用。

第十九条　检验检测机构对检测合格的施工起重机械和整体提升脚手架、模板等自升式架设设施，应当出具安全合格证明文件，并对检测结果负责。

第二十条　施工单位从事建设工程的新建、扩建、改建和拆除等活动，应当具备国家规定的注册资本、专业技术人员、技术装备和安全生产等条件，依法取得相应等级的资质证书，并在其资质等级许可的范围内承揽工程。

第二十一条　施工单位主要负责人依法对本单位的安全生产工作全面负责。施工单位应当建立健全安全生产责任制度和安全生产教育培训制度，制定安全生产规章制度和操作规程，保证本单位安全生产条件所需资金的投入，对所承担的建设工程进行定期和专项安全检查，并做好安全检查记录。施工单位的项目负责人应当由取得相应执业资格的人员担任，对建设工程项目的安全施工负责，落实安全生产责任制度、安全生产规章制度和操作规程，确保安全生产费用的有效使用，并根据工程的特点组织制定安全施工措施，消除安全事故隐患，及时、如实上报生产安全事故。

第二十二条　施工单位对列入建设工程概算的安全作业环境及安全施工措施所需费用，应当用于施工安全防护用具及设施的采购和更新、安全施工措施的落实、安全生产条件的改善，不得挪作他用。

第二十三条　施工单位应当设立安全生产管理机构，配备专职安全生产管理人员。专职安全生产管理人员负责对安全生产进行现场监督检查。发现安全事故隐患，应当及时向项目负责人和安全生产管理机构报告；对违章指挥、违章操作的，应当立即制止。

第二十四条　建设工程实行施工总承包的，由总承包单位对施工现场的安全生产负总责。总承包单位应当自行完成建设工程主体结构的施工。总承包单位依法将建设工程分包给其他单位的，分包合同中应当明确各自安全生产方面的权利、义务。总承包单位和分包单位对分包工程的安全生产承担连带责任。分包单位应当服从总承包单位的安全生产管理，分包单位不服从管理导致生产安全事故的，由分包单位承担主要责任。

第二十五条　垂直运输机械作业人员、安装拆卸工、爆破作业人员、起重信号工、登高架设作业人员等特种作业人员，必须按照国家有关规定经过专门的安全作业培训，并取得特种作业操作资格证书后，方可上岗作业。

第二十六条　施工单位应当在施工组织设计中编制安全技术措施和施工现场临时用电方案，对下列达到一定规模的危险性较大的分部分项工程编制专项施工方案，并附具安全验算结果，经施工单位技术负责人、总监理工程师签字后实施，由专职安全生产管理人员进行现场监督：基坑支护与降水工程；土方开挖工程；模板工程；起重吊装工程；脚手架工程；拆除、爆破工程；国务院建设行政主管部门或者其他有关部门规定的其他危险性较大的工程。

对前款所列工程中涉及深基坑、地下暗挖工程、高大模板工程的专项施工方案，施工单位还应当组织专家进行论证、审查。

第二十七条　建设工程施工前，施工单位负责项目管理的技术人员应当对有关安全施工的技术要求向施工作业班组、作业人员做出详细说明，并由双方签字确认。

第二十八条　施工单位应当在施工现场入口处、施工起重机械、临时用电设施、脚手架、出入通道口、楼梯口、电梯井口、孔洞口、桥梁口、隧道口、基坑边沿、爆破物及有害危险气体和液体存放处等危险部位，设置明显的安全警示标志。安全警示标志必须符合国家标准。施工单位应当根据不同施工阶段和周围环境及季节、气候的变化，在施工现场采取相应的安全施工措施。施工现场暂时停止施工的，施工单位应当做好现场防护，所需费用由责任方承担，或者按照合同约定执行。

第二十九条　施工单位应当将施工现场的办公、生活区与作业区分开设置，并保持安全距离；办公、生活区的选址应当符合安全性要求。职工的膳食、饮水、休息场所等应当符合卫生标准。施工单位不得在尚未竣工的建筑物内设置员工集体宿舍。施工现场临时搭建的建筑物应当符合安全使用要求。施工现场使用的装配式活动房屋应当具有产品合格证。

第三十条　施工单位对因建设工程施工可能造成损害的毗邻建筑物、构筑物和地下管线等，应当采取专项防护措施。施工单位应当遵守有关环境保护法律、法规的规定，在施工现场采取措施，防止或者减少粉尘、废气、废水、固体废物、噪声、振动和施工照明对人和环境的危害和污染。在城市市区内的建设工程，施工单位应当对施工现场实行封闭围挡。

第三十一条　施工单位应当在施工现场建立消防安全责任制度，确定消防安全责任人，制定用火、用电、使用易燃易爆材料等各项消防安全管理制度和操作规程，设置消防通道、消防水源，配备消防设施和灭火器材，并在施工现场入口处设置明显标志。

第三十二条　施工单位应当向作业人员提供安全防护用具和安全防护服装，并书面告知危险岗位的操作规程和违章操作的危害。作业人员有权对施工现场的作业条件、作业程序和作业方式中存在的安全问题提出并批评、检举和控告，有权拒绝违章指挥和强令冒险作业。在施工中发生危及人身安全的紧急情况时，作业人员有权立即停止作业或者在采取必要的应急措施后撤离危险区域。

第三十三条　作业人员应当遵守安全施工的强制性标准、规章制度和操作规程，正确使用安全防护用具、机械设备等。

第三十五条　施工单位在使用施工起重机械和整体提升脚手架、模板等自升式架设设施前，应当组织有关单位进行验收，也可以委托具有相应资质的检验检测机构进行验收；使用承租的机械设备和施工机具及配件的，由施工总承包单位、分包单位、出租单位和安装单位共同进行验收。验收合格的方可使用。《特种设备安全监察条例》规定的施工起重机械，在验收前应当经有相应资质的检验检测机构监督检验合格。施工单位应当自施工起重机械和整体提升脚手架、模板等自升式架设设施验收合格之日起 30 日内，向建设行政主管部门或者其他有关部门登记。登记标志应当置于或者附着于该设备的显著位置。

第三十六条　施工单位的主要负责人、项目负责人、专职安全生产管理人员应当经建设行政主管部门或者其他有关部门考核合格后方可任职。施工单位应当对管理人员和作业人员每年至少进行一次安全生产教育培训，其教育培训情况记入个人工作档案。安全生产教育培训考核不合格的人员，不得上岗。

第三十七条　作业人员进入新的岗位或者新的施工现场前，应当接受安全生产教育培训。未经教育培训或者教育培训考核不合格的人员，不得上岗作业。施工单位在采用新技术、新工艺、新设备、新材料时，应当对作业人员进行相应的安全生产教育培训。

2.4 《安全生产许可证条例》、《建筑施工企业安全生产许可证管理规定》介绍

2.4.1 《安全生产许可证条例》

《安全生产许可证条例》规定，国家对矿山企业、建筑施工企业和危险化学品、烟花爆竹、民用爆破器材生产企业（以下统称企业）实行安全生产许可制度。企业未取得安全生产许可证，不得从事生产活动。

《安全生产许可证条例》的颁布，标志着我国依法建立起了安全生产许可制度。实施安全生产许可制度，有利于夯实企业安全生产基础，促使企业落实各项安全生产法定标准，保证企业可持续健康发展；有利于保护投资者的权益。通过对安全生产许可证的动态管理，能促使企业不断保持和提高安全生产水平，完善安全生产自我约束和保障机制。

《安全生产许可证条例》规定，企业取得安全生产许可证的有效期为 3 年。安全生产许可证有效期满需要延期的，企业应当于期满前 3 个月向原安全生产许可证颁发管理机关申请办理延期手续。企业在安全生产许可证有效期内，严格遵守有关安全生产的法律法规，未发生死亡事故的，安全生产许可证有效期届满时，经原安全生产许可证颁发管理机关同意，不再审查，安全生产许可证有效期延期 3 年。

2.4.2 《建筑施工企业安全生产许可证管理规定》

《建筑施工企业安全生产许可证管理规定》的主要条款：

第二条 国家对建筑施工企业实行安全生产许可制度。建筑施工企业未取得安全生产许可证的，不得从事建筑施工活动。本规定所称建筑施工企业，是指从事土木工程、建筑工程、线路管道和设备安装工程及装修工程的新建、扩建、改建和拆除等有关活动的企业。

第十五条 建筑施工企业取得安全生产许可证后，不得降低安全生产条件，并应当加强日常安全生产管理，接受建设主管部门的监督检查。安全生产许可证颁发管理机关发现企业不再具备安全生产条件的，应当暂扣或者吊销安全生产许可证。

第十六条 安全生产许可证颁发管理机关或者其上级行政机关发现有下列情形之一的，可以撤销已经颁发的安全生产许可证：

（一）安全生产许可证颁发管理机关工作人员滥用职权；

（二）超越法定职权颁发安全生产许可证的；

（三）违反法定程序颁发安全生产许可证的；玩忽职守颁发安全生产许可证的；

（四）对不具备安全生产条件的建筑施工企业颁发安全生产许可证的；

（五）依法可以撤销已经颁发的安全生产许可证的其他情形。

第二十二条 取得安全生产许可证的建筑施工企业，发生重大安全事故的，暂扣安全生产许可证并限期整改。

第二十三条 建筑施工企业不再具备安全生产条件的，暂扣安全生产许可证并限期整改；情节严重的，吊销安全生产许可证。

第二十四条 违反本规定，建筑施工企业未取得安全生产许可证擅自从事建筑施工活动的，责令其在建项目停止施工，没收违法所得，并处10万元以上50万元以下的罚款；造成重大安全事故或者其他严重后果，构成犯罪的，依法追究其刑事责任。

2.5 《建设工程质量管理条例》介绍

为了加强对建设工程质量的管理，保证建设工程质量，保护人民生命和财产安全，根据《中华人民共和国建筑法》，制定《建设工程质量管理条例》。该条例对建设单位、勘察设计单位、施工单位和工程监理单位的质量责任和义务进行了详细说明，并对建设工程质量保修分条陈述，同时明确提出国家实行建设工程质量监督管理制度。

《建设工程质量管理条例》主要条款：

第二条 凡在中华人民共和国境内从事建设工程的新建、扩建、改建等有关活动及实施对建设工程质量监督管理的，必须遵守本条例。本条例所称建设工程，是指土木工程、建筑工程、线路管道和设备安装工程及装修工程。

第五条 从事建设工程活动，必须严格执行基本建设程序，坚持先勘察、后设计、再施工的原则。县级以上人民政府及其有关部门不得超越权限审批建设项目或者擅自简化基本建设程序。

第七条 建设单位应当将工程发包给具有相应资质等级的单位。建设单位不得将建设工程肢解发包。

第九条 建设单位必须向有关的勘察、设计、施工、工程监理等单位提供与建设工程有关的原始资料。原始资料必须真实、准确、齐全。

第十条 建设工程发包单位不得迫使承包方以低于成本的价格竞标，不得任意压缩合理工期。建设单位不得明示或者暗示设计单位或者施工单位违反工程建设强制性标准，降低建设工程质量。

第十一条 建设单位应当将施工图设计文件报县级以上人民政府建设行政主管部门或者其他有关部门审查。施工图设计文件审查的具体办法，由国务院建设行政主管部门会同国务院其他有关部门制定。施工图设计文件未经审查批准的，不得使用。

第十二条 实行监理的建设工程，建设单位应当委托具有相应资质等级的工程监理单位进行监理，也可以委托具有工程监理相应资质等级并与被监理工程的施工承包单位没有隶属关系或者其他利害关系的该工程的设计单位进行监理。下列建设工程必须实行监理：

（一）国家重点建设工程；

（二）大中型公用事业工程；

（三）成片开发建设的住宅小区工程；

（四）利用外国政府或者国际组织贷款、援助资金的工程；

（五）国家规定必须实行监理的其他工程。

第十四条 按照合同约定，由建设单位采购建筑材料、建筑构配件和设备的，建设单位应当保证建筑材料、建筑构配件和设备符合设计文件和合同要求。建设单位不得明示或者暗示施工单位使用不合格的建筑材料、建筑构配件和设备。

第十五条 涉及建筑主体和承重结构变动的装修工程，建设单位应当在施工前委托原设计单位或者具有相应资质等级的设计单位提出设计方案；没有设计方案的，不得施工。房屋建筑使用者在装修过程中，不得擅自变动房屋建筑主体和承重结构。

第十八条 从事建设工程勘察、设计的单位应当依法取得相应等级的资质证书，并在其资质等级许可的范围内承揽工程。禁止勘察、设计单位超越其资质等级许可的范围或者以其他勘察、设计单位的名义承揽工程。禁止勘察、设计单位允许其他单位或者个人以本单位的名义承揽工程。勘察、设计单位不得转包或者违法分包所承揽的工程。

第二十二条 设计单位在设计文件中选用的建筑材料、建筑构配件和设备，应当注明规格、型号、性能等技术指标，其质量要求必须符合国家规定的标准。除有特殊要求的建筑材料、专用设备、工艺生产线等外，设计单位不得指定生产厂、供应商。

第二十四条 设计单位应当参与建设工程质量事故分析，并对因设计造成的质量事故，提出相应的技术处理方案。

第二十五条 施工单位应当依法取得相应等级的资质证书，并在其资质等级许可的范围内承揽工程。禁止施工单位超越本单位资质等级许可的业务范围或者以其他施工单位的名义承揽工程。禁止施工单位允许其他单位或者个人以本单位的名义承揽工程。施工单位不得转包或者违法分包工程。

第二十八条 施工单位必须按照工程设计图纸和施工技术标准施工，不得擅自修改工程设计，不得偷工减料。施工单位在施工过程中发现设计文件和图纸有差错的，应当及时提出意见和建议。

第三十一条 施工人员对涉及结构安全的试块、试件以及有关材料，应当在建设单位或者工程监理单位监督下现场取样，并送具有相应资质等级的质量检测单位进行检测。

第三十三条 施工单位应当建立、健全教育培训制度，加强对员工的教育培训；未经教育培训或者考核不合格的人员，不得上岗作业。

第三十四条 工程监理单位应当依法取得相应等级的资质证书，并在其资质等级许可的范围内承担工程监理业务。禁止工程监理单位超越本单位资质等级许可的范围或者以其他工程监理单位的名义承担工程监理业务。禁止工程监理单位允许其他单位或者个人以本单位的名义承担工程监理业务。工程监理单位不得转让工程监理业务。

第四十二条 建设工程在超过合理使用年限后需要继续使用的，产权所有人应当委托具有相应资质等级的勘察、设计单位鉴定，并根据鉴定结果采取加固、维修等措施，重新界定使用期。

第四十八条 县级以上人民政府建设行政主管部门和其他有关部门履行监督检查职责时，有权采取下列措施：

（一）要求被检查的单位提供有关工程质量的文件和资料；

（二）进入被检查单位的施工现场进行检查；

（三）发现有影响工程质量的问题时，责令改正。

第五十一条 供水、供电、供气、公安消防等部门或者单位不得明示或者暗示建设单位、施工单位购买其指定的生产供应单位的建筑材料、建筑构配件和设备。

第五十三条 任何单位和个人对建设工程的质量事故、质量缺陷都有权检举、控告、投诉。

第五十四条　违反本条例规定，建设单位将建设工程发包给不具有相应资质等级的勘察、设计、施工单位或者委托给不具有相应资质等级的工程监理单位的，责令改正，处50万元以上100万元以下的罚款。

第五十五条　违反本条例规定，建设单位将建设工程肢解发包的，责令改正，处工程合同价款百分之零点五以上百分之一以下的罚款；对全部或者部分使用国有资金的项目，并可以暂停项目执行或者暂停资金拨付。

第五十七条　违反本条例规定，建设单位未取得施工许可证或者开工报告未经批准，擅自施工的，责令停止施工，限期改正，处工程合同价款百分之一以上百分之二以下的罚款。

第六十条　违反本条例规定，勘察、设计、施工、工程监理单位超越本单位资质等级承揽工程的，责令停止违法行为，对勘察、设计单位或者工程监理单位处合同约定的勘察费、设计费或者监理酬金1倍以上2倍以下的罚款；对施工单位处工程合同价款百分之二以上百分之四以下的罚款，可以责令停业整顿，降低资质等级；情节严重的，吊销资质证书；有违法所得的，予以没收。未取得资质证书承揽工程的，予以取缔，依照前款规定处以罚款；有违法所得的，予以没收。以欺骗手段取得资质证书承揽工程的，吊销资质证书，依照本条第一款规定处以罚款；有违法所得的，予以没收。

第六十九条　违反本条例规定，涉及建筑主体或者承重结构变动的装修工程，没有设计方案擅自施工的，责令改正，处50万元以上100万元以下的罚款；房屋建筑使用者在装修过程中擅自变动房屋建筑主体和承重结构的，责令改正，处5万元以上10万元以下的罚款。有前款所列行为，造成损失的，依法承担赔偿责任。

2.6　我国建筑业安全生产的其他有关法律法规介绍

2.6.1　《中华人民共和国刑法》中涉及建筑业安全生产的主要条款

刑法是规定什么是犯罪以及对犯罪如何进行处罚的法律。刑法是公法，保护社会整体利益是其本质属性，它对于危害工程质量、危害公共安全的不法行为专门进行了直接规定。

第一百三十七条　建设单位、设计单位、施工单位、工程监理单位违反国家规定，降低工程质量标准，造成重大安全事故的，对直接责任人员处五年以下有期徒刑或者拘役，并处罚金；后果特别严重的，处五年以上十年以下有期徒刑，并处罚金。

2.6.2　《中华人民共和国消防法》中涉及建筑业安全生产的规定

为了预防火灾和减少火灾危害，加强应急救援工作，保护人身、财产安全，维护公共安全，1998年4月29日第九届全国人民代表大会常务委员会第二次会议通过了《中华人民共和国消防法》，并于2008年10月28日第十一届全国人民代表大会常务委员会第五次会议进行修订。消防工作中一个很重要的方面就是规范工程建设中动火工作和对消防设进行认证。下面是《消防法》中关于建筑安全的主要条款：

第二条 消防工作贯彻预防为主、消防结合的方针，坚持专门机关与群众相结合的原则，实行防火安全责任制。

第三条 消防工作由国务院领导，由地方各级人民政府负责。各级人民政府应当将消防工作纳入国民经济和社会发展计划，保障消防工作与经济建设和社会发展相适应。

第四条 国务院公安部门对全国的消防工作实施监督管理，县级以上地方各级人民政府、公安机关对本行政区域内的消防工作实施监督管理，并由本级人民政府公安机关消防机构负责实施。

第十条 按照国家工程建筑消防技术标准需要进行消防设计的建筑工程，设计单位应当按照国家工程建筑消防技术标准进行设计，建设单位应当将建筑工程的消防设计图纸及有关资料报送公安消防机构审核；未经审核或者经审核不合格的，建设行政主管部门不得发给施工许可证，建设单位不得施工。经公安消防机构审核的建筑工程消防设施需要变更的，应当报经原审核的公安消防机构核准；未经核准的，任何单位、个人不得变更。

按照国家工程建筑消防技术标准进行消防设计的建筑工程竣工时，必须经公安消防机构进行消防验收；未经验收或者经验收不合格的，不得投入使用。

第十四条 机关、团体、企业、事业单位应当履行下列消防安全职责：

（一）制定消防安全制度、消防安全操作规程；

（二）实行防火安全责任制，确定本单位和各所属各部门、岗位的消防安全责任人；

（三）针对本单位的特点对员工进行消防宣传教育；

（四）组织防火检查，及时消除火灾隐患；

（五）按照国家有关规定配置消防设施和器材，设置消防安全标志，并定期组织检验、维修，确保消防设施和器材完好、有效；

（六）保障疏散通道、安全出口畅通，并设置符合国家规定的消防安全疏散标志。

居民住宅区的管理单位，应当依照前款有关规定，履行消防安全职责，做好住宅区的消防安全工作。

第十五条 在设有车间或者仓库的建筑物内，不得设置员工集体宿舍。在设有车间或者仓库的建筑物内，已经设置员工集体宿舍的，应当限期加以解决。对于暂时确有困难的，应当采取必要的消防安全措施，经公安消防机构批准后，可以继续使用。

第十八条 禁止在具有火灾、爆炸危险的场所使用明火；因特殊情况需要使用明火作业的，应当按照规定事先办理审批手续。作业人员应当遵守消防安全规定，并采取相应的消防安全措施。进行电焊、气焊等具有火灾危险的作业人员和自动消防系统的操作人员，必须持证上岗，并严格遵守消防安全操作规程。

第十九条 消防产品的质量必须符合国家标准或者行业标准。禁止生产、销售或者使用未经依照产品质量法的规定确定的检验机构检验合格的消防产品。禁止使用不符合国家标准或者行业标准的配件或者灭火剂维修消防设施和器材。

2.6.3 《中华人民共和国劳动法》中涉及建筑业安全生产的规定

为了保护劳动者的合法权益，调整劳动关系，建立和维护适应社会主义市场经济的劳动制度，促进经济发展和社会进步，根据宪法，制定了《中华人民共和国劳动法》。在安全事故随时可能发生的建筑现场，依据《劳动法》，使劳动者拥有一份权利义务明晰、保障有力的合同，与用人单位构建一个良好的雇佣关系，让他们能安心的工作无疑是非常重要的。下面是对《劳动法》部分条款的摘录。

第三条　劳动者享有平等就业和选择职业的权利、取得劳动报酬的权利、休息休假的权利、获得劳动安全卫生保护的权利、接受职业技能培训的权利、享受社会保险和福利的权利、提请劳动争议处理的权利以及法律规定的其他劳动权利。劳动者应当完成劳动任务，提高职业技能，执行劳动安全卫生规程，遵守劳动纪律和职业道德。

第五十二条　用人单位必须建立、健全劳动安全卫生制度，严格执行国家劳动安全卫生规定和标准，对劳动者进行劳动安全卫生教育，防止劳动过程中的事故，减少职业危害。

第五十三条　劳动安全卫生设施必须符合国家规定的标准。新建、改建、扩建工程的劳动安全卫生设施必须与主体工程同时设计、同时施工、同时投入生产和使用。

第五十四条　用人单位必须为劳动者提供符合国家规定的劳动安全卫生条件和必要的劳动防护用品，对从事有职业危害作业的劳动者应当定期进行健康检查。

第五十五条　从事特种作业的劳动者必须经过专门培训并取得特种作业资格。

第五十六条　劳动者在劳动过程中必须严格遵守安全操作规程。劳动者对用人单位管理人员违章指挥、强令冒险作业，有权拒绝执行；对危害生命安全和身体健康的行为，有权提出批评、检举和控告。

第五十七条　国家建立伤亡事故和职业病统计报告和处理制度。县级以上各级人民政府劳动行政部门、有关部门和用人单位应当依法对劳动者在劳动过程中发生的伤亡事故和劳动者的职业病状况，进行统计、报告和处理。

2.6.4 《建筑工程预防高处坠落事故若干规定》中涉及建筑业安全生产的规定

2003年4月17日，建设部印发《建筑工程预防高处坠落事故若干规定》给各省、自治区建设厅、直辖市建委、市政管委，对如何预防高处坠落事故进行详细规定。现摘录如下：

第四条　施工单位应做好高处作业人员的安全教育及相关的安全预防工作。

（一）所有高处作业人员应接受高处作业安全知识的教育；特种高处作业人员应持证上岗，上岗前应依据有关规定进行专门的安全技术签字交底。采用新工艺、新技术、新材料和新设备的，应按规定对作业人员进行相关安全技术签字交底。

（二）高处作业人员应经过体检，合格后方可上岗。施工单位应为作业人员提供合格的安全帽、安全带等必备的安全防护用具，作业人员应按规定正确佩戴和使用。

第十一条　脚手架应按相关规定编制施工方案，施工单位分管负责人审批签字，项目分管负责人组织有关部门验收，经验收合格签字后，方可作业。作业层脚手架的脚手板应铺设严密，下部应用安全平网兜底。脚手架外侧应采用密目式安全网做全封闭，不得留有空隙。密目式安全网应可靠固定在架体上。作业层脚手板与建筑物之间的空隙大于15cm时应作全封闭，防止人员和物料坠落。作业人员上下应有专用通道，不得攀爬架体。

第十三条 模板工程应按相关规定编制施工方案，施工单位分管负责人审批签字；项目分管负责人组织有关部门验收，经验收合格签字后，方可作业。模板工程在绑扎钢筋、粉刷模板、支拆模板时应保证作业人员有可靠立足点，作业面应按规定设置安全防护设施。模板及其支撑体系的施工荷载应均匀堆置，并不得超过设计计算要求。

2.6.5 《建筑工程预防坍塌事故若干规定》中涉及建筑业安全生产的规定

建设部 2003 年 4 月 17 日发布了《建筑工程预防坍塌事故若干规定》，本规定是与《建筑工程预防高处坠落事故若干规定》一起出台的，对工程中可能面临坍塌事故的基坑工程、高大支撑模板工程等做了若干规定，现摘录如下。

第五条 基坑（槽）、边坡、基础桩、模板和临时建筑作业前，施工单位应按设计单位要求，根据地质情况、施工工艺、作业条件及周边环境编制施工方案，单位分管负责人审批签字，项目分管负责人组织有关部门验收，经验收合格签字后，方可作业。

第七条 施工单位应编制深基坑（槽）、高切坡、桩基和超高、超重、大跨度模板支撑系统等专项施工方案，并组织专家审查。

第二十一条 雨期施工，施工单位应对施工现场的排水系统进行检查和维护，保证排水畅通。在傍山、沿河地区施工时，应采取必要的防洪、防泥石流措施。深基坑特别是稳定性差的土质边坡、顺向坡，施工方案应充分考虑雨期施工等诱发因素，提出预案措施。

第二十二条 冬季解冻期施工时，施工单位应对基坑（槽）和基础桩支护进行检查，无异常情况后，方可施工。

2.7 我国安全生产管理基础制度

制度建设是做好安全生产工作的基础，不断完善已有的安全生产制度体系，切实将安全管理制度贯彻到生产工作当中，是推进安全生产向长效管理、目标管理、过程管理迈进的关键因素。

2.7.1 建筑工程安全生产管理制度分类

2.7.1.1 涉及政府部门的安全生产监管制度

1) 建筑施工企业安全生产许可制度；
2) 建筑施工企业三类人员考核任职制度；
3) 特种作业人员持证上岗制度；
4) 政府安全监督检查制度；
5) 生产安全事故报告制度；
6) 施工起重机械使用登记制度等。

2.7.1.2 涉及施工企业的安全生产制度

1) 安全生产责任制；

2) 安全生产检查制度；

3) 重大危险作业、重大安全技术措施审批制度；

4) 安全措施补助费审批制度；

5) 安全教育培训制度；

6) 施工用电管理制度；

7) 施工区交通安全管理制度；

8) 消防安全管理制度；

9) 安全例会制度；

10) 安全技术交底制度；

11) 安全考核和安全奖罚制度；

12) 事故统计、报告制度；

13) 施工单位安全资质审查制度。

2.7.2 建筑企业安全生产许可制度

为了严格规范建筑施工企业安全生产条件，进一步加强安全生产监督管理，防止和减少生产安全事故，建设部根据《安全生产许可证条例》《建设工程安全生产管理条例》等有关行政法规，于2004年7月制定建设部令第128号《建筑施工企业安全生产许可证管理规定》。

2.7.2.1 建筑企业安全生产许可证的申请条件

1) 建立、健全安全生产责任制，制定完备的安全生产规章制度和操作规程。

2) 保证本单位安全生产条件所需资金的投入。

3) 设立安全生产管理机构，按照国家有关规定配备专职安全生产管理人员。

4) 主要负责人、项目负责人、专职安全生产管理人员经建设行政主管部门或者其他有关部门考核合格。

5) 特种作业人员经有关业务主管部门考核合格，取得特种作业操作资格证书。

6) 管理人员和作业人员每年至少进行一次安全生产教育培训并考核合格。

7) 依法参加工伤保险，依法为施工现场从事危险作业的人员办理意外伤害保险，为从业人员交纳保险费。

8) 施工现场的办公、生活区及作业场所和安全防护用具、机械设备、施工机具及配件符合有关安全生产法律、法规、标准和规程的要求。

9) 有职业危害防治措施，并为作业人员配备符合国家标准或者行业标准的安全防护用具和安全防护服装。

10) 有对危险性较大的分部分项工程及施工现场易发生重大安全事故的部位、环节的预防、监控措施和应急预案。

11) 有生产安全事故应急救援预案、应急救援组织或者应急救援人员，配备必要的应急救援器材、设备。

12) 法律、法规规定的其他条件。

2.7.2.2 安全生产许可证的申请与颁发

建筑施工企业从事建筑施工活动前,应向省级以上建设行政主管部门申请领取安全生产许可证。安全生产许可证的有效期为3年。安全生产许可证有效期满需要延期的,企业应当于期满前3个月向原安全生产许可证颁发管理机关申请办理延期手续。

2.7.2.3 安全生产许可证的监督管理

县级以上人民政府建设行政主管部门应当加强对建筑施工企业安全生产许可证的监督管理。建设主管部门在审核发放施工许可证时,应当对已经确定的建筑施工企业是否有安全生产许可证进行审查,对没有取得安全生产许可证的,不得颁发施工许可证。

2.7.3 建筑施工企业三类人员考核任职制度

建筑施工企业三类人员考核任职制度是从源头上加强安全生产监管的有效措施,是强化建筑施工安全生产管理的重要手段。

2.7.3.1 三类人员考核任职制度的实施范围

1)建筑施工企业的主要负责人、项目负责人、专职安全生产管理人员;

2)建筑施工企业主要负责人包括企业法定代表人、经理、企业分管安全生产工作的副经理等;

3)建筑施工企业项目负责人,是指经企业法人授权的项目管理的负责人等;

4)建筑施工企业专职安全生产管理人员,是指在企业专职从事安全生产管理工作的人员,包括企业安全生产管理机构的负责人及其工作人员和施工现场专职安全生产管理人员。

2.7.3.2 三类人员考核任职的主要规定

1)考核的目的和依据:根据《安全生产法》《建设工程安全生产管理条例》和《安全生产许可证条例》等法律法规,旨在提高建筑施工企业主要负责人、项目负责人和专职安全生产管理人员的安全生产知识水平和管理能力,保证建筑施工安全进行。

2)考核范围:在中华人民共和国境内从事建筑工程施工活动的建筑施工企业管理人员以及实施和参与安全生产考核管理的人员。建筑施工企业管理人员必须经建设行政主管部门或者其他有关部门安全生产考核,考核合格取得安全生产考核合格证书后,方可担任相应职务。

2.7.4 特种作业人员持证上岗制度

《建设工程安全生产管理条例》第25条规定:垂直运输机械作业人员、安装拆卸工、爆破作业人员、起重信号工、登高架设作业人员等特种作业人员,必须按照国家有关规定经过专门的安全作业培训,并取得特种作业操作资格证书后,方可上岗作业。

特种作业主要包括:电工作业;金属焊接切割作业;起重机械(含电梯)作业;企业内机动车辆驾驶;登高架设作业;锅炉作业(含水质化验);压力容器操作;制冷作业;爆破作业;矿山通风作业(含瓦斯检验);矿山排水作业(含尾矿坝作业)等。随着新材料、新工艺、新技术的应用和推广,特种作业人员的范围也随之发生变化,特别是在建筑工程施工过程中,一些作业岗位的危险程度在逐步加大,频繁出现安全事故,对在这些岗位上作业的人员，也需要进行特别的教育培训。

根据《特种作业人员安全技术培训考核管理办法》的规定，特种作业是指容易发生人员伤亡事故，对操作者本人、他人及周围设施的安全有重大危害的作业。特种作业人员必须年满18岁，身体健康、无妨碍从事相应工种作业的疾病和生理缺陷，具有初中以上文化程度，并具备相应工程的安全技术知识，参加国家规定的安全技术理论和实际操作能力考核并成绩合格，还应符合相应工种作业特点需要的其他条件。

特种作业人员必须按照国家有关规定经过专门的安全作业培训，并取得特种作业操作资格证书后方可上岗作业。专门的安全作业培训，是指由有关主管部门组织的专门针对特种作业人员的培训，也就是特种作业人员在独立上岗作业前，必须进行与本工种相适应的、专门的安全技术理论学习和实际操作训练。经培训考核合格，取得特种作业操作资格证书后才能上岗作业。特种作业操作资格证书在全国范围内有效，离开特种作业岗位一定时间后，应当按照规定重新进行实际操作考核，经确认合格后方可上岗作业。对于未经培训考核即从事特种作业的，应按规定进行行政处罚；造成重大安全事故，构成犯罪的，对直接责任人员，依照刑法的有关规定追究刑事责任。

2.7.5 政府安全监督检查制度

依据《建筑安全生产监督管理规定》（中华人民共和国建设部1991年第13号文件），建筑安全生产监督管理是指各级人民政府、建设行政主管部门及其授权的建筑安全生产监督机构，对于建筑安全生产所实施的行业监督管理。凡从事房屋建筑、土木工程、设备安装、管线敷设等施工和构配件生产活动的单位及个人，都必须接受建设行政主管部门及其授权的建筑安全生产监督机构的行业监督管理，并依法接受国家安全监察。

建筑安全生产监督管理根据"管生产必须管安全"的原则，贯彻"预防为主"的方针，依靠科学管理和技术进步，推动建筑安全生产工作的开展，控制人身伤亡事故的发生。建筑工程安全生产监督管理的主要内容包括：

1. 政府安全监督检查的管理体制

1）国务院负责安全生产监督管理的部门依照《中华人民共和国安全生产法》的规定，对全国建筑工程安全生产工作实施综合监督管理。

2）县级以上地方人民政府负责安全生产监督管理的部门依照《中华人民共和国安全生产法》的规定，对本行政区域内建筑工程安全生产工作实施综合监督管理。

3）国务院建设行政主管部门对全国的建筑工程安全生产实施监督管理。国务院铁路、交通、水利等有关部门按照国务院规定的职责分工，负责有关专业建设工程安全生产的监督管理。

4）县级以上地方人民政府建设行政主管部门对本行政区域内的建设工程安全生产实施监督管理。县级以上地方人民政府交通、水利等有关部门在各自的职责范围内，负责本行政区域内的专业建筑工程安全生产的监督管理。

2. 政府安全监督检查的职责与权限

1）建设行政主管部门和其他有关部门应当将依法批准开工的建筑工程和拆除工程的有关备案资料的主要内容抄送同级负责安全生产监督管理的部门。

2) 建设行政主管部门在审核发放施工许可证时，应当对建筑工程是否有安全施工措施进行审查，对没有安全施工措施的，不得颁发施工许可证。

3) 建设行政主管部门或者其他有关部门对建筑工程是否有安全施工措施进行审查时，不得收取费用。

4) 县级以上人民政府负有建筑工程安全生产监督管理职责的部门在各自的职责范围内履行安全监督检查职责时，有权采取下列措施：要求被检查单位提供有关建筑工程安全生产的文件和资料；进入被检查单位施工现场进行检查；纠正施工中违反安全生产要求的行为；对检查中发现的安全事故隐患，责令立即排除；重大安全事故隐患排除前或者排除过程中无法保证安全的，责令从危险区域内撤出作业人员或者暂时停止施工。

5) 建设行政主管部门或者其他有关部门可以将施工现场的监督检查委托给建筑工程安全监督机构具体实施。

6) 国家对严重危及施工安全的工艺、设备、材料实行淘汰制度。具体目录由国务院建设行政主管部门会同国务院其他有关部门制定并公布。

7) 县级以上人民政府建设行政主管部门和其他有关部门应当及时受理对建筑工程生产安全事故及安全事故隐患的检举、控告和投诉。

县级以上人民政府负有建筑工程安全生产监督管理职责的部门在各自的职责范围内履行安全监督检查职责时，有权纠正施工中违反安全生产要求的行为，责令立即排除检查中发现的安全事故隐患，对重大隐患可以责令暂时停止施工。建设行政主管部门或者其他有关部门可以将施工现场的安全监督检查委托给建筑工程安全监督机构具体实施。

2.7.6 生产安全事故报告制度

《建设工程安全生产管理条例》规定："施工单位发生生产安全事故，应当按照国家有关伤亡事故报告和调查处理的规定，及时、如实地向负责安全生产监督管理的部门、建设行政主管部门或者其他有关部门报告；特种设备发生事故的，还应当同时向特种设备安全监督管理部门报告。接到报告的部门应当按照国家有关规定，如实上报。"另外《安全生产法》、《建筑法》、《企业职工伤亡事故报告和处理规定》、国务院第75号令等都对生产安全事故报告作了相应的规定。

安全生产事故报告程序如下：

1) 依据《企业职工伤亡事故报告和处理规定》的规定，生产安全事故报告制度的程序为：伤亡事故发生后，负伤者或者事故现场有关人员应当立即直接或者逐级报告企业负责人；企业负责人接到重伤、死亡、重大死亡事故报告后，应当立即报告企业主管部门和企业所在地劳动部门、公安部门、人民检察院、工会；企业主管部门和劳动部门接到死亡、重大死亡事故报告后，应当立即按系统逐级上报，死亡事故报至省、自治区、直辖市企业主管部门和劳动部门，重大死亡事故报至国务院有关主管部门、劳动部门；发生死亡、重大死亡事故的企业应当保护事故现场，并迅速采取必要措施抢救人员和财产，防止事故扩大。

2) 依据《工程建设重大事故报告和调查程序规定》的规定，工程建设重大事故的报告程序为：重大事故发生后，事故发生单位必须以最快方式，将事故简要情况向上级主管部门和事故发生地的市、县级建设行政主管部门及检察、劳动部门报告；事故发生单位属于国务院部委的，应同时向国务院有关主管部门报告；事故发生地的市、县级建设行政主管部门接到报告后，应当立即向人民政府和省、自治区、直辖市建设行政主管部门报告；省、自治区、直辖市建设行政主管部门接到报告后，应当立即向人民政府和住房和城乡建设部报告；重大事故发生后，事故发生单位应当在 24 小时内写出书面报告。重大事故书面报告应当包括以下内容：事故发生的简要经过、伤亡人数和直接经济损失的初步估计；事故发生原因的初步判断；事故发生后采取的措施及事故控制情况；事故报告单位。

3）依据《特别重大事故调查程序暂行规定》（1989 年 1 月 3 日国务院第 30 次常务会议通过，国务院令第 34 号）中的规定，对于建设工程特别重大事故的报告要求为：

① 特大事故发生单位在事故发生后，必须做到：立即将所发生特大事故的情况，报告上级归口管理部门和所在地地方人民政府，并报告所在地的省、自治区、直辖市人民政府和国务院归口管理部门。在 24 小时内写出事故报告，报前述部门。

② 涉及军民两个方面的特大事故，特大事故发生单位在事故发生后，必须立即将所发生特大事故的情况报告当地警备司令部或最高军事机关，并应当在 24 小时内写出事故报告，报上述单位。省、自治区、直辖市人民政府和国务院归口管理部门，接到特大事故报告后，应当立即向国务院作出报告。特大事故报告应当包括的内容同重大事故书面报告应当包括的内容。

2.7.7 施工起重机械使用登记制度

《建设工程安全生产管理条例》第 35 条规定："施工单位应当自施工起重机械和整体提升脚手架、模板等自升式架设设施验收合格之日起 30 日内，向建设行政主管部门或者其他有关部门登记。登记标志应当置于或者附着于该设备的显著位置。"该条内容规定了施工起重机械使用时必须进行登记的管理制度。

施工起重机械在验收合格之日起 30 日内，施工单位应当向建设行政主管部门或者其他有关部门登记。这是对施工起重机械的使用进行监督和管理的一项重要制度，能够有效防止非法设计、非法制造、非法安装的机械和设施投入使用；同时，还可以使建设行政主管部门或者其他有关部门及时、全面了解和掌握施工起重机械和整体提升脚手架、模板等自升式架设设施的使用情况，以利于监督管理。

施工单位向有关部门进行登记应当提交施工起重机械有关资料，包括：

1）生产方面的资料：如设计文件、制造质量证明书、监督检验证书、使用说明书、安装证明等；

2）使用的有关情况资料：如施工单位对于这些机械和设施的管理制度和措施、使用情况、作业人员的情况等。

建设行政主管部门或者其他有关部门应当对登记的施工起重机械建立相关档案，并及时更新，切实将施工起重机械的使用置于政府的监督之下，从而减少生产安全事故的发生。

施工单位应当将登记标志置于或者附着于该设备的显著位置。由于施工起重机械的使用情况不同，施工单位掌握的原则就是登记标志是证明该设备已由政府有关部门进行了登记，是合法使用的，所以将标志置于或者附着于设备上一般情况下都能够看到的地方，也便于使用者的监督，保证施工起重机械的安全使用。

2.7.8 安全生产责任制

安全生产责任制是规定职能部门、生产部门、技术部门和生产员工对于生产安全负有责任的制度。安全生产责任制的实施将安全生产责任分解到企业的主要负责人、项目负责人、班组长以及每个岗位的作业人员和企业各级职能部门身上。通过责任制的形式，对企业各级负责人、各职能部门以及各类施工人员在管理和施工过程中应当承担的责任做出明确的规定。安全生产责任制度是施工企业最基本的安全管理制度，是施工企业安全生产管理的核心和中心环节。

2.7.8.1 贯彻安全生产责任制的指导思想

1) 安全生产，人人有责；
2) 全面安全质量的"四全"管理：即全员、全过程、全方位、全天候管理；
3) 安全生产责任制的贯彻要做到深入化，即"纵向到底、横向到边"。

2.7.8.2 安全生产责任制的涵盖范围

1) 各级人员安全生产责任制；
2) 企业中各职能部门的安全职责；
3) 工程总承包与分包单位的安全生产职责。

项目独立承包的工程在签订的承包合同中必须有安全生产工作的具体指标和要求。工程项目由多家单位施工时，总包与分包单位在签订分包合同的同时要签订安全生产合同（协议），签订合同前要检查分包单位的营业执照、企业资质证、安全许可证等。分包单位的资质应与工程要求相符，在安全合同中应明确总、分包单位各自的安全职责。原则上，实行总承包的由总承包单位负责，分包单位向总包单位负责，服从总包单位对施工现场的安全管理。分包单位在其分包范围内建立施工现场安全生产管理制度，并组织实施。

2.7.8.3 生产经营单位和企业主要领导人的安全责任

生产经营单位和企业的主要领导人对本企业的安全生产工作负责。生产经营单位和企业的领导者作为生产经营单位和企业安全生产的第一责任者，其职责主要包括：

1) 认真贯彻执行安全生产方针、安全法规和上级有关部门关于安全生产的决定、指示，努力改善生产劳动安全条件，不断提高本生产经营单位和企业经营者的安全生产管理水平；
2) 根据《安全生产法》并结合实际工作需要，设置本单位的安全生产机构，配备适当人员，保证安全工作的正常进行；
3) 组织制定本企业以安全生产责任制为核心的各项安全规章制度，并负责督促实施。按照国家有关规定对员工进行安全教育和技术培训；
4) 对本企业发生的伤亡事故，按照国家规定及时统计上报，并认真进行调查处理和落实整改措施，定期向员工代表大会或者员工大会及从业人员报告本单位安全生产情况，执行员工代表大会关于安全生产工作的决议，接受员工代表大会监督。

2.7.9 安全生产检查制度

工程项目安全检查的目的是为了消除隐患、防止发生安全事故、改善劳动条件及提高员工安全生产意识，也是安全控制工作的一项重要内容。通过安全检查可以发现工程中的危险因素，以便有计划地采取措施保证安全生产。施工项目的安全检查应由项目经理组织，定期进行。

施工现场应建立各级安全检查制度。工程项目经理部在施工过程中应组织定期和不定期的安全检查。根据施工(生产)季节、气候、环境的特点，制定检查项目内容、标准，一般安全检查内容包括检查思想、制度、机械设备装置、安全防护设施、安全教育、培训、操作行为、劳保用品使用、文明施工、伤亡事故处理等。

2.7.9.1 安全检查的类型

1) 日常性和定期制度性检查：针对主要问题进行检查，要求检查兼具针对性、调查性和批评性；

2) 专业性检查：组织有关专业人员对某项专业(如垂直提升设备、脚手架、电器、吊塔、防尘防毒等)安全问题进行单项检查，这类检查的专业性较强；

3) 季节性检查和节假日前后的检查：针对季节特点可能带来的危害和节假日前后员工纪律松懈、思想麻痹等进行的检查；

4) 不定期的经常性检查：在生产过程中的经常性预防检查，对所存在的安全隐患及时发现、及时纠正和消除。

2.7.9.2 安全检查的主要内容

1) 查思想：检查企业各级领导和员工对安全生产工作的认识程度。

2) 查管理：检查工程安全生产管理的制度和措施是否有效。主要内容包括：安全生产责任制，安全技术措施计划，安全组织机构，安全保证措施，安全技术交底，安全教育，持证上岗，安全设施，安全标志，操作规程，违规行为，安全记录等。

3) 查隐患：检查作业现场是否符合安全生产、文明生产的要求，是否存在安全隐患，安全检查的重点是违章指挥和违章作业。

4) 查整改：检查对已发现的安全问题和隐患的整改执行措施和效果。

5) 查事故处理：对安全事故的处理应达到查明事故原因、明确责任并对责任者做出处理、明确和落实整改措施等要求。同时还应检查对伤亡事故是否及时报告、认真调查、严肃处理。安全检查的重点是违章指挥和违章作业。

2.7.9.3 安全检查方法

1) 一般检查方法。常采用看、听、嗅、问、查、测、验、析等方法。看现场环境和作业条件，看实物和实际操作，看记录和资料等；听汇报、听介绍、听反映、听意见或批评；对挥发物、腐蚀物、有毒气体进行辨别；对影响安全的问题，详细询问，寻根究底；查明问题、查对数据、查清原因，追查责任；测量、测试、监测；进行必要的试验或化验；分析安全事故的隐患、原因。

2) 安全检查表法。通过事先拟定的安全检查明细表或清单，对安全生产进行初步的诊断和控制。安全检查表通常包括检查项目、内容、回答问题、存在问题、改进措施、检查措施、检查人等内容。

2.7.9.4 安全检查的要求

1) 建立安全检查的组织领导机构,配备适当的检查力量,挑选具有较高技术业务水平的专业人员参加。

2) 做好安全检查的各项准备工作,包括思想、业务知识、法规政策和检查设备、奖金的准备。

3) 明确安全检查的目的和要求,既要严格要求,又要防止一刀切,要从实际出发,分清主次矛盾,力求获得实效。

4) 自查与互查有机结合,以基层自检为主,企业内相应部门间互相检查,取长补短,相互学习和借鉴。

5) 坚持查改结合。整改是安全检查工作的重要组成部分,是检查结果的归宿,整改工作包括隐患登记、整改、复查、销案。

2.7.9.5 检查和处理

1) 检查中发现安全隐患必须进行登记,作为整改备查依据,为安全检查提供安全动态分析信息。

2) 安全检查中查出的安全隐患除进行登记外,还应发出安全隐患整改通知单。

3) 对于违章指挥、违章作业行为,检查人员可以当场指出,进行纠正。

4) 对查出的安全隐患要做到"五定",即定整改责任人、定整改措施、定整改完成时间、定整改完成人、定整改验收人。

5) 必须把好安全生产"六关",即措施关、交底关、教育关、防护关、检查关、改进关。整改完成后要及时报告有关部门。

2.7.10 安全生产施工组织设计和专项安全施工方案编审制度

2.7.10.1 专项施工方案

根据中华人民共和国住房和城乡建设部颁布的《危险性较大的分部分项工程安全管理办法》(建质〔2009〕87号)的规定,对于达到一定规模、危险性较大的工程,需要单独编制专项施工方案:

1. 基坑支护、降水工程

开挖深度超过3m(含3m)或虽未超过3m但地质条件和周边环境复杂的基坑(槽)支护、降水工程。

2. 土方开挖工程

开挖深度超过3m(含3m)的基坑(槽)的土方开挖工程。

3. 模板工程及支撑体系

1) 各类工具式模板工程:包括大模板、滑模、爬模、飞模等工程。

2) 混凝土模板支撑工程:搭设高度5m及以上;搭设跨度10m及以上;施工总荷载10kN/m^2及以上;集中线荷载15kN/m及以上;高度大于支撑水平投影宽度且相对独立无联系构件的混凝土模板支撑工程。

3) 承重支撑体系:用于钢结构安装等满堂支撑体系。

4. 起重吊装及安装拆卸工程

1) 采用非常规起重设备、方法，且单件起吊重量在 10kN 及以上的起重吊装工程。
2) 采用起重机械进行安装的工程。
3) 起重机械设备自身的安装、拆卸。

5. 脚手架工程

1) 搭设高度 24m 及以上的落地式钢管脚手架工程。
2) 附着式整体和分片提升脚手架工程。
3) 悬挑式脚手架工程。
4) 吊篮脚手架工程。
5) 自制卸料平台、移动操作平台工程。
6) 新型及异型脚手架工程。

6. 拆除、爆破工程

1) 建筑物、构筑物拆除工程。
2) 采用爆破拆除的工程。

7. 其他

1) 建筑幕墙安装工程。
2) 钢结构、网架和索膜结构安装工程。
3) 人工挖扩孔桩工程。
4) 地下暗挖、顶管及水下作业工程。
5) 预应力工程。
6) 采用新技术、新工艺、新材料、新设备及尚无相关技术标准的危险性较大的分部分项工程。

建筑工程实施施工总承包的，专项方案应当由施工总承包单位组织编制，其中起重机械安装拆卸工程、深基坑工程、附着式升降脚手架等专业工程实施分包的其专项方案可由专业承包单位组织编制。施工单位应当在危险性较大的分部分项工程施工前编制专项方案。

专项方案编制应当包括以下内容：

1) 工程概况：危险性较大的分部分项工程概况、标准、规范及图纸（标准图集）、施工组织设计等；
2) 编制依据：相关法律、法规、规范性文件、标准、规范及图纸（标准图集）、施工组织设计等；
3) 施工计划：包括施工进度计划、材料与设备计划、采购计划；
4) 施工工艺技术：技术参数、工艺流程、施工方法、检查验收等；
5) 施工安全保证措施：组织保障、技术措施、应急预案、监测监控等；
6) 劳动力计划：专职安全生产管理人员、特种作业人员等；
7) 计算书及相关图纸。

专项方案应当由施工单位技术部门组织本单位施工技术、安全、质量等部门的专业技术人员进行审核。经审核合格的，由施工单位技术负责人签字。实行施工总承包的，专项方案应当由总承包单位技术负责人及相关专业承包单位技术负责人签字。

不需专家论证的专项方案，经施工单位审核合格后报监理单位，由项目总监理工程师审核签字。

2.7.10.2 专家论证

1）超过一定规模的危险性较大的分部分项工程专项方案应当由施工单位组织召开专家论证会。实施施工总承包的，由施工总承包单位组织召开专家论证会。《危险性较大的分部分项工程安全管理办法》（建质［2009］87号）规定了如下工程需要进行专家论证：

① 深基坑工程：开挖深度超过5m（含5m）的基坑（槽）的土方开挖、支护、降水工程；开挖深度虽未超过5m，但地质条件、周围环境和地下管线复杂，或影响毗邻建筑（构筑）物安全的基坑（槽）的土方开挖、支护、降水工程。

② 模板工程及支撑体系：工具式模板工程（包括滑模、爬模、飞模工程）；混凝土模板支撑工程（搭设高度8m及以上；搭设跨度18m及以上，施工总荷载15kN/m² 及以上；集中线荷载20kN/m及以上）；承重支撑体系（用于钢结构安装等满堂支撑体系，承受单点集中荷载700kg以上）。

③ 起重吊装及安装拆卸工程：采用非常规起重设备、方法，且单件起吊重量在100kN及以上的起重吊装工程；起重量300kN及以上的起重设备安装工程；高度200m及以上内爬起重设备的拆除工程。

④ 脚手架工程：搭设高度50m及以上落地式钢管脚手架工程；提升高度150m及以上附着式整体和分片提升脚手架工程；架体高度20m及以上悬挑式脚手架工程。

⑤ 拆除、爆破工程：采用爆破拆除的工程；码头、桥梁、高架、烟囱、水塔或拆除中容易引起有毒有害气（液）体或粉尘扩散、易燃易爆事故发生的特殊建（构）筑物的拆除工程；可能影响行人、交通、电力设施、通讯设施或其他建（构）筑物安全的拆除工程；文物保护建筑、优秀历史建筑或历史文化风貌区控制范围内的拆除工程。

⑥ 其他：施工高度50m及以上的建筑幕墙安装工程；跨度大于36m及以上的钢结构安装工程；跨度大于60m及以上的网架和索膜结构安装工程；开挖深度超过16m的人工挖孔桩工程；地下暗挖工程、顶管工程、水下作业工程；采用新技术、新工艺、新材料、新设备及尚无相关技术标准的危险性较大的分部分项工程。

2）专家论证会的人员要求

① 专家组成员。

② 建设单位项目负责人或技术负责人。

③ 监理单位项目总监理工程师及相关人员。

④ 施工单位分管安全的负责人、技术负责人、项目负责人、项目技术负责人、专项方案编制人员、项目专职安全生产管理人员。

⑤ 勘察、设计单位项目技术负责人及相关人员。

3）专家组成员应当由5名及以上符合相关专业要求的专家组成，本项目参建各方的人员不得以专家身份参加专家论证会。

4）专家论证的主要内容：专项方案内容是否完整、可行；专项方案计算书和验算依据是否符合有关标准规范；安全施工的基本条件是否满足现场实际情况。

专项方案经论证后，专家组应当提交论证报告，对论证的内容提出明确的意见，并在论证报告上签字。该报告作为专项方案修改完善的指导意见。

2.7.10.3 危险性较大工程专项施工方案的主要内容

对于危险性较大工程专项施工方案的编制，必须按要求严格履行编制、审核、审批程序，方案的内容要做到全面、具体、科学、安全、可行。

1) 基坑（槽）施工方案的主要内容应包括：工程概况；放坡要求；支护结构设计；机械选择；开挖时间；开挖顺序；分层开挖深度；坡道位置；车辆进出道路；降水措施及检查要求等。

2) 模板工程方案的主要内容应包括：工程概况；绘制模板设计图；根据施工条件确定荷载，对模板结构进行强度、刚度和稳定性验算；制定模板结构安装与拆除的程序与方法；预埋件与预留孔的处理方法；保证混凝土浇筑与振捣施工的安全措施；冬期施工的保温措施；模板周转使用计划；模板及配件加工计划；施工安全与防火技术措施等。

3) 临时用电工程方案的主要内容应包括：工程概况；现场环境；电源进线、变电所或配电室、配电装置、用电设备位置及线路走向；电力负荷计算；变压器选择；配电系统设计；临时用电工程总平面图、配电装置布置图、配电系统接线图、接地装置设计图；防雷装置设计；安全用电措施和防火措施等。

4) 扣件式钢管脚手架方案的主要内容应包括：现场工况；基础处理；搭设要求；杆件间距；连墙件设置位置、连接方法；安拆作业程序及保证安全的技术措施；施工详图及节点大样图等。脚手架的搭设高度超过规范规定的，要进行相应的计算。

5) 塔吊安拆方案的主要内容应包括：现场工况；安全施工作业程序；安拆人员的数量及工作位置；配合作业的起重机类型及工作位置；地锚的埋设；索具的准备；现场作业环境的安全防护等。

6) 起重吊装方案的主要内容应包括：现场工况；安全施工工艺；起重机械的选型依据；起重扒杆的设计计算；地锚设计；钢丝绳及索具的设计选用；地耐力及道路的要求；构件堆放就位图；吊装过程中的各种安全防护措施等。

2.7.11 安全措施补助费审批制度

为加大工程项目安全投入，保证安全施工，项目施工单位要设立项目安全措施补助费，其计算标准按建筑工程量造价的 5‰~7‰ 控制。安全措施补助费列入工程概算；安全措施补助费的使用应由施工、监理单位根据实际情况制定统一方案，经项目安全生产委员会讨论后，由项目施工单位批准使用。项目法人要监督安全措施补助费专款专用。

2.7.12 安全教育培训制度

安全生产中，人是最重要的因素，让员工正确地掌握安全生产知识，规范安全生产工作行为，增强全员的安全意识，是预防安全事故发生最有效的办法。广泛开展安全生产的宣传教育工作，使全体员工真正认识到安全生产的重要性和必要性，懂得安全生产和文明施工的科学知识，牢固树立安全第一的思想，自觉地遵守各项安全生产法律法规和规章制度。

2.7.12.1 安全教育的目的

1) 安全知识教育：使操作者了解、掌握生产操作过程中潜在的危险因素及防范措施。

2) 安全技能训练：使操作者逐渐掌握安全生产技能，减少操作中的失误现象。

3) 安全意识教育：在于激励操作者自觉坚持实行安全生产。

2.7.12.2 安全教育的内容

安全教育应将安全知识、安全技能、设备性能、操作规程、安全法规等作为安全教育的主要内容。另外，安全教育还包括安全事故教育、安全法制教育、新上岗工作人员的三级教育、施工人员的进场教育、节假日前后的教育等经常性的安全教育。在开展安全教育的活动中，必须结合先进的典型事例进行正面教育，以利取长补短，保障安全生产。安全教育要求体现"六性"，即全员性、全面性、针对性、成效性、发展性和经常性。

2.7.12.3 安全教育培训的形式

安全教育培训可以根据各企业的特点，采取多种形式进行。如设培训班、上安全课、安全知识讲座、报告会、智力竞赛、图片展、书画剪贴、电视片、黑板报、墙报、简报、通报、广播等等，尽量使教育培训形象生动。

2.7.12.4 安全教育的适时性

安全教育要根据施工生产的特点，做好安全教育"五时"，即针对工程突击赶任务时、工程接近收尾时、施工条件好时、季节气候变化时、节假日前后时这五个环节抓紧落实安全教育工作。

2.7.12.5 安全教育制度

1) 新上岗工作人员入场安全三级教育制度：建筑企业员工进施工现场工作前应分别接受由公司进行的一级安全教育、项目经理部进行的二级安全教育和班组进行的三级安全教育。

公司教育的主要内容包括：各级政府部门颁布的安全生产法律、法规；安全事故发生的一般规律及典型安全事故案例；预防安全事故的基本知识和急救措施。

项目经理部教育的主要内容包括：各级安全管理部门有关安全生产的标准；在建工程基本情况和必须遵守的安全事项；施工用化工产品的用途，防毒知识，防火及防煤气中毒知识。

班组教育的主要内容包括：本班组生产工作概况，工作性质及范围；新上岗工作人员个人从事生产工作的性质，必要的安全知识；本工种的安全操作规程，各种机具设备及其安全防护设施的性能和作用；本工程容易发生安全事故的部位及劳动防护用品的使用要求；工程项目中人员的安全生产责任制。

2) 分包单位入场教育制度：配合施工的分包队人员进场，由项目经理、安全员进行入场安全教育，保卫人员进行治保消防教育，并填好安全教育登记卡(册)，教育者与接受安全教育的分包队长或大班长必须签名备查。

3) 变更工种操作人员的安全教育制度：对变更工种工作的操作人员，项目经理部必须及时通知安全部门和现场安全员进行变更工种工作的安全技术教育。由企业负责变更的，企业安全管理部门进行教育。由工地负责变更的，要通知安全员进行安全教育。变更工种安全教育，由教育人员填写安全教育卡(册)，教育者与受教育者都要签字备查。

4) 公司生产管理人员的上岗培训教育制度：凡是与施工生产有关的管理人员必须接受上一级安全监督部门组织的安全培训教育(包括证件复审培训)。

5) 安全生产的经常性教育制度：施工企业在做好新上岗工作人员入场教育、特种作业人员安全生产教育和各级领导干部、安全管理人员安全生产培训的同时，还必须把经常性的安全教育贯穿于安全管理工作的全过程，并根据接受教育对象的不同特点，采取多层次、多渠道和多种方法进行。

6) 班前安全活动制度：班组长在班前进行上岗交底，上岗教育，做好上岗记录；上岗交底，对当天的作业环境、气候情况、主要工作内容和各个环节的安全操作要求以及特殊工种的配合等进行交流；并检查上岗人员的劳动防护情况，每个岗位周围作业环境是否存在安全隐患，机械设备的安全保险装置是否完好有效，以及各类安全技术措施的落实情况等。

7) 特种作业安全教育制度：电工、焊工、架子工、司炉工、爆破工、机操工、起重工、打桩机及各种机动车辆司机等特殊工种人员，除进行一般安全教育外，还要经过本工种的安全技术教育，经考核合格发证后方准独立操作。

2.7.13 施工用电管理制度

用电安全也是关系到施工现场安全管理的大事，施工企业应建立施工用电管理制度。

2.7.13.1 现场用电管理岗位责任制

1. 项目经理

1) 对本项目经理部全体人员安全用电和保证临时用电工程符合国家标准负直接领导责任。

2) 配备满足施工需要的合格电工，提出项目用电的一般及特殊要求。

3) 负责提供给电工、电焊工及用电人员必需的基本安全用具及电气装置的检查工具。

4) 指定专人定期试验漏电保护装置，指定专人负责生活照明用电，指定专人监控用电设备。

5) 参与对电工及用电人员的教育、交底工作。

2. 电工

1) 根据施工现场实际用电情况，向企业设备材料部门提出安全用电具体要求，在施工中应及时合理进行调整。

2) 认真贯彻执行有关施工现场临时用电安全规范、标准、规程及制度，保证临时用电工程处于良好状态。对安全用电负直接操作和监护责任。

3) 负责日常现场临时用电的安全检查、巡视与检测，在下雨、大风等特殊天气后必须认真检测，发现异常情况及时采取有效措施，谨防安全事故发生。

4) 负责维护保养现场电气设备、设施；在雨雪天气施工时必须仔细检查各用电设施及负载线路、漏电保护装置；因天气原因须停工时，必须坚持"安全第一"的基本原则。

5) 负责对现场用电人员进行安全用电操作的安全技术交底，做好用电人员在特殊场所作业的监护工作。

6）积极宣传电气安全知识，维护安全生产秩序，有权制止任何违章指挥或违章作业。

3. 用电人员

1）掌握安全用电基本知识和所有电气设备的性能，对施工中用电负有直接安全操作责任。

2）使用设备前必须按规定穿戴和配备好相应的劳动保护用品。

3）在工作前应检查电气装置和保护设施是否完好，确保设备不带"病"作业。

4）下班后应将设备拉闸断电，锁好开关箱。

5）对电气设备的负载线、保护零线和开关箱应妥善保护，发现问题及时报告解决。

6）搬迁或移动用电设备，必须切断电源并作妥善处理后进行。

7）经常汇报电气系统的运行情况，发现问题及时报告解决。

2.7.13.2 电气维修制度

1）电气维修工作必须严格遵守电气安全操作规程，必须停电作业。

2）维修作业中必须有设备操作人员参与。

3）严禁私自维修不了解内部原理的设备及装置，不准私自维修生产单位禁修的安全保护装置；不准私自超越指定范围进行维修作业；不准私自从事超越自身技术水平且无指导人员在场的电气维修作业。

4）不准在本单位不能控制的线路及设备上作业。

5）不准在酒后或有过激行为之后进行维修作业。

6）对施工现场所属的各类电动机，每半年必须清扫或检修一次，对电焊机、对焊机，每季度必须清扫或检修一次，一般的开关、漏电保护装置必须每月检修一次。

2.7.13.3 工作监护制度

1）在带电设备附近工作时必须设专人监护。

2）在狭窄及潮湿场所从事用电作业时必须设专人监护。

3）登高用电作业时必须设专人监护。

4）监护人员应时刻注意工作人员的活动范围，督促其正确使用工具，并与带电设备保持安全距离；发现违反电气安全规程的行为应及时纠正。

5）监护人员的安全知识及操作技术水平不得低于操作人员。

6）监护人员在执行监护工作时，应根据被监护工作情况携带或使用基本安全用具或辅助安全用具，不得兼做其他工作。

2.7.13.4 安全用电技术交底制度

1）临时用电工程必须进行安全技术交底，必须分部分项且按进度进行。不准一次性完成全部工程交底工作。

2）没有监护人员的场所，必须在作业前对全体人员进行交底。

3）电气设备的试验、检测、调试前、检修前及检修后的通电试验前，必须进行技术交底。

4）电气设备的定期维修后、检查后的整改前，必须进行技术交底。

5）交底项目必须齐全，包括所使用的劳保用品及工具的正确使用方法，有关法规内容,有关安全操作规程内容和保证工程质量的要求,作业人员活动范围和注意事项。

6)填写交底记录要层次清晰,交底人、被交底人必须分别签字,并注明交底时间。

2.7.13.5 安全检查和测试制度

1)项目经理部用电安全检查每月不得少于三次,电工每天必须检查一次;每次用电安全检查必须认真记录;对检查出来的安全隐患,必须及时由检查人员书面提出,并立即制定整改方案进行整改,不得留有安全事故隐患。

2)各级检查人员要以国家的行业标准及法规为依据,不得凭空捏造或以个人好恶为尺度进行检查,检查工作必须严肃认真。

3)用电安全检查的重点是:用电标志、警示是否齐全;电气设备的绝缘层有无破损;线路的敷设是否合格;绝缘电阻是否合格;设备裸露的带电部分是否有防护;保护接零或接地是否可靠;接地电阻值是否在规定范围内;电气设备安装是否正确、合格;配电系统设计布局是否合理,安全间距是否符合规定;各类保护装置是否灵敏可靠、齐全有效;各种组织措施、技术措施是否健全;电工及各类用电人员的操作行为是否规范;有无违章指挥;各类技术资料是否齐全等。

4)电气线路接地测试工作必须每月进行一次;保护接地、重复接地测试必须每周进行一次。

5)更换或大修一次电气设备,必须测试一次绝缘电阻值;测试接地电阻时必须切断电源,断开设备接地端;操作时不得少于两人,严禁在雷雨或降雨后测试。

6)对各类漏电保护装置,必须每周进行一次主要参数检测,不合格的立即更换。

7)对电气设备及线路的绝缘电阻检测,必须每月进行一次;摇测绝缘电阻值,必须使用与被测设备、设施绝缘等级相适应(按安全规程要求)的绝缘摇表。

8)检测绝缘电阻前必须切断电源,至少两人操作;严禁在雷雨时摇测大型设备和线路的绝缘电阻值;检测大型感性和容性设备前,必须按规定方法放电。

2.7.13.6 电工及用电人员操作制度

1)严禁使用或安装木质配电箱、开关箱、移动箱;电动施工机械必须实行"五个一"要求,即一闸一机一漏一箱一锁。

2)严禁以取下(给上)熔断器方式对线路停(送)电;严禁维修时送电,严禁以三相电源插头(或闸刀开关)代替负荷开关启动(或停止)电动机运行;严禁使用220V电压行灯。

3)严禁频繁按动漏电保护器和私自拆装漏电保护器。

4)严禁电气设备长时间超额定负荷运行。

5)配电系统中用电设备必须做保护接地,不得兼做保护接零。

6)严禁直接使用胶壳闸刀开关。

7)严禁在线路上使用熔断器。

8)严禁在单一线路上直接挂接负荷线等其他用电荷载。

2.7.13.7 用电安全教育和培训制度

1)安全教育必须包含用电知识的教育。

2)没有经过专门培训、教育或经过教育、培训不合格及未领到操作证(上岗证)的电工(包括各类主要用电人员)不准上岗作业。

3) 专业电工必须两年进行一次安全技术复试。用电人员变更作业项目必须进行换岗用电安全教育。

4) 采用新技术或使用新设备前，必须对有关人员进行知识、技能及注意事项的教育培训。

5) 项目经理部每月至少进行一次用电事故教训的教育；必须坚持每日上班前和下班后进行一次口头教育，即班前交底、班后总结。

6) 公司每年将对电工及主要用电人员进行一次不少于7天的教育培训，并进行闭卷考试，将试卷和成绩归档，不合格者停止上岗作业。

7) 所有教育、培训、交底的资料，将按项目或类别分类归档。

2.7.13.8 电器及电气料具使用制度

1) 对于施工现场的高、低压基本安全用具，必须按国家颁布的安全规程使用与保管；严禁使用基本安全用具或辅助安全用具从事非电工工作；严禁使用专业工具从事其他作业。

2) 现场使用的手持电动工具和移动式碘钨灯必须由专人保管，由电工进行检修；使用完后必须交回。

3) 现场备用的低压电器及保护装置必须装箱，专人保管，不得随意存放、着尘受潮。

4) 严禁使用未经安全鉴定的各种漏电保护装置；购买与使用各类电气设备、设施及各类导线必须有产品合格证，且需经技术监督部门认证；仓库管理人员必须将电气装置和料具按类型、规格、数量等统计造册，归档备查。

2.7.14 施工区交通安全管理制度

为加强施工区道路安全管理，提高机动车辆驾驶人员安全意识，预防各种交通事故发生，确保施工区道路运输安全畅通，根据《道路交通安全法》《道路运输条例》等有关交通法规，编制如下制度。

1) 凡在施工现场服务的车辆都要自觉遵守《中华人民共和国道路交通管理条例》和项目经理部制定的现场交通管理办法。做到车况良好、车容整洁、三证齐全、自觉服从现场调度员指挥，严格按照现场交通标志和现场道路实际安全要求行驶。凡各施工单位及项目经理部各部门自备车辆，必须持有项目管理办公室统一发放的内部车辆通行证，凭证出入。凡在各施工现场的临时外雇劳务车辆，入场前必须事先到当地交管部门办理营运手续，然后到项目经理部车辆管理部门办理车辆临时出入通行证。非施工车辆进入施工现场，应在门卫登记，留存有效证件，征得门卫同意后，凭项目经理部现场临时通行证方可进入，离开施工现场时换回原证件。

2) 现场所有车辆都要按现场限速标志限速行驶，时速控制在5km/h以内，做到礼让三先，安全行驶。

3) 严禁非施工服务车辆驶入现场施工作业区，严禁自行车、摩托车驶入现场施工作业区。严禁人货混载，违章拉人，超载超速。严禁酒后驾车、无证驾车、车况不良车辆不得行使。

4) 违反上述任何规定，项目经理部管理物资装备部门和质量安全部门的人员有权当场制止。未造成后果者,对当事人批评教育,并警告罚款;造成后果的,依照管理办法,严肃处理。

5) 所有现场施工服务车辆必须避让执行紧急任务的警车、消防车、救护车、工程抢险车。项目经理部使用的土方车、机动翻斗车、装载机、罐车、泵车等大型施工车辆,没有项目经理部负责人批示,一律不许驶出施工现场大门。各种车辆出门必须靠右行驶,主动停车,接受质量物资装备部门和质量安全部门检查。

2.7.15 消防安全管理制度

建筑工程安全生产管理条例中规定,施工单位应当在施工现场建立消防安全责任制度,确定消防安全责任人,制定用火、用电、使用易燃易爆材料等各项消防安全管理制度和操作规程,设置消防通道、消防水源,配备消防设施和灭火器材,并在施工现场入口处设置明显标志。

2.7.15.1 消防安全管理制度的主要内容

1) 施工现场的消防安全由施工单位负责,建筑工程施工实行总承包和分包的,由总承包单位对施工现场的消防安全实行统一管理,分包单位负责分包范围内施工现场的消防安全,并接受总承包单位的监督管理。

2) 施工单位应当落实防火安全责任制。

3) 施工单位应当在工程开工前将施工组织设计、施工现场消防安全管理措施和保护方案报送公安消防机构。

4) 施工单位应当按照仓库防火安全管理规则存放、保管施工材料。

5) 施工现场不准存放易燃易爆化学危险物品和易燃可燃材料。

6) 施工单位应当建立健全用火管理制度,施工作业用火时,应当经施工现场防火负责人审查批准,领取用火证后,方可在指定的地点、时间内作业,并安排专人监护。施工现场内禁止吸烟。

7) 施工单位应当建立健全用电管理制度,并采取防火措施。安装电气设备和进行电焊、气焊作业等,必须由经培训合格的持证人员操作。

8) 施工单位不得在施工现场设置宿舍,设置的应急照明和疏散指示标志应当符合有关消防安全的要求。

9) 施工单位应当在施工现场设置临时消防车道,并保证临时消防车道的畅通,禁止在临时消防车道上堆物、堆料或者挤占临时消防车道。

2.7.15.2 施工现场的防火要求

1) 施工单位在编制的施工组织设计中,施工总平面图、施工方法和施工技术均要符合消防安全要求。

2) 施工现场应明确划分用火作业场地、易燃可燃材料堆场、仓库、易燃废品集中站和生活区等区域。

3) 施工现场夜间应有照明设备,保持消防车道畅通无阻,并要安排工作人员加强值班巡逻。

4) 施工作业期间需搭设临时性建筑时,必须经施工企业技术负责人批准,施工结束后应及时拆除,但不得在高压架空线下方搭设临时性建筑物或堆放可燃物品。

5) 施工现场应配备足够的消防器材,指定专人维护、管理、定期更新,保证完整好用。

6) 在土建施工时,应先将消防器材和设施配备好,有条件的应敷设好室外消防水管道,设置好消防栓。

7) 施工现场的动火作业,必须执行三级动火审批制度:

一级动火作业由项目经理部负责人填写动火申请表,编制安全技术措施方案,并报企业安全部门审查批准。

二级动火作业由项目技术安全负责人填写动火申请表,编制安全技术措施方案,报项目经理部负责人审查批准。

三级动火作业由所在班组填写动火申请表,经工地技术安全负责人审查批准后方可动火。

古建筑和重要文物单位等场所的动火作业,按一级动火手续上报审批。

2.7.15.3 消防安全管理制度的实施

1) 进入施工现场前首先要建立健全各项消防安全管理制度,明确消防安全管理责任,施工中要逐级落实消防安全责任制。总承包单位对施工现场消防安全工作负全责,要切实负起责任,不得以签订协议的方式代替管理。各分包单位要接受总承包单位的统一领导和检查。建设单位与总承包单位、总承包单位与分包单位要分别签订消防安全协议书,明确责任。

2) 定期开展消防安全大检查,根据各季节的火灾特点,成立检查组。重点检查内容包括:消防安全应急预案;建筑工程内支搭易燃、可燃围挡;存放易燃、可燃物品;施工人员消防安全教育,特别是掌握基本消防安全常识的培训;电、气焊工等特种作业人员培训合格的岗位证书;保证用火、用电、用油、用气消防安全管理的责任制度;施工现场配置消防器材;临时消防给水系统等。

3) 加强消防安全宣传教育培训:组织专门人员,对电、气焊工等用火用电人员进行消防安全培训,教育施工人员遵守电、气焊防火安全规定,杜绝"三无"(无操作证、无用火证、无看火人)现象发生。

2.7.16 安全例会制度

为了更好地贯彻落实国家安全生产法律、法规和上级主管部门有关安全生产的文件、会议精神,有针对性地解决安全生产工作中出现的问题,不断改进和完善安全生产管理工作,建筑企业和项目管理部门应根据实际情况,制定安全例会制度。各级安全生产管理机构定期召开安全会议。

安全会议的内容:传达贯彻上级部门有关安全生产工作的指示精神,听取本阶段安全生产情况的汇报,总结经验,对存在的问题分析原因,制定改进措施,提出下阶段安全生产工作要求与措施,并决定开展安全生产宣传教育和安全生产劳动竞赛的方式、方法、内容及要求。同时还要决定开展安全生产检查的方式、方法、参加人选、检查内容、检查时间等。有安全事故发生时按"四不放过"的原则及时研究事故的处理决议,并及时结案。安全会议要有专人做好会议记录。

1) 企业安全管理机构每月召开一次工作会议,传达上级安全文件及决定,总结安排本企业的安全生产工作。

2) 项目经理部、作业队每周定期开展安全例会,传达上级安全文件,学习安全操作规程,针对施工、生产特点检查班组岗位安全自查活动情况,总结安排本项目安全生产活动。每天施工作业前,都要对员工开展安全讲话。

3) 班组长要利用班前分工时间进行班前安全教育,传达安全例会精神,总结班组安全工作,并针对当日施工存在的安全风险依照法规和标准采取相应的安全措施,并督促员工开展岗位自查活动。

2.7.17 安全技术交底制度

为了贯彻"安全第一、预防为主"的方针,保护国家、企业的财产免遭损失,保障员工的生命安全和身体健康,保障施工生产的顺利进行,根据《建筑施工安全检查标准》(JGJ 59—1999)规定,在工程施工前,应由施工负责人、技术部门对生产班组进行施工方案和安全技术措施、操作规程交底,交底应突出危险因素的控制措施,安全技术交底等必须以书面形式进行,并经有关人员签字。安全技术交底应针对本工程项目施工作业的特点和本工程项目施工作业中的危险点进行。

2.7.17.1 安全技术交底的基本要求

1) 项目经理部必须实行逐级安全技术交底制度,纵向延伸到班组全体作业人员。

2) 交底内容具体、明确,针对性要强。

3) 交底应优先选用新的安全技术措施。

4) 工程开始前应将工程概况、施工方法、施工程序、安全技术措施等向工长、班组长进行详细交底。

5) 两个以上施工队或工种配合施工时,要按工程进度定期或不定期地向有关施工单位和班组进行交叉作业的书面安全交底。

6) 工长安排班组长工作前,必须进行书面的安全技术交底。

7) 各级书面安全技术交底必须有交底时间、内容及交底人和接受交底人的签名,交底记录要按单位工程整理归档,以备查验。

8) 被交底者在执行过程中,必须接受项目经理部的管理、检查、监督、指导,交底人员必须深入现场,检查交底后内容的落实情况,发现有不安全因素,应马上采取有效措施,杜绝安全事故隐患。

2.7.17.2 安全技术交底的主要内容

1) 本工程项目施工作业的特点和危险点。

2) 针对危险点的具体预防措施。

3) 应注意的安全事项。

4) 相应的安全操作规程和标准。

5) 发生安全事故后应及时采取的避难和急救措施。

2.7.17.3 总包对分包进场的安全交底

1) 分包单位要服从总包单位的安全生产管理,认真贯彻执行工地的分部分项、分工种施工安全技术交底要求，分包单位的负责人必须检查具体施工人员落实情况，并进行经常性的督促、指导，确保施工安全。

2）分包单位在施工期间必须接受总包方的检查、督促和指导，同时总包单位应协助各施工单位搞好安全生产、防火管理，对于查出的安全隐患及问题，各施工单位必须限期整改。

3）分包单位对各自所处的施工区域、作业环境、安全防护设施、操作设施设备、工具用具等必须认真检查，发现安全问题和隐患，立即停止施工，落实整改，如本单位无能力落实整改的，应及时向总包单位汇报，由总包单位协调落实有关人员进行整改，确认安全后方可施工。

4）分包单位对于施工现场的脚手架、设施、设备的各种安全防护设施、保险装置、安全标志和警告牌等不得擅自拆除、变动，如确需拆除变动的，必须经总包单位施工负责人和安全管理人员的同意，并采取必要、可靠的安全措施后方能拆除。

5）特种作业及中、小型机械的操作人员，必须按规定经有关部门培训、考核合格后持有效证件上岗作业，严禁违章、无证操作，严禁不懂电器、机械设备的人员擅自操作使用电器、机械设备。

6）在施工过程中，分包单位应注意地下管线及高、低压架空线和通信设施、设备的保护，总包单位应将地下管线及障碍物情况向分包单位详细交底，分包单位应贯彻交底要求，如遇有问题或情况不明时要采取停止施工的保护措施，并及时向总包单位汇报。

2.7.18 安全考核和奖罚制度

企业各部门应确保本部门劳动者行为、装备、工作程序、过程和环境安全无危害，履行保护劳动者人身安全和企业、国家财产不受损害的义务，对于明显或潜在的不安全因素，应积极采取有效的措施消除安全隐患，确保安全生产；按照安全生产检查制度的要求及时发现、整治安全隐患；根据本部门生产经营的特点制定相应的安全管理制度，规范安全生产，并确保有效实施。

安全生产实行一票否决，任何部门在一个年度的工作中发生一起群伤、死亡事故、直接经济损失在5万元（含基数，下同）以上的无伤亡安全事故，以及引起重大环境污染的安全事故，应取消该部门该年度各项集体荣誉的评选资格。安全第一责任人、安全负责人、分管负责人和直接责任人应承担相应责任。

2.7.18.1 考核内容

企业各部门应建立健全安全生产管理网络，在第一责任人的领导下，明确部门各级安全管理人员及相应的安全生产、消防安全管理责任。

建立健全部门各级人员安全生产责任制、设备安全操作维修规程、生产安全操作规程、安全检查、隐患整改制度。

明确日常安全生产教育，采用班前会等形式，在布置当天的工作内容时、通报安全生产情况、强调安全生产、提出安全措施，并做好记录。

认真执行安全检查制度：部门安全月检、周检，安全员日常检查，班组岗位安全自查及交接班安全交接，重大作业活动和节前安全检查。发现安全隐患及时整改排除，对所有检查和安全隐患整改情况记录并保存。

认真执行职业健康安全管理规定。

安全生产效果好,各类安全事故在控制的范围内,无重复性、多发性违章和安全事故。轻伤事故符合"安全事故控制指标"要求;重伤、群伤、死亡、火灾等安全事故为零。

2.7.18.2 部门考核办法

1) 奖励:有健全的安全生产管理网络和安全生产管理制度,并能严格执行,各类安全生产事故控制在要求范围内的部门,由公司对安全生产成绩特别突出的部门授予安全生产先进集体称号,并兑现相应的安全生产风险金。

2) 处罚:安全管理网络和制度不健全,不认真执行和落实安全标准化体系文件要求,给予通报批评,限期整改,同时可对责任部门给予一定的经济处罚。企业根据部门的安全管理工作开展情况和安全控制效果,不定期采取其他方式进行奖励或处罚考核。

2.7.18.3 个人考核办法

1) 奖励:在生产经营中,对模范地遵守企业安全标准化体系规定的各项安全管理制度和操作规程,及时发现和排除事故隐患、纠正违章、提出合理化建议,避免了重大安全事故的发生或在事故中积极投入事故抢险,方法得当,减少了人员伤亡和财产损失的员工,给予一定奖励。公司奖励分为通报表扬、授予荣誉称号、奖金、晋升工资等形式。

2) 处罚:安全管理网络和制度不健全,不认真执行和落实安全标准化体系文件要求,应予通报批评,限期整改,对部门第一责任人和分管负责人分别给予一定的处罚。部门发生轻伤事故以及火灾等无伤亡损失 1 万元以内的,对部门第一责任人、分管负责人和专(兼)职安全员及班组负责人分别给予一定的处罚。部门发生轻伤事故以及火灾等无伤亡损失 1 万元以上的,对部门第一责任人、分管负责人和专(兼)职安全员及班组负责人分别给予一定的处罚。发生重伤、群伤以及直接经济损失 5 万元以上的无伤亡事故,对部门第一责任人、分管负责人和专(兼)职安全员及班组负责人分别给予一定的处罚,有直接责任或情节严重者按相应制度执行。发生死亡以及直接经济损失 10 万元以上的无伤亡事故,对部门第一责任人、分管负责人和专(兼)职安全员及班组负责人分别给予一定的处罚,有直接责任或情节严重者按相应制度执行,触犯法律者移交检察机关处理。

安全管理人员有下列情形之一的,应给予扣款,有直接责任或情节严重造成安全事故的,同时承担相应的事故责任:岗位管辖范围内各项安全检查不到位,记录不完整;安全隐患整改不及时、防范措施不得力,未对危险场所或操作提供安全操作规程;对违章作业现象不及时制止,对当事人不及时进行安全教育(查现场记录);隐瞒安全事故或不按安全事故报告程序及时报告安全事故,安全事故发生后未按"四不放过"的原则及时处理;安全培训不到位;违章指挥;不认真执行和落实安全标准化管理制度条款。

生产操作人员(含有违章行为的管理人员)有下列情形之一的,应给予经济处罚,造成安全事故的承担相应的事故责任:不认真履行工作职责,工作中违纪违规;安全检查或交接班制度执行不严,无完整记录;伪造交接记录、设备运行记录、安全检查记录等;生产作业过程中,不按安全规程要求使用、维护安全防护器具;不认真执行安全标准化管理规定和安全操作、维修规程;在多人合作的工作场所未履行应有监护和协作责任。

明显违章、重复违章或后果严重(含可能的后果)时,可加重处罚力度;签订安全生产责任书的,年终对照考核兑现。

2.7.18.4 安全事故的处罚

安全事故按直接经济损失的大小对事故责任人给予如下处理:

1) 直接经济损失在1万元以下(不含基数)按损失1%对事故责任人给予处罚;超过1万元按损失5%对责任人给予经济处罚。

2) 因违章指挥、违章操作等原因发生安全事故,致他人重伤或直接经济损失在5万元以上的,按损失10%对事故责任人给予处罚;致他人死亡或直接经济损失在10万元以上的,按损失15%对事故责任人给予处罚,最高4万元封顶。

3) 由于责任人自身过错造成安全事故发生,因事故受伤或死亡者酌情减轻或免除经济处罚。明显违章、重复违章或后果严重(含可能的后果)时有关部门及公司相关部门可以直接要求其停工待岗整顿。重复违章或后果严重(含可能的后果)时可报公司批准对其终止、解除劳动合同。

4) 故意装病或隐瞒事实真相骗取工伤待遇的,按骗取所得收入的1~5倍进行罚款,并对其停工或终止、解除劳动合同。

5) 外来人员在项目现场发生工伤事故,相关部门负责监督、管理人员承担相应连带责任。

2.7.18.5 考核程序

一般安全考核由安全生产管理部门按规定执行奖罚考核。重大安全违纪考核需报安委会审批。死亡以上安全事故及终止、解除劳动合同的考核经安委会审核后报企业人力资源部门落实。部门参照企业要求实施本部门内部考核,也可对其他部门提出的考核意见报安全生产管理部门或企业相应职能部门执行。

3 国外安全法律法规及制度分析

国际上对安全管理历来非常重视，欧美发达国家都从立法上制定了安全生产的各项规定，对违规者处以重罚。

建立严格的安全生产法律法规体系可以避免生产企业以劳动者的人身安全为代价追求其自身利益的最大化，保护劳动者的切身利益，保障社会生产的正常有序。安全法规是贯彻安全生产方针、政策的有效保障，是保护劳动者的安全与健康的重要手段，是实现安全生产的法律保证。

分析总结，国外安全管理法规的内容主要涉及以下几个方面：

1) 关于安全技术和劳动健康的法规。例如英国的《工作健康安全法》、美国的《职业安全与健康法》。
2) 关于劳动安全和劳动健康监督管理制度的法规。
3) 关于安全生产的体制和管理制度的法规。
4) 关于工作时间的法规。
5) 关于女工等实行特别保护的法规。

下面简要介绍美国、英国、日本等国家的安全生产管理的做法及相关法律法规制度。

3.1 美国《职业安全与健康法》(OSH Act)主要内容介绍

美国早在1970年就制定了《职业安全与健康法》，并根据该法案逐步制定、发布了各行业的职业安全与健康标准，形成了完善的职业安全与健康法规标准体系，这对保障美国上亿雇员拥有良好的工作环境和工作条件，减少工作场所的危害和落实有效的安全与健康措施发挥了积极的作用。

目前美国的很多项目承包商都把"零事故"（Zero-Accident：在施工现场不发生任何安全事故）作为努力的目标。与此目标相对应的是一定能达到这个目标的坚定信念。公司应当为任何可能发生的安全事故做准备，同时也要为杜绝任何安全事故的发生做工作。

3.1.1 OSH Act 的适用范围

1) 适用范围：美国联邦政府所管辖的所有州和地区。
2) 适用领域：制造业、建筑业、海运、海洋工业、农业、法律、医药、慈善事业等。
3) "雇主"不包括个体户、只有家人自己工作的农场以及受其他联邦法律特殊规定的社会成员。

3.1.2 OSH Act 的标准

3.1.2.1 OSH Act 的发展与完善

1) 如果美国职业安全与健康局(OSHA)认为 OSH Act 某方面的条款需要做修改和进一步的完善，就会召集这方面的专家讨论修改的建议。

2) 一旦 OSHA 计划要制订、修订和取消相关的条款时，就会在《联邦注册》上发表声明和公告。

3) 在一些条件下，OSHA 有权颁布临时条款以对付紧急事件，这些临时条款的时效一直到正式条款颁布为止。所有这些临时、正式条款都要在《联邦注册》上予以公布。

4) 随着技术的发展和更新，相关人员也可以就 OSH Act 的某些条款向 OSHA 提出修改和改进的建议。

3.1.2.2 OSH Act 的变更

雇主在以下情况下可以就某一条款或者某一规范申请要求 OSHA 执行变更：其一，因为没有足够的材料、设备或者专业技术人员而不能在规定的时间内达到 OSH Act 的要求；其二，雇主能够证明他们所提供的设备和工作环境在执行 OSH Act 的有关规定时"至少是有效率的"。

由于美国的双层立法体系——联邦和州双层立法体系，雇主必须符合两方面的要求。如果某个雇主满足了 OSH Act 的要求，而没有满足州一级的立法，则 OSHA 会帮助其与有关的州级法律部门协商，在州法律上给予一定的"执行变更"。

1) 暂时性的执行变更：由于缺乏足够的材料、设备或者专业技术人员，或者因为必要的建筑物以及设备的改装不能在规定的时间内完成，使得雇主不能在规定的时间内达到 OSH Act 规范的要求，雇主就能申请暂时性的执行变更。雇主必须在有效期截止以前的一定时间之内向 OSHA 申请执行变更，同时能够向 OSHA 证明他们已经采取措施使雇员在一个尽可能安全的环境下工作，并为达到 OSH Act 的标准已采取了切实可行的措施。

雇主还要确保其所有雇员都已经知道雇主已经申请了 OSH Act 的执行变更，并给雇员(雇员代表)提供一份副本。并且应当及时公告所有相关的结果。雇主应当使雇员明确他们有权在申请的时候旁听。

那些仅仅因为没有资金在规定的时间内建设必要的建筑物或完成设备的改装，或者并没有采取切实可行的措施使雇员在安全的环境下工作的雇主，不能获得 OSH Act 暂时性的执行变更。

2) 永久执行变更：如果某个雇主能够证明他们现有的条件、程序、操作方式、方法以及作业进程都是在一个与执行 OSH Act 同样有效的安全环境下进行的，这个雇主就能获得永久性的执行变更。

在做出这项决定的时候，OSHA 要对雇主提供的材料加以确认并到现场检查和听取雇员的意见。如果 OSHA 发现雇主的要求是有确实根据的，将同意雇主就某一特定条款免除雇主的责任和义务。

雇主还要确保其所有雇员都已经知道雇主已经申请了 OSH Act 的执行变更，并给雇员(雇员代表)提供一份副本，并且应当及时公告所有相关的结果。雇主应当使雇员明确他们有权在申请的时候旁听。

在此项免除的责任和义务执行满半年以后，雇主和雇员都有权向OSHA申请废除这项"免责条款"，OSHA也将按照一定的程序办理。

3）临时指令：在一项执行变更决定以前，雇主可以选择仍然按照现有的规范作业，或者申请一项"临时指令"。这项申请可以与其他的两种执行变更同时申请，也可以在申请两种执行变更之后再申请。

如果OSHA驳回了变更的申请，还会附上驳回的原因。如果临时指令被批准了，雇主应当及时向雇员公布此项信息，并应向雇员（雇员代表）提供一份临时指令申请和决议内容全文的副本。

4）"执行变更"的时效："执行变更"在法律上没有"溯回权"，即在获得"执行变更"以前由于没能遵守OSH Act的规范而受到的法律处分仍然有效，雇主不能以获得"执行变更"来抗辩。

3.1.3 记录与报告

在OSH Act颁布以前，并没有形成集中和系统化的安全与健康记录体系。

关于健康和安全的数据只是在一些州的部门和私人机构（项目）中有相应的收集和整理。联邦的数据是通过不完全的统计得出的，OSHA开始建立一套有系统的连贯的相关记录，要解决统计口径并要求有统一的格式。

除了零售业、金融业、保险业、房地产业和其他有规定的服务业以外，其他任何雇用11人以上（包括11人）的雇主都要保持连贯的工伤和职业病的记录。但无论是否有保持记录的要求，只要发生了1人以上（包括1人）死亡以及5人以上（包括5人）住院的事故，都要向OSHA的办事处汇报。

工伤包括在工作中或者现场作业环境中造成的骨折、割伤、抽筋、扭伤或者截肢等。职业病包括除了工伤以外的，因为不寻常的作业环境而造成的各种疾病，如由于直接接触呼吸、吸入各种有毒的化学物质引起的过敏和急、慢性病。

工伤和职业病的记录有如下要求：

1）职业病：只要是职业病就必须做记录。

2）工伤：出现以下情况必须做记录：

① 导致死亡，无论受伤与死亡之间的时间有多长，只要死亡是由于此次受伤引起的，就必须做记录；

② 由于工伤导致误工1天以上（包括1天）；

③ 由于工伤使得行动和工作受到限制；

④ 失去知觉；

⑤ 由于工伤必须转做其他的工种；

⑥ 必须接受医疗的护理（不包括急救）。

每个机构都要对工伤和职业病进行相关的记录。机构的定义是指一个项目，经营这个项目的单位可能很多，有几十个，但它仍是一个机构。有时雇员工作的地点分布得很广，那么，雇主就必须在所有的地点都有相应的系统记录。但可以不必每天都进行记录。

记录以"年"为时间单位。这些记录并没有必要送交 OSHA，但要在雇主处保存至少 5 年以上，在 OSHA 和劳动统计局(BLS)的检查官以及一些州一级的官员需要的时候能随时出示。

OSH Act 规定了两种格式：OSHA No.200《工伤和职业病的记录和总结》，所有的记录必须在事件发生后的 6 个工作日之内记录完毕；OSHA No.101《工伤和职业病的补充记录》，这个记录是有关工伤和职业病所有的详细记录，这些记录也必须在事件发生后的 6 个工作日之内记录完毕。

每年年底，OSHA 会依据 OSHA No.200.S 向所有被选入参加年度统计调查的机构(项目)发出通知，这些被要求提交记录报告的雇主就应当以 OSHA No.200 为基础提交相应的记录报告。

在 OSHA No.200 的最后一页是有关工伤和职业病的总计和相关的统计分析。雇主必须在第二年的 2 月 1 日之前把 OSHA No.200 最后一页的复印件张贴出来，使得所有的雇员都能很方便的看到。即使上一年的工伤和职业病的总数为 0 的，也要公告。复印件的张贴必须保持到 3 月 1 日。

如果雇主希望用不同于 OSHA 要求的方式做记录，则应当提出申请。这个申请的内容应当包括：详细阐述雇主想用的记录的方法，以及证明这种方法对于他的机构(项目)在工伤和职业病方面的统计是很有效的。

所有的雇员都有权查询雇主有关危险物品的记录以及他们自己的健康检查结果的记录。

3.1.4 工地现场的检查

3.1.4.1 检查的权力

为了更好地执行 OSH Act，OSHA 的安全与健康官员有依照 OSH Act 对作业现场进行检查的权力。所有法律管辖的机构(项目)都在被检查之列。

OSHA 的安全与健康官员在职业安全与健康领域受过良好的培训，并且有丰富的经验。这些官员不仅为 OSHA 服务，在一些州，关于安全与健康方面的检查和审查工作，州政府也会聘请这些 OSHA 的安全与健康官员。

在向雇主出示了相关的证明证件后，这些官员有以下权力：

1) 在任何合理的时间内，不受阻拦地进入任何工厂、车间、机构(项目)、建筑工地以及周围的环境，进行安全与健康的检查。

2) 在一般的工作时间和合理的时间内，以合理的方式检查和调查雇主的作业场所、条件、环境、建筑、机械、设备、仪器，并且可以私下询问雇主、业主、操作人员、雇员和代理人。

3.1.4.2 检查的程序

1) 检查之前的要求：检查前不通知雇主，检查官也不能把要对雇主进行检查的消息告诉雇主。如果检查官把要对雇主进行检查的消息告诉雇主，会被处以 1000 美元的罚款，或者被处以 6 个月的监禁。除此之外，也有事先通知的检查，但检查的通知只能在检查前不超过 24h 内送达雇主。

2) 检查官出示有效证件：所有的检查官都持有由劳工部统一颁发的证件，这些证件上有官员的照片以及相应的职务、职权和资格的证明。

3) 检查前的准备会议：在这个准备会议中，检查官员会首先说明为什么会挑选这个机构（项目）作为检查的对象；然后检查官会确认这个机构（项目）是否得到过 OSHA 的咨询，是否有"执行变更"的豁免权等，如果符合其中一项，则此次检查到此结束。否则，检查官接着介绍此次检查的目的、范围、内容和参照的标准，并且会提交给雇主一份参照标准、规范的副本和雇员对现场健康与安全方面的不满和意见。

在会议结束之后，由官员决定检查的路线和方式，与雇员的交流要最大限度地不影响工作。官员在检查时可以查阅各种记录、拍照和使用工具等，但官员不能泄露商业秘密，违反者会被处以 1000 美元的罚款或者一年的监禁。

4) 现场检查：在检查官检查现场的同时。雇主最好派一个雇员代表陪伴官员完成检查的工作。雇员代表可以由工会来指定，也可以由雇员自己推选，或者由官员指定一个他认为能够代表雇员利益的人。这个代表并不陪伴检查官完成每一个检查，在没有代表陪伴的时候，官员也要与许多其他的雇员交流现场安全与健康方面的问题。

检查官会检查关于健康与安全的记录和 OSHA No.200 有关公告的事项是否认真完成。

如果在检查的过程中，检查官发现了一些安全与健康的隐患，会向雇主指出，并且会应雇主的要求提出相应的改进措施和方法。如果现场发现了明显违反标准的地方，检查官会在现场指导改正，即使在现场已经进行了改正，检查官也要记录下这样的违规行为，作为以后法律处理的依据。但雇主迅速的改正可以反映其遵守规范的诚意。

这个检查可以是基于为调查一起事故或者雇员对现场工作安全状况的"抱怨"而进行的。

5) 总结会议：在所有的检查完成以后，检查官、雇主以及雇员会开一个总结会议。在会上，与会人员讨论存在的问题和解决的途径。检查官会向雇主提出在检查中发现的存在明显的违规情况以及雇主可能会承受的公诉，并且会详细告诉他有怎样的上诉权，可以得到的资料和上诉的程序，但官员不会暗示雇主任何可能受到的处罚。

如果需要的话，还会有进一步的实验来证明一些有关安全与健康的结果。也有可能召开一次以上的总结会议。最后，检查官会告诉雇主 OSHA 在全美的几十个办事处能提供的各种服务，包括咨询、培训以及安全与健康材料方面的技术等。

6) 罚则：

(1) 不很严重的违规：直接影响安全与健康但不会造成死亡和重伤，依情节的轻重会被处以 60～7000 美元的罚款。依据雇主改正的态度、违规记录和业务的规模，可以折减至 80%。

(2) 严重的违规：直接影响安全与健康而且极有可能造成死亡和重伤的，会被处以 7000 美元的罚款。依据雇主改正的态度、违规记录和业务的规模，可以有一定的折减。

(3) 故意违规：雇主知道这样做是违规的而仍然这样做的情况，将处以下述处罚：每种违规处以 5000～70000 美元的罚款，依据以前的违规记录和业务的规模，可以有一定的折减；如果雇主有意违规造成了雇员的死亡，依照法庭的处理办理，承受罚款或者判刑，或者两者兼而有之。雇主是个人的会受到最高 25 万美元的罚款，是企业的会受到最高 500 万美元的罚款，还有可能受到刑事处分。

(4) 再犯：如果在雇主的违规记录中发现类似的违规情况，则视为"再犯"。每种"再犯"可能会被处以 7 万美元的罚款，并且上诉的可能性很小。

(5) 未改正违规的情况：如果被判决后仍然不改正，则每天都会被处以 7000 美元的罚款。

(6) 篡改记录：会被处以 1 万美元的罚款，或者半年的监禁，或者两者兼而有之。

(7) 违反公告要求：会被处以 7000 美元的罚款。

(8) 攻击检查官，或者阻止、反对、妨碍以及干涉检查官工作：会被处以 5000 美元的罚款，以及 3 年以下的监禁。

3.1.5 OSHA 的咨询服务

OSHA 的咨询员可以免费为雇主在建立和完善安全与健康管理体系上提供咨询服务，这些服务的经费大部分都由 OSHA 提供。同时，在进行所有的咨询活动中发现的雇主的违规行为不会被处以惩罚，而且咨询员有义务为雇主保密。获得过咨询的机构（项目）在改正了违规行为并建立和贯彻了安全与健康的管理体系以后，还有可能得到一年免受检查的权利。

咨询员的作用主要是帮助雇主建立和完善一套旨在预防的安全与健康管理体系。咨询的范围包括机械系统、现场的作业环境和作业程序等所有和安全与健康有关的方面。雇主还能得到培训和教育的服务，但这些服务往往不在现场进行。

所有的咨询服务都是应雇主的要求提供的。可以看出，OSH Act 主要是为了能改善雇主所提供的作业环境的安全与健康水平，而并不是为了惩罚。

3.1.6 雇主的义务和权力

3.1.6.1 义务

1) 提供一个没有明显危险因素可能导致死亡和严重伤害的作业环境，并且遵守这个法案中所规定的规范、标准和纪律。

2) 对 OSHA 的规范很熟悉，并为雇员准备副本，可供查询。

3) 把 OSH Act 的内容传达给雇员。

4) 检查现场的条件是否符合规范。

5) 把风险降到最小的程度。

6) 确保雇员使用的是安全的工具和设备（包括雇员个人的保护设备），并且工具和设备能得到很好的维护。

7) 用鲜明的颜色写明工人可能遇到的危险。

8) 建立并及时更新安全与健康的操作程序。

9) 依 OSHA 的要求为雇员提供体检。

10) 依 OSHA 的要求为雇员提供培训。

11) 如果发生死亡或者 5 人以上住院的事件，要在 48h 内向最近的 OSHA 的办公部门报告。

12）依 OSHA 的要求做好受伤事件的记录，并依 OSHA No.200 的要求在下一年的 2 月全月公布上一年的记录统计。

13）依 OSHA 的要求告知雇员他们的权利和义务。

14）在合理的时间以合理的方式允许雇员或者雇员代表查阅安全记录。

15）允许雇员或者雇员代表查看体检的结果。

16）在安全抽查时，与检查官配合，与陪同检查官检查的雇员或者雇员代表配合。

17）不歧视按照 OSHA 的规范行使权利的雇员。

18）对 OSHA 向机构（项目）提出的起诉，机构（项目）的主管方面应当在明显的地方公示，每个起诉至少保留 3 天。

19）按照起诉后 OSHA 的要求改正。

3.1.6.2 权利

1）书面向最近的 OSHA 办事处提出申请——咨询和现场检查。

2）积极参与产业协会有关健康与安全问题的讨论。

3）在有通知的检查之前有权得到通知并且知道大致的要求。

4）有权得到检查官的建议。

5）在检查官检查时有权参加检查前和检查后的会议。

6）在检查官检查时有权陪伴。

7）有权在收到起诉书的 15 天内向最近的 OSHA 抗辩。

8）有权因为必需的材料、设备和人员不足而不能遵守 OSH Act 的规范时向 OSHA 申请临时的"执行变更"。

9）有权在保证现有的技术和操作能提供与 OSH Act 所要求的安全与健康水平同等的安全环境的情况下，申请永久的"执行变更"。

10）在参加 OSHA 委员会有关安全与健康的讨论中积极参与，为提高健康与安全水平提出规范、制度的改进建议。

11）有权保证自己机构（项目）的商业秘密在收到咨询和检查以后，不会被检查官和咨询人员泄露出去。

12）向国家安全与健康研究所（National Institute of Safety and Health：NIOSH）提交书面的申请，询问自己的机构（项目）是否受到有毒物质的干扰。

3.1.7 雇员的权利和义务

3.1.7.1 义务

1）阅读现场 OSHA 的告示。

2）遵守 OSHA 所有有关健康与安全生产的规范。

3）遵守雇主的健康与安全管理规范和条例，在现场作业时佩戴安全保护设施。

4）向主管报告潜在的危险。

5）及时向雇主报告工伤和职业病，并及时进行适当的处理。

6）在检查官检查问到具体的安全与健康方面的问题时，应配合官员的工作。

3.1.7.2 权利

1) 有权监督、检查雇主应当准备的 OSHA 的规范、标准和纪律,以及雇主应当遵守的规章制度。

2) 有权向雇主索要作业区内的安全与健康隐患的信息、预防的措施以及发生意外事件处理的程序。

3) 在健康与安全方面得到足够的培训和信息。

4) 如果雇员认为自己作业的现场有安全与健康方面的隐患,有权要求 OSHA 的地区官员对此情况进行调查。

5) 在向 OSHA 书面报告有关作业现场不符规范的情况时,雇员有权不让其雇主知道姓名。

6) 有权要求自己选举的代表陪伴检查官进行检查。

7) 有权要求参加检查后的会议。

3.2 英国安全生产管理现状及有关法案介绍

英国作为市场经济发达的资本主义国家,与美国的状况相似,政府主要通过法规手段规范建筑市场。英国的建筑工程安全管理也属于职业健康与安全管理体系的一部分,而英国健康与安全法律已经有 150 多年历史了。

据统计,英国所有行业的死亡事故中大约三分之一发生在建筑业。2000 年,英国所有行业的 10 万人死亡率仅为 0.8,而建筑行业的 10 万人死亡率高达 4.2,英国的建筑行业较其他行业相对危险。此外,频频发生的建筑业事故也带来了巨大的损失,据统计,因建筑业事故而造成的直接损失和间接损失达到了项目总成本的 8.5%。

英国健康与安全委员会(Health and Safety Commission,HSC)以及健康与安全执行局(Health and Safety Executive,HSE)提出了 2010 年英国职业安全与健康工作的目标:以 1999~2000 年度的数据为基准,到 2010 年,要将因工伤和与工作相关的疾病而减少的工作日数量至少降低 30%;将死亡和重大工伤事故的发生率降低 10%;将与工作有关的疾病发生率降低 20%。为了达到这一目标,HSE 提出了包括 44 项行动要点的行动计划。这些行动要点包括:通过向雇主说明良好的健康安全制度对产业带来的好处,以更大程度地调动他们的积极性;促进和扩展职业健康工作的覆盖面,并强调安全规定的重要性;确保在教育课程中包含更多风险概念方面的内容等等。

英国现有的健康与安全法规是在 1974 年《工作健康安全法》(HSWAct)颁布的法规体系基础上发展起来的。其法规体系可以分为四个层次,第一层是基本法——劳动健康安全法,明确了雇主和其他干系人的基本安全责任,并且成立了管理机构体系;第二层是行政法规,通过设立标准的形式明确了各行业各企业所应该达到的安全管理目标,但并没有规定为了达到目标而需要采取的措施;第三层是官方批准的实践规范,由各行业自己起草,详细描述并推荐行业中能够达到法律要求的比较好的安全实践形式的各个方面,但并不做硬性要求;第四层是指南和标准,作为雇主采取安全措施时的建议和指导。

3.2.1 《工作安全与健康管理条例》主要条款介绍

1) 《工作安全与健康管理条例》颁布的目的是为了更好的对安全与健康进行管理，并对 1974 年英国颁布的《工作健康安全法》中有关雇主的责任做更具体明确的阐述。

2) 《工作安全与健康管理条例》对雇主（包括业主、设计师、计划总监和总承包商）的职责进行了明确的阐述。

3) 《工作安全与健康管理条例》对雇主具体规定如下：

（1）对雇员和其他会受到项目影响的第三方所面临风险进行正确的估计和评价，为采取预防和保护措施做准备。拥有 5 名雇员以上的雇主必须记录风险评估中发现的重要信息（第 3 条）。

（2）保证风险评估后的预防和保护措施的有效贯彻执行。包括计划、组织、控制、领导和检查，也就是安全与健康管理的步骤。

（3）只要风险评估确认是必要的，雇主就应当设立适当的雇员健康监督职位。

（4）指定合格人员执行《工作健康安全法》中的各项义务。

（5）设立紧急事件的处理程序。

（6）向雇员提供有关安全与健康方面的相关信息。

（7）若干雇主需要在同一个现场工作时，应当与其他的雇主协作，共同执行必要的预防和保护措施。

（8）保证雇员在安全与健康方面得到充分的培训。

（9）雇主应当依照培训和指导书的要求提供合适的设备，报告危险场所，报告安全与健康安排中的缺点和弊病。

（10）对临时雇员也应当提供充分的安全与健康信息，以满足工作中的需要。

3.2.2 《建设工程设计与管理条例》主要条款介绍

3.2.2.1 条款涉及的人员及其作用

1) 业主（包括业主的代理以及发展人）：业主必须保证雇佣合格的人员作为计划总监、设计师和承包商，并且为项目在符合安全与健康法规条件下的实施提供充足的资源（包括时间）。

2) 计划总监：被业主指定的计划总监要对项目在安全与健康各层面的多方协作负完全责任，这是此条例中有关计划总监的一个新任务。计划总监要保证准备好安全与健康计划书，控制处理有关安全与健康方面的问题，向业主建议安全与健康方面的资源分配以及准备好安全与健康文档。

3) 设计师：设计师必须保证尽最大努力最大限度地消灭、避免和减少建设和维护过程中可能的风险，当风险仍然存在时，设计师必须参与对总承包商的选择，以使建设过程中的风险达到最低。

4) 总承包商：在准备投标文档和类似文件时，总承包商应当能全面考虑并满足项目各个方面的要求，接收并完善安全与健康计划，协调分包商和专业承包商的工作，以符合现有的有关安全与健康的法规和项目安全与健康计划的要求。总承包商还必须负责为雇员们提供安全与健康方面的信息、培训和咨询。

5) 承包商(包括雇主和自营者):分包商必须与总承包商合作并提供自己承建项目部分的安全与健康管理和事故预防的细则,并为总承包商和其雇员提供相关的信息支持。

3.2.2.2 条款涉及的文件

1) 安全与健康计划:制定安全与健康计划的目的有两个:在项目的开工前阶段,安全与健康计划传达了业主、设计师以及计划总监处提供的信息,包括对总承包商的安全与健康方针的要求。在项目的建设期,安全与健康计划将在计划总监工作的基础上,归纳总承包商的方针以及承包商制定的管理和预防安全与健康风险的实施细则。随着项目的建设,安全与健康计划会发展成为建设过程中在安全与健康方面协作的实施指南。

2) 安全与健康档案:建立有关安全与健康档案的主要目的是,将项目建设过程中发生的各种风险都记录在案,以便提醒项目交付以后的责任人来管理在使用期间维护、修理、改建或拆除过程中发生的与原建设、设计单位相关的风险。它是一个为未来的安全与健康管理决策提供依据的信息档案。

3.2.2.3 主要条款的具体内容

第1条 本条款实施时间。

第2条 各种定义。包括代理、清洁工作、业主、建设期间、设计、设计师、建设工作、承包商、发展人、国内业主、健康安全计划、健康安全文件、计划总监、总承包商、项目、结构、安排。

第3条 《条例》的适用。

(1) 本条例适用于除下列项目以外的所有项目:无须申报的;在建设期间的任何时候,工作的工人人数都少于5人。

(2) 对第3条(1)款,如果项目处于拆除阶段,则也适用于本条例。

(3) 第14条(2)款不适用于没有设计师的项目。

(4) 第16条(1)款不适用于没有承包商的项目。

(5) 如果项目的设计和建设是在一个建筑物内进行的,对第3条(3)、(4)款中的内容,业主所要做的每一项工作都应当被单独视为设计师、承包商所做的工作。

(6) 除了适用于第5条的内容,第4、6、8~12、14~19条不适用于国内业主所承揽的项目。

第4条 业主和业主的代理。

(1) 业主可以任命一个代理,但必须是唯一的代理来行使业主在项目上的权利,这种任命的行为必须符合第4条(2)~(5)款的内容。

(2) 除非业主保证任命的人能够胜任代理的职位,否则业主不能任命这个人为代理。

(3) 依据第4条(1)款被任命的代理依照第4条(4)款做出声明以后,从执行局收到声明的当天开始,此声明(要求或者禁止)应被视为业主(或者代理人)依照本条例对项目做出的一项决议。

(4) 代理的声明必须符合以下要求:声明必须是书面的,按照第4条(3)款规定的,能代表业主的意见并遵守本条例中对业主的权利规范的要求;声明必须含有声明人(或者代理人)的签名;声明必须存放在现场;声明必须送达执行局。

(5) 当执行局依照第 4 条(4)款收到了此项声明以后,必须要对发出声明的人(或者代理)写一个收函,表示已经收到了声明,收函中要附上收到的日期。

(6) 如果第 4 条(3)款中发出声明的人未能按照第 4 条(4)款的要求发出声明,则这个声明的执行只能在本条例中规定的业主权力范围内。

第 5 条　对发展人的要求。

(1) 本条款适用于由英国国内业主实施的项目,并且这个项目与别人存在某种合作(这个合作人称为"发展人"),而发展人同时又在进行与下列情况相关的某种交易和商务(无论是否以赢利为目的):将要转让给业主的土地;发展人承诺建设项目可以在此土地上进行;建设项目完成后,项目连同土地都作为一项资产,并以居民的名义拥有。

(2) 如果业主与发展人具有符合第 5 条(1)款要求的行为,那么第 6、8~12 条对业主的要求也适用于发展人。

第 6 条　对计划总监和总承包商的任命。

(1) 业主应当依照第 6 条(2)款中的内容,对每一个项目都任命一个计划总监和总承包商。

(2) 业主不能任命非承包商人员作为总承包商。

(3) 只要业主开始有建设项目的意图,并且已经能符合第 8 条(1)款和第 9 条(1)款的内容时,就应当任命计划总监。

(4) 只要业主已经有有关项目的较具体的方案,并且已经能符合第 8 条(3)款和第 9 条(3)款的内容时,就应当任命总承包商。

(5) 对第 6 条(1)款中涉及的任命,在必要情况下可以终止、改变或者更新。

(6) 第 6 条(1)款的要求允许以下情况:只要这个人能够胜任两方面的要求,计划总监和总承包商可以是同一个人;只要业主能胜任计划总监和总承包商的职能,则业主可兼任计划总监和总承包商。

第 7 条　项目的通知。

(1) 除非计划总监确认这个项目是无须申报的,否则他应当就自己担任计划总监的项目依照第 7 条(2)~(4)款的要求向执行局申报。

(2) 任何与第 7 条(1)款有关的通知都应当以书面的形式准时送达执行局,如果不是书面的形式,则必须是执行局能反复确认的形式,而且应当符合第 7 条(3)款或第 7 条(4)款中的各项具体规定。

(3) 对涉及表 3-1 中的内容的通知,必须在任命计划总监后尽快地送达执行局。

(4) 对涉及表 3-1 而第 7 条(3)款中还没有通知的内容,必须在任命总承包商之后、整个工程开工之前尽快地送达。

(5) 如果项目的业主是国内的业主,除非第 5 条中有相关的规定,或者承包商确信该项目无须申报,所有的承包商都应按照第 7 条(6)款中的要求通知执行局。

(6) 对第 7 条(5)款中涉及的内容,必须是书面的形式,或者是执行局能反复确认的形式,包括表 3-1 中有关项目的内容,必须在所有与通知有关的承包商承建的项目开工之前送达承包商。

第 8 条　对计划总监、设计师和承包商能力的要求。

(1) 业主指定的计划总监必须符合本条例中对计划总监的要求。
(2) 业主指定的设计师必须符合本条例中对设计师的要求。
(3) 业主指定的承包商必须符合本条例中对承包商的要求,且能管理好此项工程的建设。
(4) 本条款中所指的能力应达到下列要求:能完成所要求的任务;能够遵守任何与之有关的条款、条例、法律和禁令。

必须报送执行局的有关事项   表 3-1

条款	内 容
第七条	1) 申报送达的日期
	2) 建筑场地的准确地址
	3) 业主的姓名、名称和地址
	4) 项目的类型
	5) 计划总监的姓名/名称和地址
	6) 由计划总监或者计划总监指定的人签字的声明
	7) 总承包商的名称和地址
	8) 由总承包商或者总承包商指定的人签字的声明
	9) 计划的开工日期
	10) 计划的建设日期
	11) 预期在场工作最多的工人数
	12) 计划在场工作的承包商的数量
	13) 已经选中的所有承包商的姓名/名称和地址

第 9 条 健康、安全的要求。

计划总监必须符合本条例中安全与健康的要求,合理分配资源,使建设过程达到最高的效率。

第 10 条 建设期的开始。

业主必须在符合第 15 条(4)款的安全与健康计划出台以后才能开始项目的建设。

第 11 条 业主必须保证信息的通畅。

(1) 业主必须保证所指定的计划总监能尽快地(必须在项目开工以前)提供有关项目的在本条例第 11 条(2)款中提及的内容。

(2) 第 11 条(1)款中要求的信息包括:条款中计划总监的作用,业主按照条款能够提出的要求。

第 12 条 业主必须保证健康与安全文件在检查时的完备性。

(1) 业主必须保证提交给他的任何与项目的安全、健康有关的文件保存完备并在项目进行检查时能随时查阅。

(2) 如果业主要把他在项目上的利益转让给其他的人,必须保证把第 12 条(1)款中所陈述的健康、安全文件也转移给这个人,并且受让人也能遵守第 12 条(1)款中的规定。

第 13 条 对设计师的要求。

(1) 除非项目是在室内进行，或者设计者具有设计师的资格，否则业主不能雇用任何他(或者自营职业者)来设计项目。

(2) 任何一个设计师都应该做到以下几点：

① 保证用于此项目的设计符合以下的要求：

a. 设计时应避免可预见的，会影响进行建设工作和清洁工作的人员和其他可能受项目影响的人的健康与安全的风险。

b. 设计时应从根源上消除可预见的、会影响进行建设工作和清洁工作的人员和其他可能受项目影响的人的健康与安全的风险。

c. 对进行建设工作和清洁工作的人员和其他可能受项目影响的人，其健康与安全的措施应进行适当的先后、轻重排列，以保证所有人的安全。

② 保证设计中包含了所有可能影响进行建设工作、清洁工作的人员以及所有可能受项目影响的人的健康与安全的项目、结构、材料等所有方面的资料。

③ 与计划总监和这个项目其他的设计人员合作，保证项目符合本条例和其他的法律规定的内容。

(3) 第 13 条(2)①、②两款的要求是在设计过程中以及设计完成之后所必须具备的要求。

第 14 条　对计划总监的要求。计划总监必须符合以下要求：

(1) 在可能的情况下保证设计中必须包含以下几点：设计中包含第 13 条(2)①a～c 款的内容；设计中包含第 13 条(2)②款的内容。

(2) 采取适当的措施使所有的设计师协调工作，并且每个设计师都符合第 13 条的要求。

(3) 必须对以下所述的事件给予充分的建议：对任何业主和承包商遵守第 8 条(2)款和第 9 条(2)款的建议；对任何业主遵守第 8 条(3)、第 9 条(3)款和第 10 条的建议。

(4) 保证项目的所有有关结构的安全与健康文件中包含以下内容：第 13 条(2)②款中有关设计的信息；与参与建设工程、清洁工作和结构工程工作的人员以及任何可能受项目影响的人的健康与安全有关的信息。

(5) 在根据第 14 条(6)款把依据第 14 条(4)款准备的安全与健康文件呈交给业主之前，应根据需要检查、修改和完善这些文件。

(6) 保证在项目的每一个分部工程完工以后呈交给业主一份完整的分部工程的安全与健康文件。

第 15 条　对健康与安全计划的要求。

(1) 任何项目指定的计划总监应当在第 15 条(2)款中所规定的时间内准备好包含第 15 条(3)款中内容的健康与安全计划。

(2) 在落实承包商对项目的具体责任和项目实施之前，准备好健康与安全计划。

(3) 健康与安全计划应当包含以下内容：

① 对项目各个分部工程的总述；

② 详细阐述项目每个分部工程和临时项目完工的时间；

③ 详细阐述会危及进行建设工作和清洁工作的人员以及任何可能受项目影响的人的健康与安全的风险因素。

④ 计划总监知道的或者经过合理的调查后能够知道的有关承包商的信息；承包商具备了第 8 条中所要求的能力；承包商安排了符合第 9 条要求的资源。

⑤ 计划总监知道的或者经过合理的调查后能够知道的有关的总承包商必须具备的第 15 条(4)款所述的能力要求。

⑥ 计划总监知道的或者经过合理的调查后能够知道的有关的承包商必须符合的条款中和其他法规中陈述的义务。

(4) 总承包商必须保证在项目进行期间，健康与安全计划中都应当包含以下内容：

① 安全项目中(包括建设工程、对相关法规的执行控制)进行建设工作和清洁工作的人员以及任何可能受项目影响的人的健康与安全方面的有关问题；与建设工作有关的风险；第 15 条(5)款中陈述的任何活动。

② 对雇员工作中的福利具体安排的信息，使得每一个承包商都清楚自己在雇员福利方面的责任和有关的法律义务。

(5) 第 15 条(4)①款中所说的活动是指以下内容：

① 工作人员在进行作业；

② 在项目的建筑用地上正在进行的或者将要进行的任何工作；

③ 会使相关人员的健康与安全受到影响的工作或活动：

a. 对在进行建设工作和清洁工作的人员以及任何可能受项目影响的人的健康与安全会产生影响的工作；

b. 正在进行"活动"的人员的健康与安全会受到建筑工程影响的活动。

第 16 条　总承包商的要求和权力。

(1) 总承包商应当做好以下工作：

① 采取适当的步骤使所有的承包商相互配合、协作(不论这些承包商是否在同一个工地上工作)，并保证所有的承包商都遵守条款规定的义务。

② 保证所有的承包商和在项目上工作的雇员遵守健康与安全计划的要求。

③ 采取适当的措施控制进入施工现场的人员，只有经过允许的人才能进入施工现场。

④ 保证第 7 条中所规定的告示、通知的内容张贴在使现场所有工作人员都能够看到的地方。

⑤ 迅速地向计划总监提供以下信息：

a. 属于总承包商和分包商辖区内的信息。

b. 属于计划总监应当依据第 14 条包含在健康与安全计划中的信息。

c. 不属于计划总监辖区的信息。

(2) 总承包商应当做好以下几点：

① 对分包商应当承担的条款中赋予的责任和义务提出合理的建议；

② 在健康与安全计划中包含分包商应当承担的对健康与安全有影响的管理纪律。

(3) 任何包含在健康与安全计划中的内容都应当以书面的形式记录，并能随时提供给所有可能受到计划影响的人。

第 17 条　信息和培训。

(1) 总承包商应当让他的分包商对他们所负责项目部分的健康与安全方面的风险信息

有充分的理解和认识。

（2）总承包商应当保证分包商对他们各自的雇员提供以下信息：

①《工作健康安全管理条例》中第 8 条中的有关信息；

②《工作健康安全管理条例》中第 11 条(2)②款中要求雇主为雇员提供的培训。

第 18 条 对来自工作人员的建议和检查，总承包商应当做到以下两点：

（1）对于工程项目中影响到工作人员健康和安全的事物，被雇用的雇员和个体劳动者有权利参与讨论并向总承包商提供建议。

（2）安排由雇员(或者雇员代表)对工程项目中影响到工作人员健康与安全的事物进行检查协调。

第 19 条 承包商的要求。

（1）承包商应当做到以下几点：

① 与总承包商合作，共同遵守本条例以及其他的法律。

② 在合理的范围内，尽力向总承包商迅速地提供可能影响建设工作和清洁工作的人员以及任何可能受项目影响的人的健康与安全的相关信息。

③ 遵守第 16 条(2)①款中总承包商向他下达的任何指令。

④ 承担健康与安全计划中的相关责任。

⑤ 依照《受伤、疾病、危险事件报告条例》中的规定，对任何的死亡、受伤危险事件及时向总承包商通报。

⑥ 及时向总承包商通报以下信息：

a. 在承包商管辖下的人员或者经过确认后可以判断在承包商管辖下的人员的信息。

b. 依照第 16 条(1)⑤款规定，总承包商应当向计划总监汇报的信息。

c. 不属于承包商管辖的范围的信息。

（2）除非承包商得到了第 19 条(4)款中的信息，否则他不能允许他的雇员进入施工现场工作。

（3）任何个体工人在得到第 19 条(4)款的信息之前不能进入施工现场工作。

（4）第 19 条(2)、(3)款中提到的信息指以下几项内容：

① 项目计划总监的姓名。

② 项目总承包商的姓名。

③ 包含在健康与安全计划中的承包商以及(或者)自雇人员的责任的信息。

（5）如果违反了第 19 条(2)、(3)款，承包商或者个体工人应当能证明他经过了合理的调查并且确认：

① 他已经得到了第 19 条(4)款中的信息。

② 条款第 19 条(3)款中，本项目不适用于这个条例。

3.3 日本建筑安全管理的主要法规介绍

2005 年日本的建筑业投资为 54 万亿美元，占国民生产总值(GDP)的 11%，与其他发达国家相比，比例比较高，其他国家为 8%左右。日本的建筑施工企业有 55 万个，吸纳的就业人员有 6 百万人；同时建筑业还带动了其他产业的发展，如工程机械设备、建筑材料、运输业等。

建筑业既是日本的支柱产业，也是日本的高危行业。尽管日本建筑业中发生安全事故死亡人数的绝对值在不断减少，但是建筑业的安全事故死亡率和重伤率仍居日本所有行业之首。在日本的生产安全事故中，建筑业占重伤和死亡事故中的 23%，占死亡事故的 33%，吸纳的就业人数却仅占全部就业人数的 9%。

20 世纪 60 年代日本处于经济的高速发展时期，生产安全事故呈现"井喷"状态，国家生产安全事故预防监督部门的人力、物力、财力不能适应建筑业的发展，不能采取有效的措施预防建筑安全事故的发生。日本政府意识到问题的严重性，先后颁布了《生产事故预防组织法》(1964 年)，《安全生产与职业健康法》(Industrial Safety and Health Law，1972 年)，成立了建筑业安全健康协会，在施工现场推行总、分包各负其责的全面安全管理体系(overall and individual safety and health management)，到现阶段，安全事故大大减少，安全管理现状显著改观。

3.3.1 《劳动基准法》主要内容介绍

第 11 章　监督部

第 97 条　监督的组织机构

(1) 为了本法律的实施，在劳动主管部门下设立劳动基准主管局(主管劳动条件及劳工保护)，在各都道府县设立都道府县劳动基准局，各都道府县内设立劳动基准监督署。

(2) 劳动主管部部长认为有必要时，可设立管辖数个都道府县的地方劳动局。

(3) 各地方劳动局、都道府县劳动基准局以及劳动基准监督署，由劳动主管部部长直接管理。

(4) 各地方劳动局、都道府县劳动基准局以及劳动基准监督署的地点、域，由劳动主管部门的政令决定。

第 98 条　劳动基准审议会名称及管辖区

(1) 为审议本法的执行及修正情况，在劳动行政主管部门设立中央劳动基准审议会，各都道府县设立劳动基准审议会。

(2) 除前述事项以外，中央劳动基准审议会也将审议与劳动基准法相关的法律权限内的事项。

(3) 中央劳动基准审议会及地方劳动基准审议会(下称"劳动基准审议会")除分别向劳动主管部部长和地方劳动基准局局长对前两项提供审议咨询意见外，也可就劳动条件标准和《家内劳动法》法律权限内的事项向有关行政部门提出建议。

(4) 劳动基准审议会的委员由行政部门委任，劳动者代表、雇佣者代表及公众代表人数应相等。

(5) 有关劳动基准审议会的前述以外的事项由行政命令决定。

第 99 条　监督部门的职员

(1) 除在劳动基准主管局、地方劳动基准局、都道府县劳动基准局以及劳动基准监督署设置劳动基准监督官外，可根据行政命令设置必要的职位。

(2) 劳动基准监督官由劳动基准主管局局长、地方劳动局局长、都道府县劳动基准局局长及劳动基准监督署署长任命。

(3) 劳动基准监督官的资格及任命事项由行政命令决定。

(4) 劳动基准监督官的罢免除由行政命令决定外，还需征得其所属劳动基准审议会的同意。

第100条　劳动基准

(1) 劳动基准主管局局长接受劳动主管部部长的领导和监督，同时领导和监督地方劳动局局长、都道府县劳动基准局局长及其属下。负责劳动基准相关法令的制定和修改，劳动基准监督官的任免培训，监督规程的制定和调整，劳动监督年度报告的提出，中央劳动基准审议会和监督官所属劳动基准审议会有关事务以及其他与本法实施有关的事项。

(2) 地方劳动局局长接受劳动基准主管局局长的领导和监督，同时领导和监督其辖区内都道府县劳动基准局局长及其属下。负责协调有关监督方面的事项。

(3) 都道府县劳动基准局局长接受劳动基准主管局局长及地方劳动局局长的领导和监督，同时领导和监督其辖区内都道府县劳动基准监督署署长及其属下。负责协调有关监督方法以及其他与本法实施有关的事项。

(4) 劳动基准监督署署长接受都道府县劳动基准局局长的领导和监督，领导和监督其属下。负责依据本法进行临检、询问、许可、认定、审查和仲裁等与本法有关的事项。

(5) 劳动基准主管局局长、地方劳动局局长及都道府县劳动基准局局长，可以行使或授权劳动基准监督官行使下一级行政部门的权限。

第101条　劳动基准监督官的权限

(1) 劳动基准监督官有权要求对工作现场、宿舍及其他附属建筑物进行临时检查并调阅账簿及文件，还可对雇主及劳动者进行询问。

(2) 执行上述任务时劳动基准监督官必须携带有关证件。

第102条　司法警察权

劳动基准监督官遇到违犯本法的罪行时，根据刑事诉讼法的规定可行使司法警察的职权。

第104条　之一：向监督部门的投诉

(1) 在工作现场若出现与本法或根据本法发布的行政命令相违背的情况，应及时向行政部门或劳动基准监督官投诉。

(2) 雇主不得以前述投诉为理由，解雇或损害投诉者的利益。

第104条　之二：报告等

如行政部门认为执行本法需要，可通过行政命令要求雇主或劳动者对必要事项提出报告或接受询问。

若劳动基准监督官认为执行本法需要，可通过行政命令要求雇主或劳动者对必要事项提出报告或接受询问。

第105条　劳动基准监督官的义务

劳动基准监督官不得泄漏因职务原因获得的秘密，退职后亦应如此。

3.3.2 《劳动安全卫生法》主要内容介绍

第9章　安全卫生改进计划等

第1节　安全卫生改进计划(关于编制安全卫生改进计划的指示等内容)

第78条

(1) 都道府县劳动基准局局长为设法防止劳动灾害,认为有必要就企业单位的设施及其他事项采取综合性的改进措施时,可按劳动省令的规定,指示企业主编制该企业单位的有关安全卫生改进计划(以下称"安全卫生改进计划")。

(2) 企业主在编制安全卫生改进计划时,如该企业单位有过半数劳动者组成的工会,则必须听取该工会的意见;如没有过半数劳动者组成的工会,则必须听取过半数劳动者的意见。

第2节　劳动安全顾问和劳动卫生顾问

第81条(顾问的业务)

(1) 劳动安全顾问是以使用劳动安全顾问的名义来解答他人的问题而获得报酬,并且以设法提高劳动者的安全水平,对企业单位的安全进行检查和根据这个检查进行指导作为职业。

(2) 劳动卫生顾问是以使用劳动卫生顾问的名义来解答他人的问题而获得报酬,并且以设法提高劳动者的卫生水平,对企业单位的卫生进行检查和根据这个检查进行指导作为职业。

第82条(劳动安全顾问考试相关事宜)

(1) 劳动安全顾问考试由劳动大臣来进行。

(2) 劳动安全顾问考试,按劳动省令的每个分类进行笔试和口试。

(3) 只有符合下列各项中一项的人员,才能参加劳动安全顾问考试。

① 在学校教育法所规定的大学(短期大学除外)、旧大学令所规定的大学或旧专科学校令所规定的专科学校里学完理科系统的正规课程并获得毕业的人员,在此之后有从事5年以上实际安全业务经验的人员。

② 在学校教育法所规定的短期大学或高等专科学校里学完理科系统的正规课程并获得毕业的人员,在此之后有从事7年以上实际安全业务经验的人员。

③ 得到承认具有和前两项列举的人员同等以上能力的并符合劳动省令规定的人员。

(4) 劳动大臣对具有劳动省令规定资格的人员,可以全部或部分地免去第82条(2)款中的笔试和口试。

第83条(劳动卫生顾问考试相关事宜)

(1) 劳动卫生顾问考试由劳动大臣来进行。

(2) 第82条(2)~(4)款的决定,适用于劳动卫生顾问考试项及第82条(3)款中"安全"要替换为"卫生"。

第84条(关于登记)

(1) 经劳动安全顾问或劳动卫生顾问考试合格的人员,在劳动省准备的劳动安全顾问名册或劳动卫生顾问名册上,办理姓名、办事处地址和劳动省令规定的其他事项的登记之后,即成为劳动安全顾问或劳动卫生顾问。

(2) 符合下列各项中一项的人员,不能办理第84条(1)款的登记。

① 被宣告禁止进入产业的人员或类同被宣告禁止进入产业的人员。

② 违反本法律或根据本法公布的命令中的规定,被判处罚款以上的刑罚,从该执行期满或从不再执行之日算起未满2年者。

③ 违反本法律或根据本法公布的命令以外的法令规定,被判处监禁以上的刑罚,从该执行期满或从不再执行之日算起未满2年者。

④ 根据第85条(2)款规定被吊销登记,从吊销该登记之日算起未满2年者。

第85条(吊销登记相关事务)

(1) 劳动大臣在劳动安全顾问或劳动卫生顾问(以下称"顾问")的问题严重到符合第84条(2)①～③款中的一项时,必须吊销其登记。

(2) 劳动大臣在顾问违反下条(第86条)的规定时,可以吊销其登记。

第86条

(1) 顾问不得有败坏顾问的信誉或有损全体顾问名誉的行为。

(2) 顾问不得泄露有关顾问业务中获知的秘密,不当顾问之后也要如此。

第87条(日本劳动安全卫生顾问会)

(1) 顾问可以根据民法第34条的规定,设立一个全国性的称为日本劳动安全卫生顾问会的法人组织。

(2) 设立日本劳动安全卫生顾问会的目的是指导和联络会员的事务,以便保持顾问品行以及有助于顾问业务的改进、提高。

(3) 第87条(1)款中除法人以外的人员,在其名称中不得使用日本劳动安全卫生顾问会的字样。

第10章 监督等

第88条(呈报计划等事务)

(1) 企业主在该企业单位的资质和规模符合政令规定的情况下,想要设置或迁移与该企业单位有关的建筑物或机械等,或者想要变更这些建筑物或机械的主要结构部分时,按劳动省令规定,必须在该工程开工前30天,向劳动基准监督署署长呈报其计划。但是,对于劳动省令规定的临时建筑物或机械等,则不在此列。

(2) 前款的规定适用于需要进行危险或有害作业的,对符合劳动省令规定的在危险场所使用的和为了防止职业危害或损害劳动者健康而使用的机械等想要设置或迁移的,或者想要变更这类机械的主要结构部分的企业主。

(3) 企业主开始实施工程建设,若该建筑工程属于劳动省令规定的有造成重大劳动灾害危险的特大规模工程时,必须按劳动省令规定,在该工程开工前30天向劳动大臣呈报该工程计划。

(4) 企业主想要开始实施按劳动省令规定属于建筑业的工程以及符合政令规定的其他行业企业的工程时,必须按劳动省令规定,在该工程开工前14天,向劳动基准监督署署长呈报该工程计划。

(5) 企业主按第88条(1)款(包括(2)款适用的场合)规定编制呈报有关工程中符合劳

动省规定的工程计划,按第 88 条(3)款规定编制呈报符合劳动省令规定的工程计划,按前款规定编制呈报有关该工程建筑物或机械等或该工程中符合劳动省令规定的工程计划时,为了设法防止该工程发生劳动灾害,必须让具有劳动省令规定资格的人员参与计划。

(6) 前三款的规定,除去第 88 条(5)款规定及第 88 条(1)款(包括(2)款适用的场合)规定呈报有关部分,在有关工程通过多次承包合同来完成的情况下,对于亲自从事该工程发包时的该发包人以外的企业主,对于没有亲自从事该工程发包时的总承包人以外的企业主,都是不适用的。

(7) 劳动基准监督署署长在接到按第 88 条(1)款(包括对(2)款适用的场合)或第 88 条(4)款规定呈报的计划时和劳动大臣在接到按第 88 条(3)款规定呈报的计划时,如认为有必要可下达命令要求该呈报计划有关的工程或停止开工,或变更计划。

(8) 劳动大臣或劳动基准监督署署长在按第 88 条(7)款下达命令[限于按第 88 条(3)款或第 88 条(4)款规定作了呈报的企业主]时,若有必要,可以对该命令中有关工程的发包人(亲自从事该工程者除外)就有关防止生产事故之事项提出必要的建议或要求。

第 89 条(劳动大臣的审查等事宜)

(1) 劳动大臣可以对按第 88 条(1)款[包括同条第(2)款适用的场合及第(3)款或第(4)款]规定呈报(以下称"呈报")的计划中有需要高度技术研究的项目进行审查。

(2) 劳动大臣在进行前款审查时,必须按劳动省令规定,听取有学识、有经验人员的意见。

(3) 劳动大臣根据第 89 条(1)款审查的结果,若有必要,可对呈报的企业主就防止生产事故的有关事项提出必要的建议或要求。

(4) 劳动大臣在提出前款的建议或要求时,事先必须听取该企业主的意见。

(5) 按照第 89 条(2)款规定,被征求过有关第 89 条(1)款计划方面意见的有学识、有经验人员,不得泄露获知的有关该计划方面的秘密。

第 90 条 (劳动基准监督署署长及劳动基准监督官)

劳动基准监督署署长和劳动基准监督官,按劳动省令规定,掌管有关本法律的实施事务。

第 91 条 (劳动基准监督官的权限)

(1) 劳动基准监督官为实施本法,若有必要,可以查账本、文件及其他物件,或进行作业环境测定,带走产品、原材料和仪器进行安全检测。可进入企业单位,质问有关的人员,在检查所要求的范围内,可无偿地带走产品、原材料、器械进行安全检测。

(2) 身为医生的劳动基准监督官,可对怀疑患有第 68 条规定中的疾病的工作人员进行诊查。

(3) 在前两款的情况中,劳动基准监督官必须携带身份证,并向有关人员出示。

(4) 按第 91 条(1)款规定进入企业检查的权限,不得被解释为是搜查犯罪的权限。

第 92 条 劳动基准监督官对违反本法律规定的犯罪行为,根据刑事诉讼法规定,行使司法警察的职权。

第 93 条(产业安全专职官员及劳动卫生专职官员)

(1) 在劳动省、都道府县劳动基准局和劳动基准监督署内设置产业安全专职官员和劳动卫生专职官员。

(2) 产业安全专职官员除掌管第37条(1)款的许可、安全卫生改进计划和有关呈报业务、生产事故原因的调查以及其他与安全有关的需要特殊专业知识的业务外，还要就防止劳动者职业危害的必要事项，对企业主、劳动者及其他有关人员进行指导和帮助。

(3) 劳动卫生专职官员除掌握第56条(1)款的许可，按第57条(2)①款的规定建议、第57条(3)①款的规定指示、第65条规定测定作业环境的专业技术事项、安全卫生改进计划和有关呈报业务、生产事故原因的调查以及其他与卫生有关的需要特殊专业知识的业务外，还要就防止损害劳动者健康的必要事项、增进劳动者健康的必要事项，对企业主、劳动者及其他有关人员进行指导和帮助。

(4) 除第93条(1)~(3)款规定的事项外，有关产业安全专职官员和劳动卫生专职官员的必要事项均由劳动省令规定。

第94条(产业安全专职官员和劳动卫生专职官员的权限)

(1) 产业安全专职官员和劳动卫生专职官员在处理第93条(2)款或第93条(3)款规定的业务时，可进入企业单位、质问有关人员、检查账本、文件及其他物件，或进行作业环境测定，或者在检查所要求的范围内，无偿地带走产品、原材料和仪器进行检测。

(2) 第91条(3)、(4)款的规定，也适用于根据前款的规定进入企业单位检查。

第95条(劳动卫生指导医生)

(1) 在都道府县劳动基准局设劳动卫生指导医生。

(2) 劳动卫生指导医生参与根据第65条(7)款或第66条(4)款规定的有关事务及有关劳动者卫生方面的其他事务。

(3) 劳动卫生指导医生，由劳动大臣从具有劳动卫生方面学识和经验的医生中任命。

(4) 劳动卫生指导医生的工作是临时性的。

第96条(劳动大臣等的权限)

(1) 劳动大臣为确保制造形式鉴定已合格的样机等的结构以及检查设备和劳动者的安全与健康，在认为有必要时，可令其职员进入接受过该形式鉴定的人员的企业，或者进入认为与该形式鉴定有关系的机械或设备等的所在场所，质问有关人员或检查该机械或设备。

(2) 劳动大臣为确保顾问的业务经营恰当，在认为有必要时，可令其职员进入顾问办事处，质问有关人员或检查与其业务有关系的账本或文件。

(3) 劳动大臣或都道府县劳动基准局局长为确保检查代行机构、个别检定代行机关、形式鉴定代行机关、检查人员、指定考试机关或指定培训机关(以下称"检查代行机关等")的业务经营恰当，在认为有必要时，可令其职员进入这些机关的办事处，质问有关人员或检查与其业务有关系的账本、文件及其他物件。

(4) 都道府县劳动基准局局长为使劳动卫生指导医生参与第96条(2)款规定的事务，在认为有必要时，可令劳动卫生指导医生进入企业单位，质问有关人员、检查作业环境和健康检查结果的记录及其他事务。

(5) 第91条(3)、(4)款的规定，适用于按前4款规定的进入现场检查。

第97条(劳动者的上告相关事宜)

(1) 在企业(单位)有违反本法律或按本法律颁布的法令中的规定的事实时，劳动者可向都道府县劳动基准局局长、劳动基准监督署署长或劳动基准监督官上告这一事实，并可要求采取适当的纠正措施。

(2) 企业主不得以劳动者按前款规定上告为理由解雇该劳动者或采取不利于该劳动者的其他手段。

第98条(使用停止命令等事宜)

(1) 都道府县劳动基准局局长或劳动基准监督署署长对有违反第20～25条、第31条(1)款、第33条(1)款或第34条规定的企业主、建设单位、机构或建筑物出租人，可下令停止全部或部分作业、停止使用全部或部分建筑物、改造全部或部分建筑物，以及为防止其他生产事故下达必要的命令。

(2) 都道府县劳动基准局局长或劳动基准监督署署长可向劳动承包人和建筑物租用人按第98条(1)款规定下达有关必要事项的命令。

(3) 对劳动者在第98条(1)、(2)款情况下面临紧急危险时，劳动基准监督官可立即行使这两款中都道府县劳动基准局局长或劳动基准监督署署长的权限。

(4) 都道府县劳动基准局局长或劳动基准监督署署长在对根据承包合同进行的工程按第98条(1)款规定下达命令的情况，认为有必要时可以对该工程的建设单位(包括该工程通过多次承包合同来完成时，该建设单位的承包合同之后的所有承包合同的当事人即建设单位，接受该命令的建设单位除外)违反法规的有关事实，就防止生产事故的必要事项提出建议或要求。

第99条 都道府县劳动基准局局长或劳动基准监督署署长，在第98条(1)款情况以外的情况下，如有发生紧急危险的生产事故，而且要求紧急处理时，可在要求范围内，命令企业主暂时停止全部或一部分作业、暂时停止使用全部或一部分建筑物等，以及为防止该生产事故采取必要的应急措施。

第100条(报告的流程及相应事宜)

(1) 劳动大臣、都道府县劳动基准局局长或劳动基准监督署署长，为了实施本法律，在认为有必要时，可按劳动省令规定，命令企业主、劳动者、机械等出租人、建筑物出租人和顾问报告必要的事项，或者命令这些人员前来面禀。

(2) 劳动大臣、都道府县劳动基准局局长或劳动基准监督署署长，为了实施本法律，在认为有必要时，可按劳动省令规定，令代行检查机构等报告必要的事项。

(3) 劳动基准监督官为了实施本法律，在认为有必要时，可令企业主或劳动者报告必要的事项。

3.4 法国的安全管理现状及经验

在人们的印象中，法国是生产安全事故发生较少的国家之一。然而，2004年5月23日，法国巴黎戴高乐机场2E候机厅一段走廊的顶棚坍塌，造成包括两名中国公民在内的4人死亡。该事故让人们至今记忆犹新。本应成为法国人骄傲的候机厅造价不菲，刚刚交付使用一年，却因这起事故让所有法国人心痛。痛定思痛，机场方面最终作出了推倒重来的艰难抉择。走廊除了 30m 长的事故段，其他部分经检测仍然耐用，一些专家曾建议其他部分进行修复加固。但由于这种方案不能保证万无一失，机场最终决定将发生事故的那段走廊全部拆除重建。

事实上，在生产活动中，发生事故是难免的，关键在于如何将今后可能出现的损失减小到最少。举一反三，甚至推倒重来，是法国安全生产观念的一个重要体现。

1999 年，法意两国间的勃朗峰隧道曾发生致使 39 人死亡的重大火灾。事故后，隧道公司在其附近的所有隧道都花巨资重新翻修安全设施，加装了报警灯，并改善了疏散系统等。2005 年，勃朗峰隧道附近的弗雷瑞斯隧道也发生事故。该事故与上次勃朗峰事故有许多相似性，比如一辆运载易燃物品的汽车着火、火势迅速蔓延等，但这次的损失要小得多，仅造成两人窒息死亡，可以说新的安全设备发挥了一定作用。

在法国，每一次重大事故都会进一步加强有关方面的预防工作。这不能不说是痛定思痛后的一种觉醒，法国人正是靠着这种觉醒，不断地改进着自己的各种生产安全措施。比如，在全国成立较独立的工作监察处，负责对企业安全工作进行日常监察。与此同时，法国国家安全研究中心不断开发新的安全技术。另外，法国对发生安全事故的企业还加收分摊费。法国安全生产的法律也非常完善，这些都会进一步加强责任人对事故的认识。对于戴高乐机场候机厅事故，法国专家认为可以吸取的教训是：有了施工安全监督程序，并非万事大吉。如果每个环节都有松懈，累积起来仍可能导致安全事故发生。不能过分相信制度，制度是死的，在实际设计和施工中会出现许多制度以外的新问题，因此需要强调人的主动因素。不能把所有的风险都归结于制度而忽视人的能动性，这是机场方面需要反省的。

在法国，法律规定施工企业的老板是生产事故的责任人，出了事故，要被追究经济和法律责任，事故责任的判定无疑有利于人们进一步认识工作流程中的人为薄弱环节，并引以为戒。

3.5 德国的安全管理现状及经验

德国人根据自己的国情，制定了安全生产管理的基本策略，那就是建立不同级别应急预案演练。例如在德国首都柏林，危险等级被分为普通险情、异常险情和重大灾害 3 个级别。针对不同险情的救援抢险方式、各部门的分工和投入的力量各不相同。

柏林州内政部安全与秩序局设有重大灾害防护处，负责协调重大灾害的预防以及灾害发生后的救援抢险措施的实施。任何可能发生潜在危险的机构、设施都必须有内部和外部两套应急预案。

以加油站为例，内部应急预案涉及在发生火险的情况下，现场人员如何逃生、报警等。外部应急预案则确定了采取抢险措施的责任人、与警方和消防队联系的责任人。应急预案中，从发现警情到报警以及其他各个环节应采取哪些措施，消防通道入口设在何处，以及实施外部应急预案应做何种准备等，都十分明了。在柏林，各大医院也有一整套的应急预案，以备在重大人员伤亡情况下实施紧急救助。

在各级险情中，普通险情包括火灾、爆炸、洪水等涉及公共安全与秩序的突发事件，主要由柏林市政管理部门和警方负责解决。为此，市政管理部门和警方必须随时准备投入救援，还要有一整套在不同险情发生后的相应处置方案。

参与抢险的各有关部门对抢险措施必须互相通气、彼此协调，通常要在现场设立一个联合救援指挥部。具体的抢险方案要得到现场联合救援指挥部所有救援参与方的认可。联合救援指挥部的任务包括：明确各方任务和职责，确定抢险方案，随时进行险情评估以及向社会发布信息等。

异常险情包括飞机失事、大型集会活动中的突发事件、危险品运输、有毒或放射性物质扩散、重大疫情以及异常天气灾害等。除了警方和消防部门外，异常险情往往还需要非政府救援组织的参与，例如德国红十字会和德国救生协会等，必要时还需要军队、联邦技术救援机构和邻近其他州派出救援力量。

重大灾害由于有可能涉及众多人员的伤亡，或者对环境和设施造成异常破坏，仅凭借市政管理部门的人力物力已经无法应对。重大灾害防护机构包括柏林州当局及其下属的市级、区级政府部门和柏林消防队、警方以及其他相关机构。如果灾害规模巨大需要外部支持时，包括联邦技术救援机构、联邦边境保卫局、军队以及邻近其他州都将提供紧急支援。

州内政部与联邦及各州有关机构和红十字会等救助组织共同设有不同的协调委员会。州内政部安全与秩序局同时还对柏林警方和消防队行使监察职能，并与它们密切合作。重大灾害防护处还要经常与警察局、消防队等部门进行磋商，帮助它们制定灾害预防计划和抢险救灾方案。在重大灾害警报发出后，柏林州内政部将立即负责成立救援指挥中心，协调现场联合救援指挥部与其他救援部门的行动，并向公众和社会发布信息等，以尽最大努力减少重大灾害所造成的破坏。

3.6 国外安全管理现状小结及可借鉴的经验

国外安全管理现状与我国有差异，对于国外的主要做法，归纳起来可以说有四个方面：国家立法、政府执法、技术支持，还有一条是保险托底。

从国家立法看，各国在安全生产方面都比较完善。各国都颁布有完整的安全生产法律体系，强制业主执行。如日本有《劳动安全卫生法》，政府发布《劳动安全卫生法实行令》，劳动省发布《劳动安全卫生法规则》，细化技术措施。我国情况也是如此，2002年颁布有《安全生产法》，2004年颁布《安全生产许可证条例》，还有配套的部门规章及规范性文件。行业方面，1997年发布的《建筑法》专门设有"建筑安全管理"一章，国务院发布了《建设工程安全生产管理条例》，建设部发布有《建筑安全生产监督管理规定》等，还有各种强制性标准和安全管理规范。可以说，在法规体系建设中，我国是紧紧抓住、不断完善。

从政府执法看，各国的体制不同，执法强度有较大差别。美国政府采取严格的日常检查制度，确保法律的贯彻实施。尤其是对于煤矿，每天约有5000名检查员在工作场所检查；检查的时间安排可视伤害数量、员工投诉而定，亦可随机抽查。如在检查中发现违法行为，雇主将受到惩罚，最高罚款额可达700万美元。日本设立"中央劳动安全卫生委员会"，负责检查生产单位的安全措施落实情况，指导和督促生产单位履行各项责任和义务。我国则在机构上比较完善，各地建立了建筑安全监督站，有万名执法监督人员，还定期开展全国安全抽查、专项治理等。特别是监理企业要承担监理安全的责任，这是其他国家所没有的。

  从新技术的推广和采用看，新技术大幅度降低了安全事故发生率，如先进的盾构施工技术设备和各种措施保证了隧道施工的安全；安全高效的新型手持电动机具既提高了效率又减少了事故；信息化技术的广泛采用，增强了对安全隐患的预见性等等。

  从保险情况看，建筑行业安全保险广泛采用。发达国家保险公司通过与风险紧密相连的可变保金对建筑公司进行经济调节，并通过风险评估和管理咨询，促使并帮助其改进安全生产状况。安全生产的保金费率根据企业风险的大小灵活制定，工作环境不安全的代价就是支付昂贵的保险费用，而安全的工作条件将大大减少这笔支出。由于经济上的差异相当可观，在促进企业安全生产方面起到了重要的作用。法国的社会保险机构建立专门的工伤预防基金和专职的安全监督员，雇主缴纳的工伤保险税与其事故伤亡率挂钩，这样，使雇主主动改善安全生产条件，控制事故风险，从而获得更大利润。

4 建筑工程安全管理原理及理论分析

4.1 安全管理基本原理

建筑工程安全管理作为安全管理的一个分支，遵循安全管理的普遍规律性，服从安全管理的基本原理。安全管理的基本原理就是如何正确有效地处理涉及安全的人、物、信息、时间、章法等基本要素及其相互关系，以达到控制安全事故的发生、保证生产安全进行的目的。管理学中的基本原理包括系统原理和人本原理这两个一级原理。其中系统原理包括整分合原理、反馈原理、封闭原理和弹性原理，称为系统原理的二级原理；人本原理包括能级原理、动力原理和激励原理，称为人本原理的二级原理。安全管理的基本原理应符合以上九条管理基本原理。

4.1.1 系统原理

所谓系统，就是由若干相互作用又相互依赖的部分组合而成，具有特定功能，并处于一定环境中的有机整体。任何管理对象都是一个系统，它包含若干分系统（子系统）而又隶属于一个更大的系统，同时又和外界的其他系统发生横向的联系。为了达到现代化管理的优化目标，就必须运用系统理论，对管理进行充分的系统分析，这就是管理的系统原理。

系统论的基本思想是整体性、综合性。整体效应是系统论最重要的观点，整体大于部分之和，系统的整体具有其组成部分在孤立状态中所没有的性质，如新的特性、新的功能及新的效果等。系统论要求人们从整体出发，而不是从局部出发去研究事物，在分析问题和解决问题时，应该把重点放在整体效应上。

安全管理系统的构成包括各级专、兼职安全管理人员、安全防护设施设备、安全管理与事故信息及安全管理的规章制度、安全操作规程等。安全是整个安全管理系统中的目标。研究和控制安全管理系统的各个要素的变化及相互作用关系是为了实现系统安全目标。

系统原理的有效运用必须贯彻和实施隶属于它的各个二级原理，即：整分合原理、反馈原理、封闭原理和弹性原理。

4.1.1.1 整分合原理

现代高效率的管理必须在整体规划下明确分工，在分工基础上进行有效的综合，这就是整分合原理。

整体规划就是在对系统进行深入、全面分析的基础上，把握系统的全貌及其运行规律，确定整体目标、制定规划与计划及各种具体规范。整体规划就是要求决策者高瞻远瞩，在系统建立的初期就对那些可能影响全局的问题认真地分析、预测，并且周到细致地规划部署，从而为实现最佳的整体效应奠定基础。

明确分工就是确定系统的构成，明确各个局部的功能，把整体的目标分解成局部的目标以及相应的责、权、利，使各局部都能明确自己在整体中的地位和作用，从而为实现最佳的整体效应最大限度地发挥作用。

有效综合就是对各个局部必须进行强有力的组织管理，在各纵向分工之间建立起紧密的横向联系，使各个局部协调配合、综合平衡地发展，从而保证最佳整体效应的圆满实现。

整体把握，科学分解，组织综合，这就是整分合原理的主要含义。

在安全管理的决策中，领导者要站在整体规划的高度，以整体安全为目标进行宏观分析和决策。在安全管理的实施过程中，要求做到各部门分工明确、层层落实、建立和健全安全组织体系和生产责任制度。最后，要求安全管理部门履行其监督管理职能，树立其权威，协调控制各部门的安全生产工作，实现有效的整合。

4.1.1.2 反馈原理

反馈是控制论和系统论的基本概念之一。管理就是控制，管理过程中，决策指挥中心发出指令，执行机构在执行的过程中，准确、灵敏、迅速地对指令的执行情况、预定目标的偏差加以调整、控制。管理学中常用的 PDCA 方法，即计划—实施—检查—行动周而复始，循环前进，实际上就是反馈控制理论的应用。反馈的是信息流，反馈控制效果取决于控制系统能否及时准确接收和处理各种反馈信息。安全管理中，企业领导所在的安全决策层是控制系统，应具有果断、有效处理各种信息的能力。在安全事故发生之前，对施工人员反馈的安全信息要有足够的重视、足够的敏感，及时发现问题的症结所在，及时采取有效的防护措施。反馈系统一般指各个施工班组、部门，施工或安全监管人员能够准确、及时、灵敏地反馈安全信息，对安全管理的实施具有直接的影响。

4.1.1.3 封闭原理

任何一个系统的管理手段、管理过程必须构成一个连续封闭的回路，才能形成有效的管理运动，这就是封闭原理。

封闭，就是把管理手段、管理过程等加以分割，使各部分、各环节相对独立，各行其是，充分发挥自己的功能，然而又互相衔接，互相制约，并且首尾相连，形成一条封闭的管理链。

1) 管理系统的组织结构体系必须是封闭的。任何一个管理系统必须具备决策指挥中心和执行机构，决策指挥中心发出指令，执行机构去执行。但是，仅有这些是不够的，因为执行机构能否准确无误地执行指令？执行的效果又如何？能否确定地达到预定的目标？对这些决策指挥中心均无从掌握。因此，必须设置监督机构和反馈机构（或设置一个机构而兼顾两方面职能），监督机构对执行机构进行监督，反馈机构感受执行效果的信息，并对信息进行处理，比较效果与指令的差距，送回决策指挥中心，决策指挥中心据此发出新的指令，这样就形成一个连续封闭的回路。

2) 管理法规的建立和实施也必须封闭。不仅要建立尽可能全面的执行法，还应建立对执行的监督法，还必须有反馈法。执行机构按照执行法规划自己的行动，履行自己的职责；监督机构依据监督法对执行情况进行监督；反馈机构依据反馈法对执行结果加以反馈。各机构均有法可依。在实施过程中要执法如山，做到有法必依，违法必究，执法者犯法罪加一等，这样才能发挥法规的管理威力。

3) 安全管理系统中，最高领导者对建设过程和安全负有全面责任。一旦安全与生产发生矛盾，根据封闭原理安全部门只听从最高领导者指令，对生产管理部门进行监督和反馈，只有这样安全管理才能有效地实施。若安全管理部门隶属于生产部门或平行于生产部门或由生产部门兼职，则易造成管理上的混乱，安全指令受到干扰，不能得到有效实施。

4.1.1.4 弹性原理

管理是在系统外部环境和内部条件千变万化的形势下进行的，管理必须要有很强的适应性和灵活性，才能有效地实现动态管理，这就是弹性原理。

具体地说，当系统面临有利形势时，管理应能抓住时机，发展力量，开拓进取，扩大成果；当系统处于不利形势时，应能保持力量，等待时机，创造条件，再求发展；当系统遇到危难时，也能周旋应付，采取对策，化险为夷，转危为安。

4.1.2 人本原理

人本原理就是指整个管理过程要以人为本，以调动人的积极性为根本。每个人在管理活动的过程中，既是管理者又是被管理者。管理对象的诸要素和管理过程的各个环节都需要人去掌握和推动。作为安全管理人员，需要调动自身的能力，同时调动被管理者的积极性，去积极参加活动。特别是对安全隐患的辨别和识别过程中，管理者和被管理者只有在积极性都被调动起来的情况下，才能做到对安全隐患的准确、迅速的辨别和识别。要有效地发挥人本原理就必须贯彻实施隶属于它的二级原理，即能级原理、动力原理和激励原理。

4.1.2.1 能级原理

一个稳定而高效的管理系统必须是由若干分别具有不同能级的不同层次的子系统有规律地组合而成的，这就是能级原理。运用能级原理应做到三点：一是能级的确定必须保证管理系统具有稳定性；二是人才的配备和使用必须与能级对应；三是对不同的能级授予不同的权利和责任，给予不同的激励，使其责、权、利与能级相符。

建筑工程安全管理领域里根据施工管理点多、面广、工地流动、分散的特点，设置不同能级的安全管理单位，总承包单位对安全负总责，分包单位必须服从总包单位的总体管理，并承担连带责任。项目经理部作为现场安全管理机构，由项目经理对整个项目的安全负责。

4.1.2.2 动力原理

管理必须有强大的动力，而且要正确运用动力，才能使管理运动持续而有效地进行下去，这就是动力原理。动力的产生来源于物质、精神和信息。物质动力是以适当的物质利益刺激人的行为动机，达到激发人的积极性的目的；精神动力是运用理想、信念、鼓励等精神力量刺激人的行为动机，达到激发人的积极性的目的；信息动力是通过信息的获取与交流产生奋起直追或领先他人的行为动机，达到激发人的积极性的目的。

加强施工现场的安全技术措施是主动防止事故的积极方面，但是由于安全管理看不到带来的经济直接利益，还要支付相当的费用用于安全技术措施投资，容易被形式化、边缘化。从长远的利益来看，应积极宣传安全管理的效益，充分调动相关人员的积极性，有了动力，有了责任，安全管理人员才能发挥其应有的作用。进行安全教育、思想教育，开展安全竞赛等活动，从精神上给予鼓励也是成功运用动力原理的例子。

4.1.2.3 激励原理

以科学的手段，激发人的内在潜力，充分发挥出积极性和创造性，这就是激励原理。一般地说，激励就是利用某种外部诱因调动人的积极性和创造性；具体地说，激励就是使外部的刺激转化为人的自觉行动的过程，外部适当健康的刺激可以使人为达到某一目标总是处于充满活力的状态，从而最大限度地发挥出内在的潜力(智力和体力)，表现出高度的积极性和创造性。毫无疑问，这是为实现任何一项管理目标所期望的。工人积极性发挥的动力主要来自三个方面：一是内在动力，指的是工人自身的奋斗精神；二是外在压力，指外部施加于员工的某种力量，如加薪、降级、表扬、批评、信息等；三是吸引力，指的是那些能够使人产生兴趣和爱好的某种力量。这三种动力是相互联系的，管理者要善于体察和引导，要因人而异，科学合理地采取各种激励方法和激励强度，从而最大限度地发挥员工的内在潜力。

4.2 安全事故致因理论

4.2.1 相关概念

4.2.1.1 危险

危险是一种(或一组)潜在的条件(或状态)，当它受到激发时就会变为现实状态(显现)，从而导致事故，造成损失和伤害。

危险由潜在状态变为现实状态必须受到"激发"。激发就是使危险从其潜在状态转变为引起系统损害(财产和人员)的一组事件或条件。

一般来说，危险是事故的前奏。然而事故又可能引起某种新的危险，从而又导致新的事故。二者之间是互相连锁、互为因果的关系。

危险依据其可能后果的严重程度分为四级，见表 4-1。

危 险 分 类　　　　　　　　　　　　　　表 4-1

类别	危险程度	设备损坏	人员伤害
四级	安全的	无	无
三级	临界的	少量的	无或有轻微的可恢复的伤害
二级	危急的	大量的	暂时性重伤或轻残
一级	灾难的	系统损失	残废或死亡

4.2.1.2 危险性

危险性是对系统危险程度的客观描述，它是危险概率和危险严重程度二者的函数。

危险概率是发生危险的可能性,可以用定性或定量的方法来表示。

危险严重程度又称危险严重度,它是由最终发生的伤害、职业病、设备财产损失或对环境危害的程度所定义的最坏潜在后果的定性评价。

4.2.1.3 安全

"安全"包括两方面的含义:一是指不发生人员伤亡和(或)设备财产损失;二是指不发生职业危害。因此又出现了分别针对这两方面情况的更加狭义的"安全"的含义,对于前者常称之为狭义的"安全"、"劳动安全"或"职业安全",对于后者则称之为"劳动卫生"或"职业卫生"。本书所提到的安全,在多数情况下都是指前者。

安全是一个模糊数学的概念,不存在绝对的安全,也不存在绝对的危险。按模糊数学的说法,危险性是对安全的隶属度,当危险性降低到某种程度时,就可以认为是安全的了。

在工程上研究安全时,可以用安全性对安全程度加以描述。设 S 代表安全性,D 代表危险性,用下式可表示两者的关系:

$$S=1-D \tag{4-1}$$

由式 4-1 可见,对安全性的研究可以转化为对危险性的研究。

4.2.1.4 事故

事故是一种不希望发生的、意外的事件。就狭义的安全而言,事故可以定义为:突然发生的,使系统或人的有目的的行动受到阻碍以致暂时或永久停止的,违背人的意志的事件。就危险与事故的关系而言,事故可以定义为:一种动态过程,它始于危险的激化,并以一系列事件按一定的逻辑顺序流经系统而造成伤害和损失。

4.2.1.5 危害

危害是危险与不良环境条件的统称,狭义的危害仅指不良的环境条件。不良的环境条件是指各种可能导致职业病的物理化学有害因素(尘毒、噪声等),即职业危害。本书中所提到的危害,多数都是指职业危害。

4.2.1.6 风险

风险指未来随机事件的可能的损失。就狭义安全而言,风险是在未来的一定时间内造成人员伤亡和财产损失的可能性。风险与危险由潜在状态变为现实状态的可能性有关。由于危险由潜在状态变为现实状态必须受到激发,因此风险与激发事件的频率、强度和持续时间的概率有关。风险的数值用系统中所有事故损失期望值的总和来表示。每一事故的损失期望值是在给定条件下事故的发生概率与可能损失价值之积。我国风险管理学界将风险定义分为两个层次:既强调风险的不确定性,又强调这种不确定性带来的损害。对于这两个方面,可分别用不同的指标来衡量。风险第一层次即风险的不确定性的含义,可以用概率来衡量;风险第二层次的含义,则可以用风险度来衡量风险的各种结果差异带来的损失。建筑工程风险是指工程项目在包括投资决策、设计、施工和移交运行各个环节的项目实施阶段,工程项目投资、进度、质量的实际结果与主观预料之间差异的可能性。在以上各个阶段,项目参与方都有可能遇到相应的风险。

建筑工程的危险主要存在于施工过程现场的活动,主要与施工分部、分项(工序)工程、施工装置(设施、机械)及物质有关。对于建筑施工安全管理组织来看,一个施工项目是一个重大危险源；对企业项目安全管理来看，一个施工项目过程包含若干个危险源。

1) 存在于分部、分项(工序)工程施工、施工装置运行过程和物体中的重大危险源：脚手架(包括落地架、悬挑架、爬架等)、模板和支撑、起重塔吊、物料提升机、施工电梯安装与运行，人工挖孔桩(井)、基坑(槽)施工，局部结构工程或临时建筑(工棚、围墙等)失稳造成坍塌、倒塌意外；高度大于2m的作业面(包括高空、洞口、临边作业)，因安全防护设施不符合或无防护设施、人员未配系安全带等造成人员踏空、滑倒、失稳等意外；焊接、金属切割、冲击钻孔(凿岩)等施工及各种施工电器设备的安全保护(如漏电、绝缘、接地保护、一机一闸)不合格，造成人员触电、局部火灾等意外；工程材料、构件及设备的堆放与搬(吊)运等发生高空坠落、堆放散落、撞击人员等意外；工程拆除、人工挖孔(井)、浅岩基及隧道凿进等爆破，因误操作、防护不足等，发生人员伤亡、建筑及设施损坏等意外。

2) 人工挖孔桩(井)、隧道凿进、室内涂料(油漆)及粘贴等因通风排气不畅造成人员窒息或有毒气体中毒。

3) 施工用易燃易爆化学物品临时存放或使用不符合、防护不到位，造成火灾或人员中毒意外；工地饮食因卫生不合格，造成集体中毒或疾病。

4.2.2 事故致因理论分析

4.2.2.1 事故的特征

1. 事故的因果性

因果，即原因和结果，因果性即事物之间某一事物是另一事物发生的根据这样一种关联性。一个因素是前一因素的结果，同时又是后一因素的原因。也就是说，因果关系有继承性，是多层次的。

2. 事故的偶然性、必然性和规律性

从本质上讲，伤亡事故属于在一定条件下可能发生也可能不发生的随机事件。就某一特定事故而言，其发生的时间、地点、状况等均无法预测。

事故是由于客观存在不安全因素，随着时间的推移，出现某些意外情况而发生的，这些意外情况往往是难以预知的。因此，事故的偶然性是客观存在的，这与是否掌握事故的原因毫无关系。换言之，即使完全掌握了事故原因，也不能保证绝对不发生事故。

事故的偶然性还表现在事故是否产生后果(人员伤亡和财产损失)以及产生后果的大小如何都是随机的、难以预测的。反复发生的同类事故，并不一定产生相同的后果。

事故的偶然性决定了要完全杜绝事故发生是困难的，甚至是不可能的。

事故的因果性决定了事故发生的必然性。

事故是一系列因素互为因果、连续发生的结果。事故因素及其因果关系的存在，决定了事故或迟或早必然要发生。其偶然性表现在何时、何地、因什么意外事件触发产生而已。

事故的必然性中包含着规律性：既为必然，就有规律可循。必然性来自因果性，深入探查、了解事故因素的因果关系，就可以发现事故发生的客观规律，从而为防止发生事故提供依据。应用概率理论，收集尽可能多的事故案例进行统计分析，就可以从总体上找出根本性的问题，为宏观安全决策奠定基础，为改进安全工作指明方向，从而做到"预防为主"，实现安全生产。

由于事故或多或少地含有偶然的本质，因而要完全掌握它的规律是困难的。但在一定范围内，用一定的技术设备或手段却可以找出它的近似规律。从外部和表面上的联系找到内部的决定性的主要关系却是可能的。

从偶然中找出必然，认识事故发生的规律性，变不安全条件为安全条件，把事故消除在萌芽状态之中。这就是防患于未然、预防为主的科学根据。

科学的安全管理就是从事故的合乎规律的发展中去认识它、改造它，从而实现安全生产。

3. 事故的潜在性、再现性和可预测性

事故往往是突然发生的。然而，导致事故发生的因素，即所谓"隐患"或潜在危险是早就存在的，只是未被发现或未受到重视而已。随着时间的推移，一旦条件成熟，就会显现而酿成事故，这就是事故的潜在性。

事故一经发生，就成为过去。时间是一去不复返的，完全相同的事故不会再次显现。然而，没有真正地了解事故发生的原因，并采取有效措施去消除这些原因，就会再次出现类似的事故。我们应致力于消除这种事故的再现性。

人们根据对过去事故所积累的经验和知识，以及对事故规律的认识和手段，可以对未来可能发生的事故进行预测。

预测就是预先推知和判断事物的未来或未知状况。这种预测是通过研究构思出来的模型（即预测模型）进行的，预测模型就是对预测对象及其发展情况的概念性的描述。预测模型分为物理模型和数学模型。物理模型是对预测对象的发展规模、程度、大小、状况等方面的定性描述；数学模型则是对预测对象的发展规模、程度、大小、状况等方面的定量描述。

事故预测就是在认识事故发生规律的基础上，充分了解、掌握各种可能导致事故发生的危险因素以及它们的因果关系，推断它们发展演变的状况和可能产生的后果。

事故预测的目的在于识别和控制危险，预先采取对策，最大限度地减小事故发生的可能性。既然是预测，就必然存在未来或未知的实际与预测模型不一致的情况。如果人们对过去的事故所积累的经验和知识丰富，对事故的规律认识得深刻，做出的预测模型准确性高，那么实际情况就会接近预测模型，根据预测制定实施的对策就能有效地防止事故发生。但是，如果预测模型不准确，或者在实际进程中出现了没有预料到的情况，预测就会受到破坏，如果不及时正确地加以调整和控制，就会发生事故，造成灾害。

4.2.2.2 事故致因理论

事故致因理论又称事故发生及预防理论，它阐述了事故为什么会发生，是怎样发生事故的，以及如何防止事故的发生。

事故致因理论是从大量典型事故本质原因分析中所提炼出的事故机理和事故模型。这些机理和模型反映了事故发生的规律性，能够为事故的定性定量分析，为事故的预测预防，为改进安全管理工作，从理论上提供科学的、完整的依据。

1919年，英国的格林伍德和伍兹经统计分析发现操作人员中的某些人较其他人更容易发生事故。1939年，法默等人据此提出了事故频发倾向的概念。美国人海因里希提出了事故因果连锁理论，认为伤害事故的发生是一连串的事件按一定因果关系依次发生的结果，并用多米诺骨牌来形象地说明了这种因果关系。这一理论建立了事故致因的"事件链"的概念，为事故机理研究提供了一种极有价值的方法。同事故频发理论一样，此时的事故致因理论仅仅考虑的是人的因素，把大多数事故责任归因于人员的不注意等方面。第二次世界大战后，戈登利用流行病传染机理论述了事故发生的机理，提出了"流行病学方法"。这种理论取得了较大的进步，它综合考虑了人的因素、环境的因素、媒介的因素的相互作用。1961年，由吉布森提出，并由哈登引申的能量转移论，是事故致因理论发展过程中的重要一步。该理论认为，事故是一种不正常的或不希望的能量转移，各种形式的能量构成了事故的直接原因。因此，应该通过控制能量或控制能量载体来预防伤害事故，并提出了防止能量逆流于人体的措施。1971年，本纳提出了扰动起源理论，即"P理论"，提出在处于动态平衡的系统中，由于"扰动"的产生导致了事故的发生，它开始从动态变化的观点阐述事故的致因。19世纪80年代斯奇巴（Skiba）提出的轨迹交叉理论认为，事故的发生是由人的不安全行为和物的不安全状态两大因素综合作用的结果，即人、物两大系列失控运动轨迹的交叉点就是事故发生的所在。预防事故的发生就是设法从时空上避免人、物运动轨迹的交叉。现代复杂系统安全理论认为人类的活动中都潜伏着危险源，它是事故发生的根本原因，要防止事故就要消除或控制系统中的危险源。系统安全工程从危险源概念出发，提出了危险源辨识、危险性评价和危险源控制三个方面。下面介绍几种典型的事故致因理论。

1. 海因里希的事故因果连锁理论（多米诺骨牌事故理论）

1931年美国的海因里希（Heinrich）在《工业事故的预防》一书中阐述了事故的因果连锁理论。该理论认为，遗传及社会环境、人的失误（或缺点）、人的不安全行为或物的不安全状态是导致事故的连锁原因，如图4-1所示，就像著名的多米诺骨牌一样，一旦第一张倒下，就会导致第二张、第三张直至第五张骨牌依次倒下，最终导致事故和相应的损失，因此也称为多米诺骨牌理论。Heinrich同时还指出，控制事故发生的可能性及减少伤害和损失的关键环节在于消除人的不安全行为和物的不安全状态，即移去中间的骨牌——防止人的不安全行为或消除物的不安全状态（如图4-2所示），从而中断事故连锁的进程，避免发生事故。

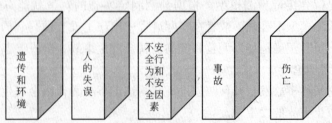

图4-1 海因里希的事故因果连锁理论图示

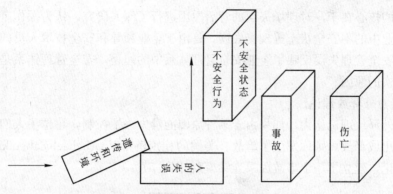

图 4-2 海因里希事故连锁中断图示

2. 博德的事故因果连锁理论

博德(F. Bird)在海因里希的事故因果连锁理论的基础上提出了反映现代安全观点的事故因果连锁理论，如图 4-3 所示。

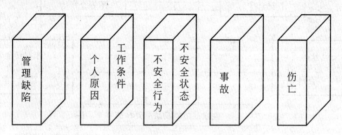

图 4-3 博德的事故因果连锁理论图示

该理论认为，事故因果连锁中最重要的因素是安全管理。对大多数企业来说，由于各种原因，完全依靠工程技术上的改进来预防安全事故既不经济也不现实，只能通过专门的安全管理工作，经过长时间的努力，才能预防安全事故的发生。这也体现了该理论进步的一面。

3. 亚当斯的事故因果连锁理论

亚当斯提出了一种与博德理论类似的事故因果连锁理论，如图 4-4 所示。

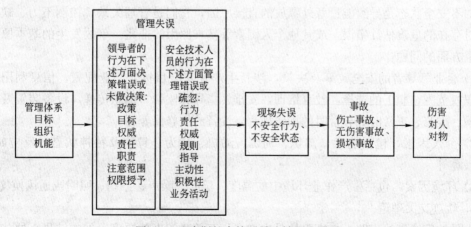

图 4-4 亚当斯的事故因果连锁理论图示

该理论的核心在于，对现场失误的背后原因进行了深入研究，认为操作者的不安全行为及生产作业中的不安全状态等现场失误，是由于企业领导和安全技术人员的安全管理失误造成的。安全管理失误反映了企业安全管理体系中的问题，安全管理体系是企业安全问题的最深层次的原因。

4. 能量意外释放理论

能量意外释放理论认为，如果由于某种原因能量失去了控制，超越了人们设置的约束而意外地溢出或释放，则称发生了事故。美国的札别塔斯基(Michael Zabetakis)依据能量意外释放理论，建立了一个事故因果连锁模型(图 4-5)。

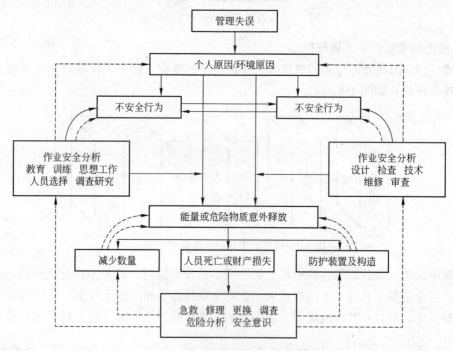

图 4-5 札别塔斯基的能量意外释放理论图示

模型认为，能量或危险物质的意外释放是造成伤害事故的直接原因。人的不安全行为和物的不安全状态是导致能量意外释放的直接原因，它们是管理欠缺、控制不力、缺乏知识，对存在的危险估计错误，或其他个人因素等基本原因的征兆。事故发生的基本原因包括三个方面的问题：

1) 企业领导者的安全政策及决策，涉及生产及安全目标、职业配置、信息利用、责任及职权范围，职工的选择，教育培训，安排、指导和监督，信息传递，设备装置及器材的采购、维修，正常时和异常时的操作规程，设备的维修保养等。

2) 个人因素，包括能力、知识、训练、动机、行为、身体及精神状态、反应时间、个人兴趣等。

3) 环境因素，包括生产作业环境中的温度、湿度、噪声、振动、照明或通风换气等。

5. 轨迹交叉理论

大量的安全事故表明，伤害事故是由许多相互关联的事件顺序发展的结果。这些事件概括起来不外乎由于安全管理的缺陷,出现了人的不安全行为和物的不安全状态两个方面。这两个方面的产生和发展又是受多种因素作用的结果。当人的不安全行为和物的不安全状态在各自发展轨迹中,在一定时间和空间发生了交叉,能量"逆流"于人体时,伤害事故就会发生。人们把这种事故理论模型称为轨迹交叉理论,如图4-6所示。

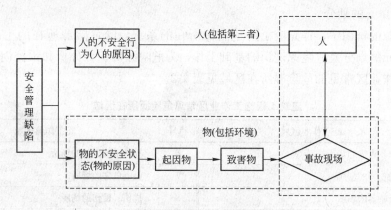

图4-6 轨迹交叉理论图示

在人和物两大系列的运动中,二者并不是完全独立进行的。人的不安全行为和物的不安全状态往往是互为因果相互转化的。人的不安全行为会造成物的不安全状态,而物的不安全状态又会导致人的不安全行为。在人与物两大系列中,人的失误是占绝对地位的,纵然伤亡事故完全来自机械和物质的危害,但如果更进一步跟踪,机械还是人设计、制造和维护的,物质也是由人支配的。

人的不安全行为往往有深刻的原因背景,例如先天遗传因素,社会环境影响,教育培训情况,个人的身体、生理、心理素质,均可导致人的不安全行为;物的不安全状态也有深刻的原因背景,例如设计的先天不足,设备选择、环境配置不当,维修、养护、保管、使用不良等,造成物的不安全状态。在物的不安全状态和人的不安全行为以及它们的背景原因后面还有更深层次的安全管理方面原因,安全管理缺陷是造成事故的最本质原因。轨迹交叉理论对建筑安全事故原因分析具有十分重要的理论指导意义。

4.3 安全事故预测理论分析

4.3.1 建筑工程项目危险源的分析

危险源是建筑工程项目安全事故发生的前提,是安全事故发生的能量主体。只有识别生产过程中的各种具有能量的物质与行为,分析这些能量转化过程及转化条件、触发因素,才能控制这种具有能量的物质与行为不至于溢散和失控,才能使危险源不至于转化为事故。因此,危险源辨识是安全系统工程的重要内容,是系统安全分析与控制的基础。

4.3.1.1 危险源及危险源辨识的概念

危险源是经过触发因素作用而使其能量溢散失控,导致人体伤害和财产损失安全事故的具有能量的物质和行为。

危险源辨识是利用科学方法对生产过程中的危险因素的性质、构成要素、触发因素、危险程度和后果进行分析和研究，并做出科学判断，为控制由危险源引起的安全事故提供必要的、可靠的依据。

4.3.1.2 危险源辨识的方法

1. 危险单元的划分

在危险源的辨识中，首先应了解危险源所在的系统，既危险源所在的生产区域和场所。危险单元的划分是危险源辨识的基础工作，为危险源辨识、分析和预控创造条件。建筑工程施工作业区常见的危险源所在区域见表4-2。

建筑工程施工作业区常见危险源所在区域　　　　　　　　　　　　　　　表 4-2

编号	施工作业区域	编号	施工作业区域
1	爆炸、火灾的场所	6	提升系统危险的场所
2	车辆伤害的场所	7	触电危害的场所
3	高处坠落的场所	8	烧伤、烫伤的场所
4	腐蚀、放射、中毒和窒息的场所	9	落物、飞溅、滑坡、坍塌、淹溺的场所
5	被物体碾、绞、夹、刺和撞击的场所	10	其他伤害的场所

2. 危险源的类型

在建筑生产领域危险源是以多种多样的形式存在的，危险源导致的事故可归结为能量的意外释放或有害物质的泄漏。根据危险源在事故发生发展中的作用可以分为两大类，即固有危险源(第一类危险源)和人为危险源(第二类危险源)。

(1) 固有危险源(第一类危险源)

建筑安全系统中存在的、可能发生意外释放能量的载体、危险物质和环境因素称为固有危险源。能量或危险物质的意外释放是事故发生的物理本质。在建筑安全系统中，属于固有危险源的能量源主要有：电能、机械能、热能、位能、重力能、压力和拉力等，这些能量的意外失控会转化为破坏能量，造成人员伤害和财产损失。属于固有危险源的危险物质主要有：爆炸性物品、有毒物品、腐蚀性物品、放射性物品等。表4-3列出了建筑生产系统中可能发生的各类伤害事故的类型与导致这些伤害事故的固有危险源(第一类危险源)。

建筑工程项目伤害类型与固有危险源　　　　　　　　　　　　　　　表 4-3

编号	安全事故类型	能量源	能量载体
1	高处坠落	高差大的施工场所	人体
2	坍塌	基坑边坡、堆料、建筑物、构筑物	边坡土体、物料、建筑物、构筑物、荷载
3	物体打击	产生物体落下、抛出、破裂、飞散的施工场所、设备、操作	落下、抛出、破裂、飞散的物体
4	触电	电源装置	带电体
5	机具伤害	机械设备的驱动装置	机械的运动部分、人体
6	起重伤害	起重机、提升设备	被起吊的重物

续表

编号	安全事故类型	能量源	能量载体
7	中毒、窒息	产生、储存、聚集有毒物质的装置、容器、场所	有毒、有害物质
8	车辆伤害	车辆、牵引设备、坡道	运动的车辆
9	火灾	可燃物	火焰、烟气
10	爆炸	炸药	炸药
11	淹溺	江、河、洪水、储水容器	水
12	灼烫	热源设备、加热设备、发热体	高温物体、高温物质

(2) 人为危险源(第二类危险源)

人为危险源(第二类危险源)指的是工作人员的危险行为及管理失误或差错，可以分为个人因素危险源、管理因素危险源、人为环境危险源等。在建筑生产中，人们为了利用能量，制造了各种机器设备，让能量按照人们的意图在系统中流动、转化和做功，为施工生产服务，而这些设备设施又可以看成是限制约束能量的工具。在正常情况下，施工生产过程中的能量或危险物体受到约束或限制，不会发生意外释放，即不会发生事故。但是，一旦这些约束或限制能量或危险物体的措施受到破坏或失效，则将发生事故。

3. 危险源辨识的途径

在确定了危险单元后就可辨识具体的危险源，一般来说可从两方面着手：

1) 根据系统内已发生的安全事故，查找触发因素(安全隐患)，然后找危险源；
2) 预测系统内可能发生的安全事故，查找触发因素(安全隐患)，然后找危险源。

通过查出的现实存在的危险源与辨识潜在的危险源，将危险源综合汇总归纳后，得出包括危险单元在内全部的危险源。危险源辨识途径表示如图 4-7 所示。

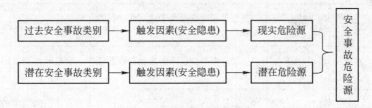

图 4-7　危险源辨识的途径图示

4.3.2　建筑工程项目安全事故预测原理

建筑工程项目安全事故的发生表面上具有随机性和偶然性，但其本质上更具有因果性和必然性。对于个别事故具有不确定性，但对大量样本则表现出统计规律性。概率论、数理统计与随机过程等数学理论，是研究具有统计规律现象的有力工具。

安全事故预测，是依据安全事故历史数据，按照一定的预测理论模型，研究事故的变化规律，对事故发展趋势和可能的结果预先做出科学推断和测算的过程。简言之，安全事故预测就是由过去和现在事故信息推测未来事故信息，由已知推测未知的过程。预测建筑工程项目安全事故的发展趋势，对制定企业安全政策和安全预警控制系统具有重要的参考意义。

　　事故指标是指诸如千人死亡率、事故直接经济损失等反映生产过程中事故伤害情况的一系列特征量。事故指标预测，是依据事故历史数据，按照一定的预测理论模型，研究事故的变化规律，对事故发展趋势和可能的结果预先做出科学推断和测算的过程。简言之，事故预测就是由过去和现在事故信息推测未来事故信息，由已知推测未知的过程。

　　事故指标是衡量系统安全的重要参数，因此，进行事故指标预测可以为建筑工程项目安全决策和事故控制提供重要的科学依据，使其决策合理，控制正确。同时，事故指标的高低取决于系统中人员、机械（物体）、环境（媒介）、管理四个元素的交互作用，是人—机—料—环—管系统内异常状况的结果。进行事故指标预测，有助于进一步分析事故隐患和事故原因。许多成功的事故指标预测案例也充分说明，预测对安全管理与决策具有重要指导作用。安全生产及其事故规律的变化和发展是极其复杂和杂乱无章的，但在杂乱无章的背后，往往隐藏着规律性。惯性原理、相似性原则、相关性原则，为事故指标预测提供了良好的基础。事故指标预测的成败，关键在于对系统结构特征的分析和预测模型的建立。

4.3.3　建筑工程项目安全事故预测方法

　　安全事故预测起源于20世纪30年代的美国保险业所开展的安全预测分析研究工作，几十年来，世界各国建筑业等各行业根据自身的行业特点，相继发展了许多安全预测分析研究方法。如事故隐患辨识预测法、事故趋势外推预测法、事故回归预测法等，见表4-4。

建筑工程安全事故预测方法一览表　　　　　　　　　　表4-4

方法	时间范围	适用情况	应做工作
直观预测法	短、中、长期	对缺乏历史统计资料或趋势面临转折的事件进行预测	需要大量的调查研究工作
一元线性回归预测法	短、中期	自变量和因变量两个之间存在线性关系	收集两个变量的历史数据
非线性回归预测法	短、中期	自变量和因变量两个之间存在非线性关系	收集所有变量的历史数据，并用几个非线性模型试算
趋势外推法	中期到长期	当因变量用时间表示时	只需要因变量的历史资料，要对各种可能趋势曲线进行试算
时间序列分解法	短期	适用于一次性的短期预测或在使用其他方法前消除季节变动因素	只需要序列的历史数据
移动平均法	短期	不带季节变动的反复预测	只需要因变量的历史资料，但要确定最佳的权系数
指数平滑法	短期	具有或不具有季节变动的反复预测	只需要因变量的历史资料，是一些反复预测中最简单的方法
博克斯-詹金斯法	短期	适用任何序列的发展形态的高级预测方法	计算过程复杂，必须用计算机计算
灰色系统预测法	短、中期	适用于时序的发展呈指数型趋势	收集现象的历史数据

直观预测法以专家为索取信息对象，是依靠专家的知识和经验进行预测的一种定性预测方法。

一元线性回归预测法是分析一个因变量与一个自变量之间的线性关系的预测方法。常用统计指标：平均数、增减量、平均增减量。确定直线的方法是最小二乘法，最小二乘法的基本思想是：最有代表性的直线应该是直线到各点的距离最近。然后用这条直线进行预测。

非线性回归分析是线性回归分析的扩展。在社会现实生活中，很多现象之间的关系并不是线性关系，对这种类型现象的分析预测一般要应用非线性回归预测，通过变量代换，可以将很多的非线性回归转化为线性回归。因而，可以用线性回归方法解决非线性回归预测问题。

趋势外推法是根据过去和现在的发展趋势推断未来的一类方法的总称。趋势外推的基本假设是未来系过去和现在连续发展的结果。趋势外推法的基本理论是：决定事物过去发展的因素，在很大程度上也决定该事物未来的发展，其变化不会太大；事物发展过程一般都是渐进式的变化，而不是跳跃式的变化。掌握事物的发展规律，依据这种规律推导，就可以预测出它的未来趋势和状态。

时间序列分解法是将时间序列的变化分解成相对稳定的趋势变化、缓慢起伏的不等周期变化、有严格周期的季节变化和没有规律的随机变化四种成分，直接去掉随机变化成分，保留前三种变化成分，最后进行外推预测。

移动平均法是一种简单平滑预测技术，它的基本思想是：根据时间序列资料、逐项推移，依次计算包含一定项数的序列平均值，以反映长期趋势。因此，当时间序列的数值由于受周期变动和随机波动的影响起伏较大，不易显示出事件的发展趋势时，使用移动平均法可以消除这些因素的影响，显示出事件的发展方向与趋势（即趋势线），然后依趋势线分析预测序列的长期趋势。

指数平滑法是布朗（Robert G. Brown）所提出的，他认为时间序列的态势具有稳定性或规则性，所以时间序列可被合理地顺势推延；他认为最近的过去态势，在某种程度上会持续到最近的未来，所以将较大的权数放在最近的资料。也就是说指数平滑法是在移动平均法的基础上发展起来的一种时间序列分析预测法，它是通过计算指数平滑值，配合一定的时间序列预测模型对现象的未来进行预测。其原理是任一期的指数平滑值都是本期实际观察值与前一期指数平滑值的加权平均。

博克斯-詹金斯法（Box-Jenkins Method）是一种针对剧烈震荡的平稳随机时间序列进行短期预测的有效预测方法。该方法假定时间序列的变化与自身过去的历史数据有关，建立自相关的回归模型以及它的变形：移动平均模型，将模型外推做出预测。由于真实的时间序列不一定是平稳的，可能是有线性增加趋势或是循环变化，可以对原始的时间序列进行差分来解决趋势与循环变化问题对建模的干扰。

4.3.4 基于灰色系统理论的建筑工程事故预测模型

灰色系统（Grey system）理论是我国著名学者邓聚龙教授20世纪80年代初创立的一种兼具软硬科学特性的新理论。该理论将信息完全明确的系统定义为白色系统，将信息完全不明确的系统定义为黑色系统，将信息部分明确、部分不明确的系统定义为灰色系统。

灰色系统预测法是一种对含有不确定因素的系统进行预测的方法。灰色系统预测是应用灰色模型 GM(1, 1)对灰色系统进行分析、建模、求解和预测。灰色系统预测理论具有要求样本数据量少、实用、精确的特点，对于安全事故受政策影响、人为干扰以及其他各种原因导致的事故样本量少的情况具有优势。

灰色系统预测主要包括数列预测、区间预测、灾变预测、拓扑预测和系统预测。这些预测方法在实际中已得到广泛的应用。

下面简要介绍灰色系统预测法的基本原理：

第一步，级比检验，建模可行性分析：

依据分析对象（如事故总量、行业事故或企业事故）的历年事故样本数据建立原始数据数列：$x^{(0)} = \{x^{(0)}(1), x^{(0)}(2), x^{(0)}(3), \cdots, x^{(0)}(n)\}$

$$\text{验算级比 } \sigma^{(0)}(k) = \frac{x^{(0)}(k-1)}{x^{(0)}(k)} \quad (k=1, 2, \cdots, n) \tag{4-2}$$

若 $\sigma^{(0)}(k) \in (e^{\frac{2}{n+1}}, e^{\frac{2}{n+1}})$，则数列 $x^{(0)}$ 可以作为 GM(1, 1)建模。

第二步，对上述数列进行如下式的一次累加处理：

$$x^{(1)}(k) = \sum_{j=1}^{k} x^{(0)}(j) \quad (k=1, 2, \cdots, n)$$

生成数列：$x^{(1)} = \{x^{(1)}(1), x^{(1)}(2), x^{(1)}(3), \cdots, x^{(1)}(n)\}$

第三步，建立白化形式的方程，即 GM(1, 1)模型对应的一阶微分方程：

$$\frac{dx^{(1)}}{dt} + ax^{(1)} = b \tag{4-3}$$

式中：a 为发展系数，b 为灰色作用量，均为待求参数。

第四步，按最小二乘法，求得微分方程系数向量：

$$\bar{a} = \begin{bmatrix} a \\ b \end{bmatrix} = (B^T B)^{-1} B^T Y_N \tag{4-4}$$

其中：$Y_N = \{x^{(0)}(2), x^{(0)}(3), x^{(0)}(4), \cdots, x^{(0)}(n)\}$

$$B = \begin{bmatrix} -\frac{1}{2}(x^{(1)}(1) + x^{(1)}(2)) & 1 \\ -\frac{1}{2}(x^{(1)}(2) + x^{(1)}(3)) & 1 \\ \vdots & \vdots \\ -\frac{1}{2}(x^{(1)}(n-1) + x^{(1)}(n)) & 1 \end{bmatrix} \tag{4-5}$$

第五步，求解微分方程，即可得预测模型：

$$\hat{x}^{(1)}(k+1) = \left(x^{(0)}(1) - \frac{b}{a}\right) e^{-ak} + \frac{b}{a} \quad (k=0, 1, \cdots, n-1) \tag{4-6}$$

第六步，对生成模型做一次累减，即可还原为原始数列的预测结果：

$$\hat{x}^{(0)}(k+1) = \hat{x}^{(1)}(k+1) - \hat{x}^{(1)}(k) = (1 - e^a)\left(x^{(0)}(1) - \frac{b}{a}\right) e^{-ak} \tag{4-7}$$

第七步，将模型计算值与原始数列实际值进行比较，计算残差：

$$g^{(0)}(k)=x^{(0)}(k)-\hat{x}^{(0)}(k) \quad (k=1,2,\cdots,n) \tag{4-8}$$

第八步，GM(1,1)模型的精度检验，可采用"后验差检验法"检验预测模型。具体内容包括：

求原始数列平均值：

$$\bar{x}=\frac{1}{n}\sum_{k=1}^{n}x^{(0)}(k) \tag{4-9}$$

求原始数列的方差：

$$s_1^2=\frac{1}{n}\sum_{k=1}^{n}(x^{(0)}(k)-\bar{x})^2 \tag{4-10}$$

求残差的平均值：

$$\bar{\varepsilon}=\frac{1}{n}\sum_{k=1}^{n}\varepsilon^{(0)}(k) \tag{4-11}$$

求残差的方差：

$$s_1^2=\frac{1}{n}\sum_{k=1}^{n}(\varepsilon^{(0)}(k)-\bar{\varepsilon})^2 \tag{4-12}$$

求后验差比值 c 及小误差概率 P：

$$c=\frac{s_2}{s_1} \tag{4-13}$$

$$P=P\{|\varepsilon^{(0)}(k)-\bar{\varepsilon}|<0.6745s_1\} \tag{4-14}$$

还可采用残差检验，这是一个逐点检验方法，定义相对误差 Δ_k，平均相对误差 Δ_{avg} 与精度 p^0 如下：

$$\Delta_k=\frac{|\varepsilon(k)|}{x^{(0)}(k)}\times 100\%=\frac{|x^{(0)}(k)-\hat{x}^{(0)}(k)|}{x^{(0)}(k)}\times 100\% \tag{4-15}$$

$$\Delta_{avg}=\frac{1}{n-1}\sum_{k=2}^{n}|\Delta_k| \tag{4-16}$$

$$p^0=(1-\Delta_{avg})\times 100\% \tag{4-17}$$

对于 Δ_k，一般要求 $\Delta_k<10\%$；对于 p^0，一般要求 $p^0>80\%$，最好 $p^0>90\%$。

按照 c、P、Δ_k、p^0 的大小，可将预测精度分为 4 个等级，各等级的标准见表 4-5。

预测精度登记表　　　　　　　　　　　　　　　　表 4-5

预测精度	好	合格	基本合格	不合格
c	$c\leqslant 0.35$	$0.35<c\leqslant 0.5$	$0.5<c\leqslant 0.65$	$c>0.65$
P	$P\geqslant 0.95$	$0.95>P\geqslant 0.8$	$0.8>P\geqslant 0.7$	$0.7>P$
Δ_k	$\Delta_k\leqslant 1\%$	$1\%<\Delta_k\leqslant 5\%$	$5\%<\Delta_k\leqslant 10\%$	$10\%<\Delta_k$
p^0	$p^0\geqslant 99\%$	$99\%>p^0\geqslant 95\%$	$95\%>p^0\geqslant 90\%$	$90\%>p^0$

在实际建模中，原始数据序列的数据不一定全部用来建模。在原始数据序列中取出一部分数据，就可以建立一个模型。一般采用的模型有全数据模型、信息模型和新陈代谢模型，定义如下：

设原始数据序列为：$x^{(0)}=\{x^{(0)}(1), x^{(0)}(2), x^{(0)}(3), \cdots, x^{(0)}(n)\}$。

1) 用 $x^{(0)}=\{x^{(0)}(1), x^{(0)}(2), x^{(0)}(3), \cdots, x^{(0)}(n)\}$ 建立的 GM(1,1)模型成为主

数据模型。

2) 设 $x^{(0)}=(n+1)$ 为最新信息，将 $x^{(0)}=(n+1)$ 置入 $x^{(0)}$，称为用 $x^{(0)}=\{x^{(0)}(1)$，$x^{(0)}(2)$，$x^{(0)}(3)$，…，$x^{(0)}(n)\}$ 建立的信息模型。

3) 置入最新信息 $x^{(0)}=(n+1)$，去掉老信息 $x^{(0)}(1)$，称为用 $x^{(0)}=\{x^{(0)}(1)$，$x^{(0)}(2)$，$x^{(0)}(3)$，…，$x^{(0)}(n)\}$ 建立的新陈代谢模型。

为提高 GM(1,1)模型的预测精度，还可以采用灰色优化模型 GOM 模型。将 GM(1,1)模型中的 $x^{(0)}(k)$ 换为 $x^{(0)}(k)+c$ 所得的新模型，称为 GOM 模型。其思路是：首先利用 GM(1,1)模型得到的模型参数 a，b；然后对累加生成序列 $x^{(1)}$ 作平移变换以提高精度，平移值 c 与模型精度之间存在某种数量关系；最后通过建立优化模型得到最优的平移值 c。c 如下式：

$$c = \frac{e^a+1}{1-e^{-2(n-1)a}} \sum_{k=1}^{n-1} \varepsilon^{(0)}(k+1)e^{-k} \tag{4-18}$$

其中，a 与 $\varepsilon^{(0)}(k+1)$ 分别为原 GM(1,1)模型中的发展系数和残差。

4.3.5 基于 BP 神经网络的建筑工程事故预测模型

在建筑工程施工中，影响安全状况的因素可以归结为 4 类因素，即"3M1E"因素，包括：人(Men)、物(Machine or Matter)、环境(Environment)和管理(Management)。每个因素又包括若干个子因素，这些因素之间互相联系，互相影响。建筑施工伤亡事故的预测还可以通过由各因素构成的安全预测综合指标体系，建立 BP 神经网络预测模型来预测。将基于时间序列的人工神经网络应用于事故预测，能克服传统预测方法的一些缺陷，避免了复杂的数学推导，能快速、准确地得到预测结果。

4.3.5.1 BP 神经网络理论及数学模型

人工神经网络是基于模仿大脑的结构和功能而构成的一种信息处理系统。它能从已知数据中自动地归纳规律，具有很强的非线性映射能力，还有自适应、自训练学习、自组织和容错能力等优点。人工神经网络已经广泛地应用于模式信息处理和模式识别、信息智能化处理、信号处理、最优化问题计算及复杂控制等很多领域。

人工神经网络由许多神经元组成，各神经元之间不同的连接方式构成了不同的神经网络模型，BP (Back-Propagation Network，简称 BP 网络)神经网络是其中之一，即反向传播网络，其结构分为输入层、隐含层和输出层。三层 BP 网络模型是由输入层、一个隐含层和输出层组成。BP 算法由两部分组成：信息的正向传播与误差的反向传播。在正向传播过程中，输入信息从输入层传入，经隐含层逐层处理后传向输出层。若输出层的实际输出与期望的输出不符，则转入误差的反向传播阶段。计算输出层的误差变化值，然后反向传播，通过网络将误差信号沿原来的连接通路反传回来修改各层神经元的权值。这种信号正向传播与误差反向传播的各层权值调整过程，是周而复始地进行的。权值不断调整的过程，也就是网络的学习训练过程。此过程一直进行到网络输出的误差减少到可接受的程度，或进行到预先设定的学习次数为止。

三层 BP 神经网络的数学模型如下：

设输入向量 $X=(x_1, x_2, …, x_i, …, x_n)^T$，隐含层输出向量 $Y=(y_1, y_2, …, y_i, …,$

$y_n)^T$，输出层输出向量 $O=(o_1, o_2, \cdots, o_i, \cdots, o_n)^T$，期望输出向量 $d=(d_1, d_2, \cdots, d_k, \cdots, d_i)^T$。输入层到隐含层之间的权值矩阵用 V 表示，$V=(v_1, v_2, \cdots, v_j, \cdots, v_m)$，其中列向量 v_j 为隐含层第 j 个神经元对应的权向量，隐含层到输出层之间的权值矩阵用 W 表示，$W=(w_1, w_2, \cdots, w_k, \cdots, w_i)$，其中列向量 W_k 为输出层第 k 个神经元对应的权向量。

隐含层中第 j 个神经元的输出为：

$$y_j = f(1)\left(\sum_{i=1}^{n} v_{ij} x_i\right) \tag{4-19}$$

输出层中第 k 个神经元的输出为：

$$o_k = f(2)\left(\sum_{j=1}^{m} w_{jk} y_j\right) \tag{4-20}$$

定义输出误差为：

$$E = \frac{1}{2}\sum_{k=1}^{i}(d_k - o_k)^2 \tag{4-21}$$

式 4-19 和式 4-20 中，$f(x)$ 为激活函数，其中隐含层数激活函数 $f(1)$ 为 Sigmoid 函数 $f(x)=1/(1+e^{-x})$，输出层激活函数 $f(2)$ 为线性函数。由式 4-21 可看出网络输出误差 E 是各层权值 w_{jk}、v_{ij} 的函数，因此使权值的调整量与误差的负梯度成正比就可以调整权值，使误差不断地减小。输出层的权值调整量为 Δw_{jk} 隐含层的权值函数调整量为 Δv_{ij}，计算公式如下：

$$\Delta w_{jk} = -\eta \frac{\partial E}{\partial w_{jk}} = -\eta \frac{\partial E}{\partial o_k} \times \frac{\partial o_k}{\partial w_{jk}} = \eta(d_k - o_k)y_j = \eta \delta_{jk} y_j \tag{4-22}$$

$$\Delta v_{ij} = -\eta \frac{\partial E}{\partial v_{ij}} = -\eta \frac{\partial E}{\partial o_k} \times \frac{\partial o_k}{\partial y_j} \times \frac{\partial y_j}{\partial v_{ij}} = \eta \sum_{k=1}^{i}(d_k - o_k)w_{jk}y_j(1-y_j)x_i = \eta \delta_{ij} x_i \tag{4-23}$$

式 4-22 和式 4-23 中的负号表示梯度下降。常数 $\eta \in (0, 1)$，表示学习率。δ_{jk}、δ_{ij} 为误差信号，则有：

$$\delta_{jk} = (d_k - o_k), \quad \delta_{ij} = \sum_{k=1}^{i} \delta_{jk} w_{jk} y_j (1-y_j) \tag{4-24}$$

4.3.5.2 基于 BP 神经网络的事故预测模型

通过分析影响事故的原因因素，结合实际的安全管理工作实践，建立建筑工程事故预测综合指标体系，如图 4-8 所示。

将以上 15 项预测综合指标作为 BP 神经网络的输入量，故输入层神经元个数 $n=15$。输出量为伤亡人数，故输出层神经元个数 $l=1$。隐含层为一个，隐含层的神经元个数可由经验公式 $m=\sqrt{n+l}+h$ 确定，其中 h 为一正整数，一般取 3~7，通过计算取 $m=8$。隐含层激活函数取 Sigmoid 函数 $f(x)=1/(1+e^{-x})$，输出层激活函数取线性函数。因此得出预测的 BP 网络结构如图 4-9 所示。

BP 网络的程序实现步骤：

1) 初始化，对权值矩阵 W、V 赋随机数，将样本计数器 P 和训练次数计数器 q 置为

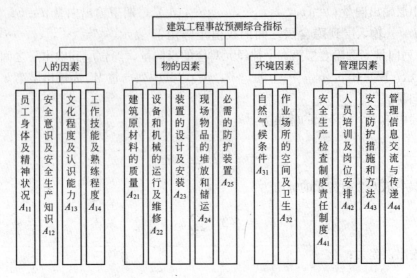

图 4-8 建筑工程事故预测综合指标体系

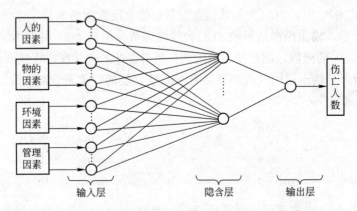

图 4-9 预测的 BP 网络结构

1,误差 E 置 0,学习率 η 为 0~1 间的小数,网络训练后达到的精度 E_{min} 设为一个正的小数或设置学习次数。

2) 输入训练样本对 (X,d),计算各层的输出值。用当前样本 X^p、d^p 对向量数组 X、d 赋值,用式(4-12)、式(4-20)计算 Y 和 O 中各分量。

3) 计算网络输出误差。设共有 P 对向量样本,网络对应不同的样本具有不同的误差 E^p,可用其中最大者或其均方根作为网络的总误差。

4) 计算各层误差信号。用式(4-24)计算误差信号 δ_{ij}、δ_{jk}。

5) 调整各层权值。用式(4-22)、式(4-23)计算 W、V 中各分量。

6) 检查是否对所有样本完成一次训练。若 $P<q$,计数器 P、q 增 1,返回步骤 2),否则转步骤 7)。

7) 检查网络总误差是否达到精度要求或完成学习次数。若满足,训练结束,否则 E 置 0,P 置 1,返回步骤 2)。

4.4 安全事故预控理论分析

4.4.1 安全事故预控的概念和原则

4.4.1.1 安全事故预控的概念

安全事故的预控包括两个方面：第一，对重复性安全事故的预控，即对已发生安全事故的分析，寻求事故发生的原因及其相互关系，提出防范类似事故重复发生的措施，避免此类事故再次发生；第二，对预计可能出现事故的预防，此类事故预防主要只对可能将要发生的事故进行预测，即要查出由哪些危险因素组合，并对可能导致什么类型事故进行研究，模拟事故发生过程，提出消除危险因素的办法，避免事故发生。

4.4.1.2 安全事故预控的原则

根据安全事故的致因理论，提出了安全事故预控的要求如下：
1) 预防控制施工过程中产生的危害和危害因素；
2) 排除施工现场存在的危害和危害因素；
3) 处置危险和危害物并将其降低到可接受的范围内；
4) 控制施工设备、安全装置失灵和操作失误产生的危险和危险因素；
5) 发生意外安全事故时能为遇险人员提供救援条件的要求。

在预控安全事故发生的过程中应遵循以下原则：

1. 事故是可以控制的原则

除自然灾害造成的事故无法采取主动的防止措施，以及某些事故原因是在技术上尚无有效控制措施外，其余事故都可以通过消除原因控制事故发生，但无论什么事故，都可以寻求出避免或减少损失的办法。例如，地震灾害的预防，可以通过对地震活动规律进行分析，预测地震可能出现的时间、地点，采取疏散、撤离、转移等手段，减少其损失。因此，我们要分析事故发生的原因和过程，通过研究防止事故发生的理论及对策，是可以防止事故发生和减少损失的。

2. 防患于未然的原则

控制安全事故的积极有效的方法是防患于未然，即采用"事先型"解决问题的方法，将事故隐患、不安全因素消除在潜伏、孕育阶段，这是我们防止事故的根本出发点。

3. 根除事故原因原则

引起安全事故的原因是多方面的，而原因之间又有其因果关系，事故预防就是要从事故的直接原因着手，分析引起事故的最本质的原因，只有消除这些最根本的原因，才能消除引起事故的所有原因，才能根除事故。

4. 全面治理、系统工程原则

消除安全事故隐患，根除安全事故的最根本原因，就要遵循全面治理的原则。即在安全技术、安全教育、安全管理等方面，对物的不安全状态(包括环境的不安全条件)、人的不安全行为、管理的不安全因素进行治理和消除，从而达到对事故原因的多方位控制的目的。技术(E)、教育(E)、管理(E)称为事故预防的"三E"政策，它是企业预防事故的三大支柱。只有全面发挥三大支柱的作用，实行全过程的控制措施，对事故的隐患与事故苗头进行全面治理，才能有效地达到预防事故的目的。

4.4.1.3 安全事故预控方法选择的原则

在选择安全事故预防控制方法时，应该遵循以下原则。

1）在工程项目前期及设计过程中，当安全事故控制对策与经济效益发生矛盾时，宜优先考虑安全事故预防控制对策上的要求，并应按照下列安全事故控制对策等级顺序选择技术措施：

（1）直接安全技术措施；

（2）间接安全技术措施；

（3）指示性安全技术措施；

（4）若采用间接、指示性安全技术措施仍然不能避免安全事故的发生，则应采用安全操作规程、三级安全教育、安全培训和个人防护用品的使用等来控制系统的危害、危害程度。

2）按照安全事故控制对策等级顺序的要求，在工程项目前期及设计过程中应遵循以下具体控制原则。

（1）消除：通过合理设计和科学、精心管理，尽可能从根本上消除危险、危险因素。

（2）预防：当消除危险、危险因素有困难时，可采取预防性技术措施，预防危险、危害的发生。

（3）减弱：在无法消除危险、危险因素和难以预防的情况下，可采取减弱危险、危害的措施。

（4）隔离：在无法消除、预防、减弱的情况下，应将人员与危险、危害因素隔开并将不能共存的物质分开。

（5）连锁：当操作人员失误或施工设备运行达到危险状态时，应通过连锁装置终止危险、危害的发生。

（6）警告：在易发生安全事故和危险性较大的地方，配置醒目的安全色、安全标志。必要时，设置声、光或声光组合报警装置。

4.4.2 安全事故预控的模型

安全预控系统主要把施工现场和企业中有关影响安全生产的危险因素作为研究对象。根据建筑安全事故致因理论的研究得知，影响建筑安全事故的因素主要是人的不安全行为、物的不安全状态、环境的不安全条件以及安全管理上的缺陷。因此安全预控管理应把上述四个方面作为研究对象，收集相关数据，深入分析它们给安全管理带来的影响。一些学者对于人的不安全行为作了较为深入的分析，得出人的个体特性和群体因素对人的不安全行为的影响；物的不安全状态是指导致事故发生的物质条件，包括机械设备和装置的缺陷、安全防护设施和用具等存在的不安全因素。机械设备和装置的缺陷主要指其技术性能降低、强度不够、结构不良、磨损、老化、失灵、腐蚀、物理和化学性能达不到要求等；环境的不安全条件是指导致事故发生的环境所存在的另一类主要不安全因素。例如立体交叉作业组织不当、施工道路拥挤、多单位同时施工、夜间照明不足以及尘、毒、噪声超标、高温、雨天等自然环境恶劣等；管理缺陷是导致安全事故最主要的原因，主要指工作人员的教育缺陷、安全管理制度的缺陷、技术上的缺陷等。图4-10所示即为安全预控系统的模型图。

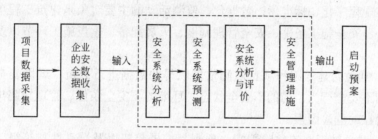

图4-10 安全预控系统的模型

4.4.3 安全事故预控系统的结构

建筑工程项目安全事故预控系统主要由事故预警分析和事故预控对策两大任务体系构成，是对建筑工程项目各类灾害事故，包括人身伤亡事故、设备损坏事故等，进行识别分析与预测控制，并对建筑安全事故现象的早期征兆进行及时矫正与控制。建筑安全预控系统可按图4-11所示的结构进行构建。

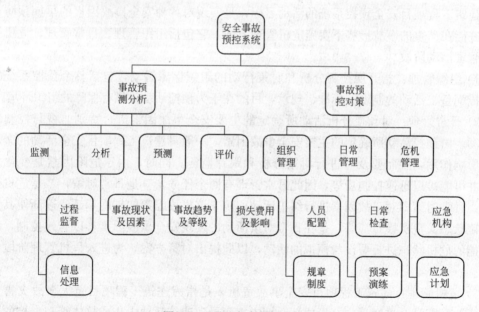

图4-11 项目安全预控系统图

4.4.3.1 安全事故预控分析的内容

安全事故预控分析主要包括4个活动阶段：监测、分析、预测与评价。

1) 监测：预测活动的前提，是确立建筑活动中的重要环节为监测对象，即最可能出现事故或对安全具有举足轻重作用的活动环节与领域。监测的任务有两个：一是过程检测，即对被确立为监测对象的活动进行全过程监视，对监测对象同建筑工程项目其他环节的关系状态进行监测；二是对大量的监测信息进行处理，包括整理、分类、存储、传输、建立信息档案，进行历史的和技术的比较。信息档案的情报是整个预控系统共享的，它将检测结果的信息准确及时地传输到下一个预控管理环节。监测的工作手段是，应用科学的监测体系并实现程序化、标准化、数据化，监测活动的主要对象是建筑工程项目的安全投入、安全装备、安全施工条件、安全管理制度、人员配备、重点施工环节以及重大危险源的监测数据等。

2) 分析：通过对建筑工程项目监测信息取得的数据进行分析，运用安全系统分析的方法，从人的不安全行为、物的不安全状态、环境的不安全条件、管理缺陷出发识别项目系统存在的潜在的危险因素。

3) 预测：对已被识别的危险因素，预测其发展趋势以及严重性与等级。安全事故预测的主要任务是在诸多事故因素中找出主要矛盾，并对其成因背景、发展过程及可能的发展趋势进行定量的预测和描述。

4) 评价：对已被确认的主要安全事故隐患进行整体安全性评估，以明确施工现场项目经理部及施工企业整体安全状况。评价重点是评估建筑工程项目可能造成的损失费用，包括直接损失费用和间接损失费用，同时考虑环境损失和安全波动给企业带来的负面影响范围和后果。

4.4.3.2 安全事故预控对策的要求

建筑工程项目安全预控系统的活动目标，是实现对各种安全事故因素的早期预防与控制，并能在严重的事故形势下实施危机管理方式。它包括组织管理、日常管理、危机管理三个管理活动阶段。

1) 组织管理：指开展预测分析和对策行动的组织保障活动，包括整个预控系统的人员组成配备、活动的制度、标准、规章，目的在于为预控活动提供有保障的组织环境。

2) 日常管理：对预控分析活动所确定的主要安全事故因素进行特别监视与控制的管理活动。由预控活动所确定的主要安全事故因素，一般对建筑工程项目安全活动的全局有较大影响作用，因而要及时进行对策分析和跟踪监测。同时，由于危险因素是变化发展的，并可能难以迅速控制局势，因此日常管理有两个任务，一是日常对策，二是危机模拟演练。日常对策即对事故因素进行纠正活动，防止该事故因素的扩展蔓延，逐渐使其恢复到正确状态。危机模拟演练，是在日常对策活动中发现安全事故因素难以有效控制，因而对可能的危机状态进行假设与模拟的活动，以此提出对策方案，为进入危机管理阶段做好准备。

3) 危机管理：建筑工程项目安全事故危机，是指因建筑工程项目重大事故灾害及引起的企业乃至社会连锁反应，形成社会性灾害而导致建筑活动中止或整体管理失控的一种危机状态。危机管理是一种"例外"性质的管理，是只有在特殊情况下才采用的特别管理方式。它是在建筑管理系统已无法控制事故状态或建筑企业领导层基本丧失指挥能力的情况下，以特别的危机计划、领导小组、应急措施介入建筑企业运营活动的管理过程。

4.4.4 安全事故预控系统的运行

建筑工程项目安全事故预控系统，是对不同安全事故隐患进行监测识别、预测、评价、管理对策等一系列步骤的集成，预控系统应围绕环境、设备、人员、管理开展其活动，其运行模型如图4-12所示。

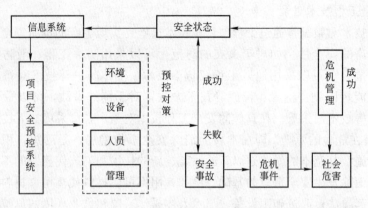

图4-12 安全事故预控系统运行模型

4.4.5 安全事故预控的对策

采取综合、系统的对策是有效控制安全事故的宏观战略控制对策。随着安全科学技术、系统安全工程、安全科学管理、事故致因理论、安全法制建设等学科和方法技术的发展，在建筑工程项目安全管理和安全事故控制方面总结和提出了一系列的对策。安全法制对策、安全工程技术对策、安全管理对策、安全教育对策以及安全经济手段等，都是目前在建筑工程项目安全管理和安全事故预防控制中发展起来的方法和对策。

4.4.5.1 安全法制对策

安全法制对策就是利用法制和管理的手段，对建筑工程项目生产的建设、实施、组织以及目标、过程、结果等进行安全的监督与监察，使之符合安全生产的要求。

安全生产的法制对策是通过以下几方面的工作来实现的。

1）建立职业安全健康责任制度。职业安全健康责任制度是：明确企业一把手是职业安全健康的第一责任人；管生产必须管安全；全面综合管理，不同职能机构有特定的职业安全健康职责。例如，一个企业要落实职业安全健康责任制度，需要对各级领导和职能部门制定出具体的职业安全健康责任制度，并通过实际工作得到落实。

2）实行强制的国家职业安全生产监督。国家职业安全生产监督就是指国家授权安全行政部门和建设行政主管部门设立的安全监督管理机构，运用国家权力，对企业、事业和有关单位履行安全生产职责、执行安全生产劳动保护政策和安全生产法规的情况，依法进行的监督、纠正和惩戒工作，是一种专门监督，是以国家名义依法进行的具有高度权威性、公正性的监督执法活动。

3）建立健全安全法规制度。这是指行业的安全生产管理，要围绕着行业职业安全健康的特点和需要，在技术标准、行业管理条例、工作程序、生产规范以及生产责任制度方面进行全面的建设，实现专业管理和安全质量标准化的目标。

4）有效的群众监督。群众监督是指在工会统一领导下，监督企业、行政部门和国家有关安全生产、劳动保护、安全技术、文明施工等法律、法规、条例的贯彻执行情况，参与有关部门制定安全生产、劳动保护和职业安全健康法规、政策，监督企业安全技术和安全生产、劳动保护经费的落实和正确使用情况，对职业安全健康提出建议等。

4.4.5.2 安全工程技术对策

安全工程技术对策是指通过工程项目和技术措施，实现生产的本质安全化，或改善劳动条件提高生产的安全性。如对于火灾的防范，可以采用防火工程、消防技术等技术对策；对于尘毒危害，可以采用通风工程、防毒技术、个体防护等技术对策；对于电气事故，可以采取能量限制、绝缘、释放等技术方法；对于爆炸事故，可以采取改良爆炸器材、改进炸药等技术对策等。在具体的安全工程技术对策中，可采用如下技术原则。

1) 消除潜在危险的原则。即在本质上消除安全事故隐患，是理想、积极、进步的安全事故预防措施。其基本的做法是以新的系统、新的技术和工艺代替旧的不安全系统和工艺，从根本上消除发生安全事故的基础。例如，用不可燃材料代替可燃材料；以导爆管技术代替导火绳起爆法；改进施工设备，消除人体操作对象和作业环境的危险因素，排除噪声、尘毒对人体的影响等，从本质上实现职业安全健康。

2) 降低潜在危险因素数值的原则。即在系统危险不能根除的情况下，尽量地降低系统的危险程度，使系统一旦发生安全事故，所造成的后果严重程度小。如手持振动器采用双层绝缘措施；利用变压器降低回路电压；在高压容器中安装安全阀、泄压阀，抑制危险发生等。

3) 冗余性原则。就是通过多重保险、后援系统等措施，提高系统安全系数，增加安全余量。如在施工生产中降低额定功率；增加垂直运输机具钢丝绳强度；系统中增加备用装置或设备等措施。

4) 闭锁原则。在系统中通过一些元器件的机器连锁或电气互锁，作为保证安全的条件。如钢筋切割机安装出入门互锁装置、电路中的自动保安器等。

5) 能量屏障原则。在人、物与危险之间设置屏障，防止意外能量作用到人体和物体上，以保证人和设备的安全。如建筑高空作业的安全网，操作人员的安全帽等，都起到了屏障作用。

6) 距离防护原则。当危险和有害因素的伤害作用随距离的增加而减弱时，应尽量使人与危险源距离远一些。对噪声源、辐射源等危险因素可采用这一原则减小其危害。如基础施工爆破作业时的危险距离控制，就是这方面的例子。

7) 时间防护原则。是使人暴露于危险、有害因素的时间缩短到安全程度之内。如有直接接触建筑扬尘的工作时，缩短施工人员工作时间；在粉尘、毒气、噪声中工作的安全性，随工作接触时间的增加而减少。

8) 薄弱环节原则。即在系统中设置薄弱环节，以最小的、局部的损失换取系统的总体安全。如电路中的保险丝、压力容器的泄压阀等，它们在危险情况出现之前就发生破坏，从而释放能量或阻断能量通过，以保证整个系统的安全性。

9) 坚固性原则。这是与薄弱环节原则相反的一种对策。即通过增加系统强度来保证其安全性。如加大安全系数、提高结构强度等措施。

10) 个体防护原则。根据不同作业性质和条件配备相应的保护用品及用具。采取被动的措施，以减轻事故和灾害造成的伤害或损失。

11) 代替作业人员的原则。在不可能消除和控制危险、有害因素的条件下，以机器、机械手、自动控制器或机器人代替人或人体的某些操作，摆脱危险和有害因素对人体的危害。

12) 警告和禁止信息原则。采用光、声、色或其他标志等作为传递组织和技术信息的目标，以保证安全。如宣传画、安全标志、板报警告等。

显然，安全工程技术对策是治本的重要对策。但是，安全工程技术对策需要以安全技术及经济作为基本前提，因此，在实际工作中，特别是在目前我国安全科学技术和社会经济基础较为薄弱的条件下，在建筑施工项目中这种对策的应用受到一定的限制。

4.4.5.3 安全管理对策

管理就是创造一种环境和条件，使置身于其中的人们能进行协调的工作，从而完成预定的使命。安全管理是通过制定和监督实施有关安全法令、规程、规范、标准和规章制度等，规范人们在生产活动中的行为准则，使生产保护工作有法可依、有章可循，用法制手段保护员工在劳动中的安全和健康。安全管理对策是施工生产过程中实现职业安全健康的基本的、重要的、日常的对策。建筑工程项目安全管理对策具体由安全管理人员的模式、组织管理的原则、安全信息流技术等方面来实现。

安全管理的手段包括：①法制手段，即监察制度、安全生产许可制、审核制等；②行政手段，即规章制度、操作程序、责任制、检查制度、总监督制度、审核制度、安全奖罚等；③科学手段，即推行风险辨识、安全评价、风险预警、管理体系、目标管理、无隐患管理、危险预知、事故判定、应急预案等；④文化手段，即进行安全培训、安全宣传、警示活动、安全生产月、安全竞赛、安全文艺等；⑤经济手段，即安全抵押、风险金、伤亡赔偿、工伤保险、事故罚款等。

4.4.5.4 安全教育对策

安全教育是对建筑企业各级领导、管理人员以及操作工人进行安全思想政治教育和安全技术知识教育的活动。

1) 安全思想政治教育。安全思想政治教育的内容包括国家有关安全生产、劳动保护的方针政策、法律法规。通过教育提高建筑企业各级领导和广大员工的安全意识、政策水平和法制观念，牢固树立"安全第一"的思想，自觉贯彻执行各项劳动保护法规政策，增强保护人、保护生产力的责任感。

2) 安全技术知识教育。安全技术知识教育包括一般生产技术知识、一般安全技术知识和专业安全生产技术知识的教育。安全技术知识寓于生产技术知识之中，在对员工进行安全教育时必须把二者结合起来。一般施工生产技术知识包含企业基本情况、施工工艺流程、施工作业方法、施工设备性能及拟建建筑物的质量和规格；一般安全技术知识教育包含各种原料、产品的危险危害特性，施工生产过程中可能出现的危险因素，形成安全事故的规律，安全防护的基本措施和有毒有害物的防治方法，异常情况下的紧急处理方案，发生安全事故时的紧急救护和自救措施等。专业安全技术知识教育是针对特别工种所进行的专门教育，例如垂直运输机械、施工设备、电气、焊接、爆炸物品的管理、防尘防毒等专门安全技术知识的培训教育。安全技术知识的教育应做到应知应会，不仅要懂得方法原理，还要学会熟练操作和正确使用各类防护用品、消防器材及其他防护设施。

安全教育的对策是应用启发式教学法、发现法、讲授法、谈话法、读书指导法、演示法、参观法、访问法、实验实习法、宣传娱乐法等，对政府有关官员、企业法人代表、安全管理人员、企业员工、社会公民、专职安全人员进行意识、观念、行为、知识、技能等全面的教育。教育的形式有法人代表的任职上岗教育、建筑业企业主要负责人和安全管理人员安全管理能力考核、企业员工的三级教育、特殊工种教育、企业日常性安全教育、安全专职人员的学历教育等。教育的内容涉及专业安全科学技术知识、安全文化知识、安全观念知识、安全决策能力、安全管理知识、安全设施的操作技能、安全特殊技能、事故分析与判断的能力等。

4.4.5.5 安全经济手段

广义的安全经济手段包括企业安全经济信息统计、安全经济的投资技术、事故损失计算、安全经济效益分析、安全经济管理、安全经济决策、风险分析技术、事故保险机制与伤亡赔偿机制等。下面对广义的安全经济手段进行介绍。

1) 安全经济的信息统计。这是认识安全状态（安全性、事故损失水平、安全效益等）及安全系统条件（安全成本、安全投资、安全劳动等），对设计和调整安全系统、指导和控制安全活动提供依据的重要技术环节。安全经济信息的统计需要将安全和劳动的投入、安全转化劳动的投入、事故损失等方面的基本信息记录下来，在必要的时候进行处理、分析，从而对安全管理作出合理决策。

2) 安全经济的投资技术。安全是人类生存的基本需求，只有通过实践活动才能得以实现，因此必须投入一定的资源，否则安全活动就无法进行。安全经济的投资技术主要有投资量合理确定、投资结构设计等。

3) 事故损失计算。评价事故和灾害对社会经济的影响，是分析安全效益、指导安全定量决策的重要基础性工作。为了能对事故作出科学、合理的评价，首先要解决事故经济损失的计算问题。事故及灾害导致的损失后果因素，根据其对社会经济的影响特征，可分为两类：一是可用货币直接测算的事物，如实物、财产等有形价值因素；另一类是不能直接用货币衡量的事物，如生命、健康、环境等。为了对事故造成的社会经济影响作出全面、精确的评价，安全经济学不但需要对有价值的因素进行准确的测算，而且需要对非价值因素的社会经济影响作用作出客观的测算和评价。为了对两类事物的综合影响和作用能进行统一的测算，以便于对事故和灾害进行全面综合的考察，以及考虑到安全经济系统本身与相关系统（如生产系统等）的联系，以货币价值作为统一的测定标量是最基本的方法。因此，提出了事故非价值因素损失的价值转化技术问题。

4) 安全经济效益分析。这是安全经济学的重要组成部分，它以数理统计的方法具体说明安全的经济意义，揭示安全在经济生产中的作用；它是提高安全资源利用率的出发点和归宿；是衡量安全活动质量高低及安全设计、安全规划和安全目标的合理程度的重要标准之一，也是我们加强生产和生活中的安全保障的理论依据之一。

5) 安全经济决策。这是指导安全活动的依据和基础。在上面的问题中，我们探讨了一些安全经济的分析、评价理论，如何应用这些理论及分析结果进行安全方案的决策，国家、行业或部门怎样针对自己的安全管理责任确定投资的方向、规模和政策，这是安全经济决策的任务。

6）风险分析技术。安全科学技术研究的对象是事故和灾害。事故和灾害具有偶然性，是一种意外事件。尽管长期以来人类为预防和控制事故和灾害作了不懈的努力，但由于受到科学技术水平和经济能力的限制，从客观上讲，生产劳动中和生活中的危险和事故还是无法绝对地避免的。安全研究的意义在于使事故的发生率降低和减少到人类可接受的水平。这一水平就是人类生产劳动或生活所认可的及愿承担的事故和灾害风险，这一风险是随着社会经济、文化的发展和进步在变化的。安全科学研究的价值就在于研究和发展有关的理论方法及技术手段，使人类的生产和生活安全处于时代所允许的风险水平下，追求人类的最佳、最适当的整体利益。

7）事故保险机制与伤亡赔偿机制。事故保险机制是通过事故投保，用保险机制来调节企业的安全工作。伤亡赔偿机制是对生命与健康的损失通过合理的赔偿杠杆对安全工作进行调控。

5 安全管理制度创新

安全是工程建设的基本要求。工程建设领域的安全包括了工程的安全和人的安全，施工过程中人的安全主要包括施工人员的职业健康、人身安全以及施工环境的保护（HSE）；工程的安全既包括正常使用条件下工程的安全、耐久、适用，也包括极端条件下（如地震、台风、冰冻灾害）工程的良性破坏和工程使用人的人身安全，还包括施工过程中保障工程施工进度的各种设备、设施的正常使用。

建筑工程安全管理水平是建筑业行业整体发展水平的综合反映，属于多因一果：个体失律、行业失范、市场失灵、政策失效都将导致工程出现这样那样的问题。如近年来发生的凤凰桥坍塌、杭州"11·15"地铁塌陷、上海"楼脆脆"等事故，直接原因表现为有关操作人员不严格执行技术标准和操作规程，深层次分析，包工头、承包商（包括勘察设计单位）、建设单位等受利益驱使，一味抢工期，压造价，违反法定程序，违反技术标准，是导致事故发生的根本原因。归纳起来，影响工程质量安全的因素主要包括两大类：一是技术因素，包括技术人员的业务水平和操作人员的操作技能；二是安全体系因素，包括制度建设、责任划分、安全监督等。因此，建筑工程安全生产，需要制度创新，标本兼治，综合治理。

改革开放以来，我国出台了一系列有关工程建设的法律法规和部门规章，其中安全管理方面的有"一法三条例十一项部令"，形成了一系列管理制度，如施工安全监督制度、超限高层审查制度、抗震新技术核准制度、安全生产许可制度、施工安全三类人员考核任职制度、检测机构许可制度等，使工程安全管理有章可循、有法可依，对规范工程建设活动起到了积极作用，为确保大规模工程建设的安全提供了制度保障。

当前，我国建筑工程安全管理方面的问题突出体现在以下几个方面：安全生产事故数量和死亡人数虽有较大幅度下降，但事故总量仍然较大，且事故数量下降幅度趋缓；村镇住宅建设缺乏相应的技术保障，住宅安全性、适用性较差，村镇建设事故频次增加；随着一些不成熟材料、技术的大量应用，城镇住宅建设中出现了一些新的质量通病；越来越多的深基坑、大跨度、超高层建筑的出现，技术风险进一步凸显，地铁、桥梁等工程事故时有发生；一些代表政府投资建设的工程违反科学规律，盲目压缩工期，配套措施跟不上，导致工程事故增加。此外，建材市场鱼目混珠，勘察设计深度和精度不足，施工承包层层转包与无证挂靠猖獗，一线操作人员安全意识淡薄，监督人员管理不到位，都制约着建筑业行业整体安全管理水平的进一步提升。这些情况折射出当前工程安全管理的法律法规在操作层面上还存在着诸多不适应、不符合的地方，也可以说，安全管理制度方面有待进一步完善。本章着重从安全管理制度创新的角度分析近年来施工企业在安全管理规范化方面的新内容和新做法。

5.1 安全管理制度建立的原则

通过分析以上问题可以发现,制度建设上的主要问题是责权利不对等,一些单位的制度不完善,责任不明确,权利不明晰,奖罚不分明,这样的责任体系起不到规范行为的作用,无法在实践中落实。因此,在制度建设中必须按照责权利一致的原则,做到外在与内在的制度上的统一:

1) 要符合人性特点。制度建设的目的之一就是重新界定和调整利益关系,要承认多数人都有趋利避害的天性,对人的这种自利性要正视,同时也要加以适当的引导和规范。

2) 要符合工程建设的基本规律。首先,工程建设活动先有交易后有产品,是以诚信为基础的甲乙双方博弈,存在信息不对称,业主参与并主导工程建设的全过程。政府的监管必须以市场主体之间的博弈为基础,有一个合理的边界,绝不能越俎代庖。其次,工程建设活动市场化程度比较高,价值规律发挥着基础性作用,因此必须以市场规则为基础选择政策调控的着力点。如作为工程建设基本制度的招投标制度,其目的就在于通过招标选取一个合理的最低价,制度设计不能离开这个基本点。当然这个最低价是经过评审、核实无误的最低价。与招标制度相配套的是担保制度,如果只有低价中标而没有担保,责权利无法对等,风险不可避免。再次,工程建设活动是一种社会活动,一个工程的实施涉及众多的专业分包,对社会资源的组合与管理是工程建设管理的重要内容,这就需要统一的技术标准和统一的行业基本运行规则。

3) 要符合我国现阶段的国情和实际。我国正处在社会主义市场经济体制完善阶段,工程建设领域中相当多的市场主体还不是完全的理性经济人,很大一部分业主是政府部门或国有企事业单位,承包商也有相当大比例是国有企业,他们不但肩负着产生效益、创造财富的责任,也肩负着社会责任,价值目标是多元的,他们是有限理性的经济人,甚至有时候可能表现为政治人、关系人。其次,我国的工程建设安全管理体制是高度分割的,投资决策与实施分割,各类专业工程的监管分割,各地也有自己的"土"政策,一项统一的政策往往因为地方、部门附加的各类"细则"而大相径庭。因此,必须在确保基本模式一致的前提下,给予地方和部门足够的政策空间。

5.2 安全管理制度创新的要点

目前我国工程建设安全管理制度创新应注意解决以下问题:

1) 解决建设单位的权利责任一致问题。作为工程的发起人和受益人,建设单位可分为两类:一类是自建自有自用的,如各类企事业单位,对其约束力主要来自后续的使用功能保障压力;另一类是投资建设的项目建成后作为商品进行交易的,主要是各类开发商,其追求的是开发成本与商品房售价之间的差额,对其约束力主要来自市场选择与竞争压力。目前,各类开发商存在的问题比较多,突出问题是权利和责任不对等。房地产市场处于卖方市场,开发商只要拿到好地块,就不愁房子卖不出去,无法形成有效的市场竞争压力。开发商在建造成本控制上有压级压价的倾向，安全投入能省则省。因此，在制度建设时，开发商这类建设单位必须成为工程安全监管的重点。

规范开发商的行为，不可能对其作为项目投资人的权利做过多的限制（如选取设计人、承包人、指定分包人、指定特殊材料等），但应该按照责权利一致的原则，明确其相应的安全责任，如将安全生产许可的条件列入施工许可中，由建设单位牵头对项目施工期间的现场安全负总责等。

2）解决勘察、设计、施工单位直接安全责任问题。勘察、设计和施工单位是工程安全的直接责任主体，所有的规章制度、安全标准、安全责任等都需要通过他们落实到实际工程建设过程中。工程勘察、设计、施工承发包市场是目前市场化程度比较高的一个领域，存在的问题主要表现在以下方面：首先是残酷市场竞争压力下的低价竞标，低价中标所导致的成本控制压力，成本控制压力导致安全投入减少。勘察、设计、施工单位多次分包，形成管理链条变长、安全责任落实难。其次，"责任到人"的责任体系远没有建立起来，责任体系不合理，有权无责、有责无权，管生产不管安全，一些企业、项目负责人重进度、重成本，轻安全、轻质量，安全意识还比较薄弱。

3）解决中介机构的监督责任问题。工程建设领域与安全事故控制关系密切的中介机构主要是监理单位。监理单位受雇于建设单位，对承包合同的实施进行管理，对工程建设过程进行控制，是工程安全保证体系中重要的环节，但目前一些监理单位起不到应有的作用，形同虚设。主要原因包括内部和外部两个方面，首先在外部方面，一些建设单位不放权，法律法规规定的监理单位在安全措施等责任确认、相关款项交付等环节的签字权无法落实，监理单位不能独立自主地开展工作；其次是内部的，一些监理单位人员安全管理专业知识少，综合素质参差不齐，责任心不强，不能给建设单位和施工单位有价值的咨询和指导，成了一个可有可无的角色，而法律法规又规定一定规模以上的工程必须聘请监理，因此一些监理单位就成了建设单位请来的摆设。

对于监理单位的发展，不能超越发展阶段，拔苗助长，可考虑调整强制性监理的范围，给社会投资工程业主一定的自主权，由他们根据工程的规模和复杂程度决定是否请监理。没有监理的工程，项目监督安全管理的责任由建设单位直接承担。

4）解决政府监管责任的落实问题。近年来，政府对建筑工程安全管理越来越重视，政府监管力度也在加大，但安全管理长效机制还有待于进一步完善。政府安全监管要把重点放在增强人员安全知识培训，落实政府相关人员安全责任上，特别是要把重点放在加强操作人员规范操作意识、自我防范意识、抵制违章指挥意识的培训上。安全管理人员要重视安全专业知识的学习。

5）解决进一步强化民事赔偿责任的问题。我国正处于城镇化过程中，2008年城镇化率是45.7%，专家预测今后10年每年要提高一个百分点，每年的城镇在施工建筑面积近50亿m^2，竣工建筑面积20亿m^2，另外，已有的建筑面积达430亿m^2，而政府专业监督人员只有不足4万人，完全靠政府来解决所有的具体问题是不现实的，更为可行、有效的解决办法是政府通过完善法律法规和技术标准，建立起合理、明确的安全责任体系，完善技术鉴定机构等诉讼支持体系，健全保险机制，疏通解决问题的渠道，为广大群众提供有力的法律武器。相信，只要群众手中有了好使、管用的法律武器，那些不良开发商、承包商就没有立足之地，社会诚信将建立起来，建筑市场秩序也将最终得以规范。

6) 解决监管体制上存在的问题。目前，我国工程建设管理体制的特点是"统分结合"，即"统一规则、分别监管"，各相关部门根据《建筑法》、《招标投标法》、《安全管理条例》等所规定的基本制度，分别对各类专业工程进行监督管理，分阶段、分主体监管的特色突出，众多的管理制度和管理主体给项目参建单位带来很大的制度执行成本。单就房屋建筑而言，就涉及项目立项审批（核准、备案）、规划审批、施工许可、施工安全监督、消防验收、人防验收、防雷验收、燃气验收、竣工验收备案、竣工资料城建档案验收等10多项审批。各部门若缺乏有效配合，就不能实现对工程建设全过程、全方位的联动式管理。此外，对一些特殊工程，如政府投资工程、市政项目、各类开发区项目、村镇建设项目等，执法难度很大，存在不能管、不敢管、管不了的现象。在现阶段，需要整合监管资源，加强信息沟通，形成监管合力，降低监管成本和执行成本。

5.3 我国建筑业安全管理创新研究

几十年来社会主义计划经济体制下形成的建筑企业传统安全管理的观念、模式、手段和制度曾有过它一定的成功之处，但在市场化的过程中，已逐渐不能适应现代建筑工程发展的需要，滞后于建筑业的市场化水平，逐步暴露出种种弊端，因此必须从安全管理观念的创新、安全管理制度的创新、安全管理方法的创新三方面加以改革。

5.3.1 安全管理观念的创新

建筑业安全管理是指在建筑行业内，对建筑物（房屋、桥梁等）在设计、施工、装修、维护与使用过程中的不安全因素和可能发生的事故或公害进行预测、预防与控制的一种行为。除了广义上要求建筑物建成之后保证使用者的安全外，目前我们更多的要求狭义上为确保施工过程中操作人员的生命安全与健康，采取各种方法，做到事先预防，及时掌握并处理好施工现场的安全信息，从宏观控制到微观跟踪，强化安全意识，以人为本，关爱生命。目前从中央政府到地方各级政府都越来越强调"以人为本"的工作指导思想，建筑施工管理已经由粗放管理实现了向科学管理的转变；由投入型实现了向管理效益型的转变；下一步就是观念上由传统安全管理向以人为本的现代企业安全管理转变，树立尊重人的生命、规范人的行为、提高安全意识、打造新时代企业的新形象，勇于承担社会责任，强调人性化生产与服务的新观念。

5.3.2 安全管理制度的创新

目前我国实行"企业负责、行业管理、国家监察、社会监督"的安全生产体制，强调企业负责是安全管理的核心，但这还不够。

首先是政府主管部门应建立和完善规范、高效的建设行政安全管理体系，打破部门利益、行业利益、地区垄断的影响，避免因人设置机构、设置部门、设置岗位、调整职能，避免职责不清、交叉管理、多头管理。其次对于行业安全管理，要积极发挥行业协会、中介机构等的作用，强化建筑业监理的作用。目前监理的职能主要集中于现场的质量控制、进度控制和投资控制，在有些地方也将安全控制列入监理工作范畴，下一步可考虑通过增设安全监理师等方式，将安全监理市场化、专业化，实现及时监督，追踪整个施工过程，达到强化安全管理的目的。再次对于施工企业本身，除了原有的规章制度外，目前要突出解决两个问题："落实对分包方的安全管理责任"，即针对"包工头"的问题；"落实施工操作人员的安全管理责任"，即针对"农民工"的问题。

还要补充的是保障制度方面的问题：逐步建立以工程担保和工程保险为主要内容的工程风险管理制度是十分必要的。具体说来，制定实施投标担保、承包商履约保函、业主支付担保、承包商保修担保等的相关法规和办法，在进一步总结、规范现有的各项担保、保险的基础上，逐步开办工程质量、勘察设计、工程监理、工程咨询及相关职业责任保险。在建筑安全管理方面，建立建筑行业意外伤害保险，运用差别费率和浮动费率等经济杠杆的调节作用，建立健全从事故预防、培训教育到事故救助、抚恤等自成系统的运行机制。

5.3.3 安全管理方法的创新

保障安全生产，不仅要靠建立、健全有关安全管理制度，加强安全监督管理，提高人们的安全生产意识，也要靠加强安全生产科学技术研究和安全生产先进技术的推广应用。把安全生产工作建立在先进科学技术基础上，这对于提高建筑施工安全生产水平，具有十分重要的意义。管理信息系统（MIS）主要包括信息的收集、录入，信息的存贮，信息的传输，信息的加工和信息的输出（含信息的反馈）五种功能。它把现代化信息工具——电子计算机、数据通信设备及技术引进管理部门，通过通信网络把不同地域的信息处理中心联结起来，共享网络中硬件、软件、数据和通信设备等资源，加速信息的周转，为管理者及时提供准确、可靠的依据。将 MIS 引进安全管理中也是大势所趋，运用全面质量管理理论中的 PDCA 循环理论，将企业的安全管理工作用管理信息系统来实现。

5.4 施工企业安全管理制度创新分析

以下几个制度是最近几年中一些施工企业在安全管理制度创新方面较为突出的部分。

5.4.1 企业管理人员安全资质管理制度

为全面落实安全管理制度，提升承包方安全管理水平，树立全员安全管理理念，做到"人人都是安全员，月月都是安全月"，根据建筑工程安全管理的特点和建设项目实际情况，特制定管理人员安全资质管理制度。

5.4.1.1 制定依据

1)《中华人民共和国安全生产法》；
2)《建设工程安全生产管理条例》；
3) 企业安全生产管理的规定；
4) 其他相关规定。

5.4.1.2 安全管理资质要求

安全管理资质是指取得安全员上岗资质，包括：各级建委和企业考核认定的安全员岗位证书；国家注册安全工程师资格证书。

安全管理资质是从事工程管理的基本资格，因此，下列人员在从事本职岗位工作前，应先取得安全岗位资格证书：

1) 项目管理人员：项目经理、技术负责人、技术员、施工员、质量员、安全员等；

2) 企业管理人员：从事安全管理的人员，从事工程管理的人员，从事技术、质量管理的人员，除以上岗位外，企业还鼓励其他岗位人员通过考核认定取得安全管理资质证书，对此类人员在职称评定、竞争上岗或确定岗位工资时，给予优先考虑。

5.4.1.3 安全管理人员的上岗与轮岗

1. 安全管理队伍的建设和管理

企业建立由专职安全员和兼职安全员组成的安全管理队伍。专职安全员是指在企业和项目安全环境管理部门、岗位从事安全管理的专职人员，兼职安全员是指在从事项目安全管理岗位工作的同时，还从事项目其他工作的人员，主要是项目较小、管理人员少的情况下的。

2. 安全管理人员资质的考核和管理

安全管理人员由企业安全环境管理部进行管理和考核；人力资源部负责安全管理资格证书的培训、取证、复审工作，负责建立安全管理资格证书档案。专职或兼职安全员离开安全岗位时均应由本人提出书面申请，经所在项目经理部提出意见，企业安全环境管理部审批后，由人力资源部负责统一安排。

3. 安全员的业绩管理规定

1) 企业中从事生产、技术、质量、安全管理的人员，均应取得安全管理岗位证书；对近几年参加工作且从事生产、技术、质量、安全管理的人员除取得安全管理岗位证书外，还应有安全员岗位的轮岗经历。

2) 对从事生产、技术、质量管理的人员，未取得安全管理岗位证书者，其岗位工资应相应降低，取得安全管理岗位证书后，工资可恢复原标准；对近几年来参加工作，从事生产、技术、质量管理的人员，取得安全管理岗位证书但尚未从事过安全岗位工作的人员，由人力资源部安排，分批在安全员岗位上进行轮岗锻炼，在3年内未完成轮岗锻炼的，岗位工资应相应降低。对不按规定进行轮岗的人员，视情节轻重，给予待岗、责令轮岗或解除合同的处罚。

3) 项目经理、技术负责人原则上要具备安全管理资质和轮岗经历。

企业管理人员安全资质管理制度强调，首先要提高管理人员的安全管理素质，从组织上、制度上保证了企业的生产能安全、顺利地进行，将企业中行之有效的安全管理措施和办法制定成统一标准，纳入规章制度，建立健全了建筑安全标准体系，这套制度值得推广应用。

5.4.2 安全员岗位津贴实施办法

为加强企业安全管理队伍建设，鼓励吸引优秀管理人员从事安全管理工作，提高安全管理人员工作积极性，可推广以下措施。

1) 企业设立安全总监岗位，按同级副总工程师或经理助理级别定位。

任职条件：大学本科及以上学历，从事工程项目管理工作 10 年以上；大学专科学历，从事工程项目管理工作 15 年以上；中专或相当中专学历的，从事工程项目管理工作 20 年以上，并同时具备高级（含）以上专业技术职称或注册安全工程师执业资格。

安全总监的主要职责是：对本企业的安全生产监督管理工作负直接领导责任，确保本企业安全生产和环境体系的有效运行，落实本企业的各项安全目标和指标，负责本单位安全生产监督管理工作的总体策划与部署，协助本单位负责人搞好安全管理工作的持续改进。

2) 安全环境部设置主任安全工程师（部门总工程师）岗位，级别按照部门副职定位。主任安全工程师的岗位职责是：在部门经理的直接领导下开展工作。业务上受总工程师的领导，负责企业安全生产和环境体系中的科技工作，负责组织制定企业安全生产和环境科技长期发展规划和年度执行计划；负责组织审批建筑面积 5 万 m^2 以下或合同造价 1.5 亿元以下工程的安全管理方案和专项施工组织设计；负责安全生产和环境管理方面"四新"技术的推广和应用；负责重点和难点工程的安全和环境管理方面的技术指导。

3) 项目经理部设置独立的安全生产监督管理部门，按照建质字〔2008〕91 号文件的要求配齐安全生产监督管理人员，且专业配套。对房屋建筑工程建筑面积 5 万 m^2 以上或市政设施工程合同造价 1.5 亿元以上的工程项目，设立工程项目安全总监岗位。其待遇按项目副经理级别定位。建筑面积 5 万 m^2 以下，市政设施工程造价在 1.5 亿元以内的项目，其安全负责人的待遇按项目部门经理定位。

4) 实行注册安全工程师奖励和安全管理员岗位津贴：

（1）享受岗位津贴的岗位范围：企业范围内所有从事安全管理岗位的人员。

（2）享受安全岗位津贴的基本条件：责任心强、能够胜任本岗位工作。

（3）岗位津贴：

① 按取得国家注册安全工程师资格证书及经企业考核取得 1 至 3 级安全员资格证书的在岗安全管理人员，分别给予一次性奖励及每月补助，鼓励持证人员上岗作业。

② 在安全管理工作岗位工作，从上岗当月 1 日起发放津贴，离开安全管理岗位的，从离开的当月 1 日起停发津贴。

③ 鼓励所有管理人员踊跃报考国家注册安全工程师，力争在几年内注册安全工程师占到安全生产管理人员 15% 以上。

④ 以上所指注册安全工程师，是指在企业注册的注册安全工程师和外聘的注册安全工程师。

5) 岗位津贴发放：

（1）享受岗位津贴人员需由企业安全环境管理部会同人力资源部门进行业绩和在岗时间考核认定，岗位津贴随工资按月发放。

（2）脱离安全管理岗位，岗位津贴自动取消。

安全员岗位津贴实施办法强调对安全员实行严格的奖罚制度，对造成事故的责任者要给予经济处罚、行政处罚乃至追究刑事责任，这种管理制度值得借鉴和应用。

5.4.3 班组兼职安全员管理制度

为了进一步全面落实安全生产责任制，规范班组安全员的管理，统一聘用合同、考核标准和岗位津贴，制定班组兼职安全员管理制度。

1) 班组安全员实施、聘用范围：

(1) 建筑企业所有项目均须实施，由项目经理负责。

(2) 所有进入施工现场参与施工的班组(包括总包、各专业分包和业主指定分包的施工队伍)，都必须设置班组安全员。

2) 班组安全员的聘用条件：

(1) 具有一定的文化程度(初中以上)，爱岗敬业，施工经验丰富；能自觉遵守各项安全管理规定，起到表率作用，正确佩戴、使用个人劳防用品；应急处理问题能力较强。

(2) 服从项目安全员及本队安全员管理，按时保质完成交办的各项工作。

(3) 班组安全员必须是在班组管理中具有一定权威的人，如班组长或班组其他管理人员(如副组长或记工员)，班组长是第一人选。

3) 聘用程序：

(1) 进入现场的劳务和专业分包队伍安全员负责向总包安全管理部门报送班组安全员推荐名单和个人简历。

(2) 项目安全总监(或安全主管)负责对推荐的人员进行面试、审核，提出初审意见，报项目经理审批；审批、审核不符合要求的由所在单位重新推荐。

(3) 项目安全管理部门负责对经审查同意的班组安全员进行 8 个学时以上的班组安全知识培训，并进行安全知识考核(书面考试占 40%，现场考试占 60%)，考试内容包括安全防护、施工用电、"三宝"、"四口"、"五临边"等。

(4) 项目安全总监(或安全主管、分包单位负责人)与考核合格的人员签订班组安全员安全生产责任书。

(5) 举行聘任仪式，向班组安全员颁发聘任证书(企业统一制作)和安全员工作用标志。

4) 班组安全员的待遇和经费来源：

(1) 对考核合格的班组安全员每月发放一定的岗位津贴，对表现突出的班组安全员还可进行适当奖励。

(2) 班组安全员的岗位津贴费用计入现场安全费用，由总包项目经理部和分包单位各承担一半，有关条例列入分包合同中。

5) 月度考核、培训：

(1) 班组安全员必须履行"三个必须"、做到"五个到位"、每天做好"八件工作"。

(2) 项目安全总监(或安全主管)负责每月对班组安全员的安全生产责任进行考核，填写班组安全员责任月度考核表(表 5-1)，在每天进行的安全巡视检查中，记录班组安全管理情况，对发现的班组人员违章违纪现象与班组安全员的奖罚挂钩，并设立管理台账和个人档案，记录班组安全员培训记录和管理业绩。

班组安全员责任月度考核表（____月）　　　　　　　表 5-1

施工单位：_____　　　　　　　　　　　　　　　　　　　　姓名：____

序号	考核标准	扣分标准	应得分	实得分	扣分原因
1	做好班组安全教育和安全交底，并做好记录	未进行班组安全教育和安全交底，扣 10 分；缺 1 天班组安全教育记录，扣 5 分	10		
2	现场值班作业时，及时纠正、制止违章	不纠正、不制止违章，扣 10 分	10		
3	班组人员现场无吸烟及随地大、小便现象	班组人员现场吸烟，扣 10 分；发现一处随地大、小便，扣 5 分	10		
4	做好自身表率作用，正确佩带安全帽、安全员标志	起不到表率作用，扣 5 分；不按规定佩带安全帽、标志，每次扣 2 分	10		
5	服从项目安全员及本队安全员管理，按时保质完成交办的各项工作	不服从项目、施工队安全员管理，扣 10 分；未完成交办的一项工作，扣 5 分	10		
6	不违章指挥、违章操作，不违反劳动纪律	违章指挥，扣 10 分；违章操作，扣 10 分；违反劳动纪律，扣 5 分	10		
7	合理做好班组之间交叉作业工作，出现交叉作业先防护后施工	交叉作业无防护，扣 5 分；不上报、不采取措施，扣 10 分	10		
8	协调班组之间合作关系，制止本班组人员打架斗殴	班组人员打架斗殴，扣 10 分	10		
9	制止班组人员破坏、偷盗等违法行为	班组人员破坏、偷盗，扣 10 分	10		
10	管理好本班组施工区和生活区的卫生、用电及消防工作	班组做不到文明施工，扣 5 分；施工完后做不到清理场地，扣 5 分；生活区宿舍卫生差，扣 5 分；施工区和生活区用电、消防差，扣 5 分	10		
	总　　计		100		

（3）对班组安全员考核得分在 85 分以上的发放岗位津贴；70～84 分的，不奖不罚；70 分以下的，予以罚款；考核分数连续 2 次在 70 分以下的，予以解聘。

（4）项目安全总监（或安全主管）负责每月底召开班组安全员大会，公布考核成绩，按时发放岗位津贴，并在会上进行 1 个小时以上的安全知识培训和教育，提醒班组安全员肩负的安全责任和义务，提高大家的安全管理意识。

班组兼职安全员管理制度充分体现了以人为本的思想，强调加强对班组兼职安全员的安全管理培训、实行严格的奖罚制度、提高安全员的素质水平，体现了制度创新的要求。

5.4.4　施工现场旁站监督管理制度

为进一步加强施工现场安全生产的监督、检查工作，及时消除事故隐患，制止违章指挥和违章作业，使施工现场安全管理实现规范化，实现全过程、全方位、全天候的有序控制，依据《建设工程安全生产管理条例》制定了施工现场重大危险源分级管理及旁站监督管理制度。

本制度适用于施工企业所有土建、安装、装饰及市政施工等工程项目。

5.4.4.1　安全旁站员基本条件

1) 企业内各工程项目必须依据施工现场的实际情况，建立健全安全旁站组织体系，安全旁站人员由项目管理人员（工长、施工员、技术员、质检员、安全员等）担任。

2) 安全旁站人员必须经企业或项目经理部进行专项培训，由项目主管、生产经理和安全总监统一组织管理。

3) 安全旁站人员必须爱岗敬业、遵守劳动纪律，必须熟悉旁站项目的安全技术标准、安全操作规程和相关安全知识。

5.4.4.2　安全旁站员安全职责

1) 现场安全旁站人员在工作时间内应坚守岗位，工作时不准饮酒、不准做与工作无关的事情。

2) 安全旁站人员在执行旁站任务时必须根据不同的施工环境佩戴好相应的个人劳动防护用品，配备好必需的安全旁站检测工具。

3) 安全旁站人员在作业前必须熟知旁站项目安全技术交底的要求，并在依据交底内容的前提下监督操作人员按交底要求进行安全作业。

4) 安全旁站人员必须巡回检查施工作业点（面），发现不安全现象和苗头，要及时纠正解决，处理不了的问题要及时上报生产经理、安全总监。

5) 安全旁站人员必须监督检查作业点（面）的安全防护，确保安全防护符合标准，同时督促操作人员正确合理地使用劳动防护品，并检查作业人员的三级安全教育、安全交底和胸卡佩戴情况。

6) 安全旁站人员应监督检查特殊工种的安全操作过程及操作人员所持证件是否符合要求。

7) 安全旁站人员必须严格执行交接班制度，在旁站记录表中完整填写相关内容。

8) 安全旁站人员有权制止危险状况下的施工活动，制止违章指挥和违章作业行为，有权建议安全总监签发"隐患整改通知单"、"停工单"和"罚款通知单"。

9) 安全旁站人员在旁站期间，未能及时制止违章、发现隐患，经上级检查人员发现纠正或造成事故时，除追究当事人直接责任外，还将追究旁站人员的连带责任。

5.4.4.3　实行安全旁站的部位

在以下作业和施工部位必须实行安全旁站：

1) 开挖基坑、沟槽作业，包括人工挖孔桩；

2) 脚手架搭设和拆除作业，包括安全网的支挂；

3) 塔吊安拆及顶升作业；

4) 挂架、整体爬架、提升式模板等设施安拆和升降作业；

5) 物料提升机安拆、试运行作业；

6) 外用电梯、电动吊篮安拆作业；

7) 电梯井防护设施搭设、拆除及网上清理作业；

8) 外防护挑网（平台）的搭设、拆除及清理作业；
9) 大型起重机吊装作业；
10) 架空线路防护架搭设和拆除；
11) 临时建筑物拆除及清理作业；
12) 搅拌机清理和维修工作；
13) 二级及以上供配电箱维修、拆改作业；
14) 一级动火作业及易燃、易爆作业；
15) 有限空间内的作业；
16) 五级以上大风天气和其他特殊环境下的作业；
17) 新技术、新工艺、新产品的使用阶段；
18) 悬空作业；
19) 其他危险部位、危险作业。

施工现场旁站监督管理制度强调了监理的重要性，将杜绝安全隐患放在第一位置，强调安全旁站监理人员要及时地纠正事故和隐患，制止违章指挥和违章作业，这是安全管理制度创新在监理方面的具体体现。

5.4.5 "安全管理、绿色施工"星级项目评比、挂牌管理制度

为进一步贯彻落实"安全第一、预防为主、综合治理"的安全生产方针和住建部关于绿色施工及节能减排方针的政策，杜绝重伤以上事故，确保实现建筑企业生产"六个为零"的目标（即实现伤亡事故为零，重伤事故为零，大型机械事故为零，火灾事故为零，食物中毒事故为零，被通报处罚事故为零），切实提高建筑企业在安全管理和绿色施工方面的管理水平，对所有工程项目"安全管理、绿色施工"实行星级项目评比、挂牌管理制度。

1) 挂牌管理。星级挂牌管理共分五个等级，从一星到五星，星级牌由企业统一制作，悬挂在项目会议室的显著位置。

2) 项目评比内容。星级项目经理部检查评比包括五项内容：管理目标；内业资料；现场安全检查；绿色施工，安全标化及安全创新。每项内容满分20分，实得分在16分以上即得一颗星，项目评级最低一颗星，最高五颗星。

3) 检查方式及频次。检查方式及频次与月度安全检查一样，星级项目部的评级只是检查结果的一种公示。企业安全部在每月的安全大检查中，将"'安全管理、绿色施工'检查评分表"（表5-2）作为检查情况的汇总表，并根据每个项目的得分情况予以通报评级。

"安全管理、绿色施工"检查评分表　　　　表5-2

项目名称：

检查项目		评分标准	分值	实得分
管理目标	"六个为零"	伤亡事故为零，重伤事故为零，大型机械事故为零，火灾事故为零，食物中毒事故为零，被通报处罚事故为零	20	

续表

	检查项目	评分标准	分值	实得分
内业资料	安全体系建立情况安全责任落实情况	1. 项目主要岗位安全生产责任目标月度考核表; 2.《关于印发〈建筑施工企业安全生产管理机构设置及专职安全生产管理人员配备办法〉的通知》建质[2008] 01号	2	
	员工安全教育培训	依据"三类人员"培训制度及企业安全管理人员教育培训规定现场抽查,计算百分数	5	
	安全专项治理	1. 贯彻落实安全生产"三项行动"、大力开展安全隐患排查整治工作的相关规定; 2. 开展安全生产月活动的规定	2	
	班组安全员聘用制	企业关于《班组安全员聘用管理办法》等规定	2	
	安全专项方案和安全技术交底	《危险性较大的分部分项工程安全管理办法》建质[2009] 87号	2	
	特殊工种持证上岗	1.《建筑施工特种作业人员管理规定》建质[2008] 75号; 2. 现场检查验证	2	
	安全资料	当地安全资料管理规范	5	
现场安全检查	施工用电管理	《建筑施工安全检查标准》	4	
	"三宝"、"四口"、"五临边"	《建筑施工安全检查标准》	4	
	脚手架和模板体系	1.《建筑施工安全检查标准》; 2.《建筑施工模板安全技术规范》; 3.《建筑施工碗扣式钢管脚手架安全技术规范》; 4.《建筑施工扣件式钢管脚手架安全技术规范》	4	
	机械管理	1.《建筑施工安全检查标准》; 2.《施工现场机械设备检查技术规程》; 3.《建筑起重机械安全监督管理规定》	4	
	动火管理	企业关于施工现场三级动火管理制度	4	
绿色施工	文明施工	1.《建筑施工安全检查标准》; 2.《施工现场机械设备检查技术规程》; 3.《绿色施工管理规程》	10	
	生活区管理	1. 企业加强生活区管理的相关规定; 2.《建筑施工现场环境与卫生标准》	10	
标化创新	CI企业形象	企业CI施工现场、CI规范	5	
	安全标准化	当地《施工现场安全标准化手册》	5	
	安全管理创新	积极落实企业的安全管理指令。在安全制度、措施或组织、技术等方面积极进行改革、改进或创新,根据使用效果和推广应用价值进行评分	10	
			100	

项目经理: 　　　　考评人员: 　　　　　　年　月　日

4) 奖罚。每月进行一次综合检查评比，按不同星级项目经理部给予奖励，连续多次未评上星级的，给予处罚。星级牌必须悬挂在显著位置，对私自不挂的给予处罚。

"安全管理、绿色施工"星级项目评比、挂牌管理制度是安全管理的又一项创新制度，同时引入了绿色施工以及节能减排的方针和星级评比的内容，强调"奖罚结合"，值得推广和应用。

5.4.6 安全违章、违纪人员亲属通报制度

为了明确施工人员在工作中的各种权利和义务，以及违法、违章、违纪所产生的后果和应承担的法律责任，进一步规范施工人员的作业行为，确保施工现场的生产安全，企业应制定施工现场安全违章、违纪人员亲属通报制度，具体要求如下：

1) 律师告知书、安全生产违章、违纪、违法律师告知函、安全生产告知书样本（见表5-3）由企业统一印制，项目安全部门负责组织实施。

安全生产违章、违纪、违法律师通知书　　　　　　　表5-3

致_____同志亲属：

　　本律师受企业委托，现将贵亲属_____同志(身份证编号：_____)在工作中违法违纪的情况告知您，希望贵家属积极予以帮教；否则，企业将通过法律途径予以追究，本企业暂保留通过法律途径予以追究的权利。其具体违法违纪如下：

_____同志在企业总承包施工的_____项目中从事_____岗位工作。因为_____年_____月_____日在施工现场的_____行为，已违反_____。

特此函告！

　　　　　　　　　　　　　　　　　　　　　　　　　_____律师事务所
　　　　　　　　　　　　　　　　　　　　　　　　　　　　律师：

2) 按照企业施工人员进场安全教育的规定，在对施工人员进行进场安全教育的同时，向每位施工人员发放上述资料，要求每位施工人员认真仔细阅读，并签字承诺。

3) 施工人员第一次违反国家有关的法律、法规以及施工现场的各项安全管理规章制度，项目安全部要对其进行安全教育，做违章记录，并通报其所在单位。第二次违章，项目安全部要按照"安全生产奖罚制度"对其予以处罚，向其亲属通报其违章违纪事实（附违章照片）。第三次违章，项目安全部要按照"安全生产奖罚制度"对其所在单位予以处罚，并责令单位对其劝退离场。

安全违章、违纪人员亲属通报制度明确了施工人员在工作中的各种权利和义务，分清了安全事故责任人，是安全管理制度创新的又一项新举措。

5.4.7 施工现场三级动火管理制度

为了加强施工现场动火管理，建立施工现场三级动火管理制度。

5.4.7.1 三级动火管理范围

1) 在施工现场使用电、气焊（割）、喷灯、明火，在易燃、易爆区域使用电钻、砂轮等，以及其他可产生火焰、火花及炽热表面的作业，均为动火作业，必须按本规定申请办

理动火证。

2) 冬季施工严禁使用明火加温、保温，液化气瓶、乙炔瓶、氧气瓶等气瓶，严禁动用明火加热、烘烤；严禁使用超过 200W 的大功率电器；严禁在仓库内动火作业。

3) 施工现场严禁一级动火（特殊动火）。确需动火时必须编制防火施工方案，并经项目总工、项目经理、上一级技术部门和监理审核审批同意后方可开具动火证，同时报企业安全总监处备案；分包单位现场管理人员、总分包安全员、消防监督员必须全程旁站监督；除配备 4 只灭火器、消防水桶外，还必须将临时消防水引至动火点 5m 内。

4) 动火证当日有效，变换动火部位时须重新申请。

5.4.7.2 施工现场动火作业分三级管理

1. 一级动火（特殊动火）

指在一类易燃易爆物存放及施工部位附近（水平距离小于 10m）的有特殊危险的动火作业，或在一类易燃、易爆物上方的动火作业。

施工现场常见一类易燃、易爆物包括液化气、乙炔、氧气瓶、汽油、柴油、机油、冷底子油等油品，以及油漆、稀料、胶水、有机涂料、保温挤塑板、防水卷材、橡塑保温材料、各类包装纸箱和塑料布等。

2. 二级动火

指在二类易燃、易爆物存放及施工部位附近（水平距离小于 10m）或在二类易燃、易爆物上方的具有危险的动火作业。

施工现场常见二类易燃、易爆物包括竹胶板、木方、竹木脚手板、安全网等。

3. 三级动火（一般动火）

指一、二级动火以外的动火作业，一般指在水平固定场所，且周围 10m 范围内无一、二类易燃、易爆物情况下进行的动火作业。

5.4.7.3 动火作业审批流程

1. 三级动火作业审批流程

① 需动火作业的施工人员填写动火作业审批表（表5-4），上报分包单位施工员进行审核。分包单位施工员须确认是否必须动火作业，并查看需动火部位是否可以动火和易燃易爆物的清理情况，确定 1 名看火人，并签署审核意见。②分包单位施工员同意动火后，上报项目经理部施工员审批。项目经理部施工员须确认是否必须动火作业，并查看需动火部位是否可以动火和易燃易爆物的清理情况，并签署审批意见。③项目经理部施工员同意动火后，上报项目安全部门开具动火证。动火人员和看火人员须携带 2 只灭火器、接火斗、水桶共同到安全部门开具动火证。电、气焊人员必须同时携带特殊工种上岗证或复印件。④持动火证开始动火作业。分包消防监督管理员、分包和项目安全员对动火部位进行巡视检查，间隔时间不得超过 2h。⑤对不符合规定的动火作业要收回动火证，并旁站监督整改。⑥对无证动火人员除旁站制止外，须按规定予以处罚。⑦当日工作完成后交回动火证。动火人员须在次日上午 9 点前将动火证交回项目安全部门，否则对该分包单位次日动火全部停开动火证。

2. 二级动火作业审批流程

1) 需动火作业的施工人员填写动火作业审批表（表5-4），上报分包单位施工员审核。分包单位施工员须确认是否必须动火作业，并查看需动火部位是否可以动火和易燃易爆物的清理情况，确定1名看火人和1名分包消防监督管理员全程旁站监督，并签署审核意见。

动火作业审批表　　　　　　　　　　　　　表5-4

申请动火单位		动火班组	
动火部位		动火作业级别及种类（动火、气焊、电焊等）	
动火作业起止时间	由　年　月　日　时　分起至　时　分止		
动火原因、防火的主要安全措施和配备的消防器材： 1. 灭火器2只（　）　接水斗（　）　水桶（　） 2. 其他安全措施和配备的消防器材： 看火人员签名：　　　　申请人签名：			年　月　日
分包单位施工员审核意见： 　　　　　　　　　　　　　审核人签名：			年　月　日
总包项目经理部施工员审批意见： 　　　　　　　　　　　　　审批人签名：			年　月　日
总包项目经理部总工程师审核意见： 　　　　　　　　　　　　　审核人签名：			年　月　日
总包单位技术部门审核意见： 　　　　　　　　　　　　　审核人签名：			年　月　日
监理工程师审核意见： 　　　　　　　　　　　　　审核人签名：			年　月　日
项目经理审核意见： 　　　　　　　　　　　　　审核人签名：			年　月　日
总包项目安全部动火证开具人员签名：			年　月　日

2) 分包单位施工员同意动火后，上报项目经理部施工员审批。项目经理部施工员须确认是否必须动火作业，并查看需动火部位是否可以动火和易燃易爆物的清理情况，并签署审批意见。

3) 项目经理部施工员同意动火后，上报项目安全部门开具动火证。动火人员和看火人员须携带2只灭火器、接火斗和水桶共同到安全部门开具动火证。电、气焊人员必须同时携带特殊工种上岗证或复印件。

4) 持动火证开始动火作业。分包消防监督管理员全程旁站监督。分包和项目安全员对动火部位进行巡视检查，间隔时间不得超过2h。

5) 对不符合规定的动火作业要收回动火证，并旁站监督整改。

6) 对无证动火人员除旁站制止外，须按规定予以处罚。当日工作完成后交回动火证。动火人员须在次日上午9点前将动火证交回项目安全部门，否则对该分包单位次日动火全部停开动火证。

3. 一级动火作业审批流程

1）需动火作业的施工人员填写动火作业审批表（表 5-4），上报分包单位施工员审核。分包单位施工员须确认是否必须动火作业，并查看需动火部位是否可以动火和易燃易爆物的清理情况，编制防火作业施工方案，确定 2 名看火人和 1 名分包消防监督管理员全程旁站监督，并签署审核意见。

2）分包单位施工员同意动火后，上报项目经理部施工员审核。项目经理部施工员须确认是否必须动火作业，并查看需动火部位是否可以动火和易燃易爆物的清理情况，审核防火作业施工方案，并签署审核意见。

3）项目经理部施工员同意动火后，上报项目经理部总工程师审核。项目经理部总工程师须确认是否必须动火作业，并查看需动火部位是否可以动火和易燃易爆物的清理情况，审批防火作业施工方案，同时上报企业技术部门和监理审批。

4）防火作业施工方案经企业技术部门和监理审批同意后，动火作业审批表报项目经理审批。项目经理同意动火后，通知项目安全部门开具动火证，同时通过电话或网络报企业安全总监处备案。动火人员和 1 名看火人员须携带 4 只灭火器、接火斗和水桶共同到安全部门开具动火证。临时消防水须引至动火点 5m 内。电、气焊人员必须同时携带特殊工种上岗证或复印件。

5）持动火证开始动火作业。分包消防监督管理员、分包和项目安全员各 1 人按照防火作业施工方案对动火作业全程进行旁站监督。

6）对不符合规定的动火作业要收回动火证，并旁站监督整改。

7）对无证动火人员除旁站制止外，须按规定予以处罚。

8）当日工作完成后交回动火证。动火人员须在次日上午 9 点前将动火证交回项目安全部门，否则对该分包单位次日动火全部停开动火证。

施工现场三级动火管理制度强调安全管理要从组织上、制度上保证企业生产安全、顺利地进行，强调要加强施工现场的防火安全管理，并详细制定了各种对应的措施，将企业中行之有效的安全管理措施和办法制定成统一标准，纳入规章制度，建立健全了建筑安全标准体系，这套制度值得推广和应用。

6　建筑工程项目安全管理应用创新
——班组安全员聘任制

生产班组是建筑企业各项工作的基础和落脚点，是建筑企业组织生产经营活动的最基层组织，它处在安全事故发生的前沿阵地。因此，加强班组安全建设，依靠班组集体力量、消除个人行为中的不安全因素，能动地实现"个人无违章、岗位无隐患、班组无事故"，是做好安全生产工作的关键。

基于这个出发点，建筑行业推行了一种新的安全管理模式——班组安全员聘任制。班组安全员聘任制是指在每个施工生产班组聘任安全员，由班组安全员负责班组安全管理的一种制度。这里的班组安全员不是专职的安全员，而是由班组长兼任的安全员，安全员必须对整个班组的安全负责，充分发挥基层施工和管理人员的积极性，在施工现场形成人人管安全、人人抓安全的良好局面，推动安全管理工作的有效开展。

6.1　班组的安全管理概述

6.1.1　班组的概念

建筑企业的班组，是建筑企业编制的最小单位，隶属于项目经理部或专业分包队。它是根据建筑企业生产的不同岗位、场地、施工顺序或产品特点，由若干相同或不相同工种的工人及相应的设备、工具、材料等有机地结合在一起的，从事生产、管理、维修、服务等活动的基层单位。

6.1.2　班组的性质

班组跟人一样，也具有二重性，即自然属性和社会属性。

6.1.2.1　班组的自然属性

人们在参加社会劳动过程中的互相结合，是建立在劳动的分工与协作基础上的，没有分工就无所谓社会劳动，没有协作就无法将劳动者组织起来进行共同劳动。实行分工协作，建立合理的科学的劳动组织，这是一切共同劳动的客观要求。如导弹和航天飞机，是由数以万计的零部件构成的，生产它们需要配备庞杂的高精密机器设备。这些机器设备在数目、规模、速度、性能上都有严格的比例规定。这样，就要求操作和管理这些机器设备的操作人员也必须在工种、专业、数量，特别是技术上要保持一个相应的比例，以便在整个生产过程中实现时间与空间上的有机配合，使众多劳动者成为一个和谐的统一的整体，如果劳动组织中某一个环节出现空缺或发生故障，就会造成整个生产的中断甚至失败。由此可见，建立科学的劳动组织是生产的客观需要。

6.1.2.2 班组的社会属性

班组的社会属性体现着一定的生产产品，反映一定生产关系的要求。在不同的社会形态中，劳动组织形式和社会性质是不同的。我们的劳动组织体现了劳动者之间以及劳动者同企业、国家之间利益的一致性，体现了员工之间的互助互利的平等关系。

6.1.3 班组的划分

6.1.3.1 划分班组的原则

组织生产班组的最基本的原则是：只能把在生产上有直接联系的操作人员组合在一起，而不能把生产上没有什么联系的操作人员硬性拼凑在一起。一般来说，凡符合下述条件之一的，就可以组成生产班组。

1) 由于劳动对象和工艺过程完整性的需要，生产任务必须在一个统一的生产集体内完成，而不能交给每个操作人员独立完成。

2) 由若干个操作人员共同看管同一设备，在各自分工的基础上必须协同劳动。

3) 直接作业与辅助作业必须紧密配合才能完成生产任务。

4) 上下道工序必须紧密衔接的若干工种。

5) 按照一定施工流程组成的同一施工面上的各个工种。

6) 操作人员的劳动成果彼此有密切联系，在施工中需要加强配合和协作。

7) 工作任务、工作地点都不固定，需要随时调动和分配工作的。

8) 为了充分挖掘设备和劳动潜力、合理安排班次，可以把同工种的操作人员分成若干施工班组。

总之，为了搞好企业最基本的劳动组织，同时加强内部协作，必须将生产班组组织得合理，人员配备得当，并建立明确的分工负责制，要各司其职、各负其责，并选好班组长。

6.1.3.2 班组的分类

建筑企业的班组一般分为施工生产班组和非施工生产班组两大类。

1. 施工生产班组

它是作业班或施工小组的统称，是承担施工任务的基本单位，有相应的劳动手段和劳动对象。通常按以下三种形式组成。

1) 生产工艺专业化设置，即把同工艺设备或同工种工人进行编组。如木工、电焊工班组。

2) 按生产对象专业化设置，即根据生产某种产品或零件的需要，集中各种生产设备和不同工种的工人，对相同的劳动对象进行不同工艺的加工。如模板组、起重机组、脚手架班组等。

3) 混合设置，根据企业生产需要和有利于管理出发，采取按施工工艺和施工对象专业化两种原则相结合进行混合编组。如扩桩、防水施工班组等。这种形式多见于专业施工企业。

2. 非施工生产班组

它是指为一线施工生产服务而建立的班组，它不直接从事生产作业，通常也分为三种。

1）生产辅助班组，是为一线施工班组服务，承担辅助工作的班组。大多是承担原材料和能源供应、设备维修保养、物资运输任务的班组。如采购、装卸、运输班组等。

2）后勤服务班组，是担负后勤服务、公共福利工作的班组。如食堂、卫生所、保安、住宿等班组。

3）职能管理班组，是由企业的职能管理部门或车间管理岗位上的各类管理人员所组成的班组。主要承担生产调度、计划统计、人力资源管理、成本核算、安全环保、科研设计、工艺技术、宣传教育等专业管理工作。这些班组既要做专业管理工作，又要做班组管理工作。如生产部门的计划组、经营部门的销售组、技术部门的工艺组、供应部门的材料组、环保部门的环境监测组以及车间的调度组、设备组等。

6.1.4 班组在企业中的作用

1）根据企业施工的部署和要求，班组直接指导和约束其成员的行动，衔接上下道工序，协调工种之间的关系，使个人与企业施工的全局保持均衡。

2）班组作为企业最基本的施工单元，要负责班组内的施工安排、进度计划、劳力调配、施工质量、施工工艺、设备保养、工具使用等各项生产工作，使企业的生产经营活动有可靠的落脚点。

3）班组作为企业经济活动的基础组织，负责对班组成员进行生产、工作考核，汇总原始记录，为企业的统计核算提供支持，使企业能及时掌握施工生产情况，为下一步工作做好安排。

4）班组作为企业最基层的行政单位，应负责落实企业的各项管理要求和规章制度、宣传党的政策、进行思想政治工作，使企业管理有坚实的思想基础。

5）班组也是现场安全管理最直接的参与者，班组施工生产所处的工作环境、工作对象、工作设备都是安全隐患存在、安全事故发生的发源地。班组安全管理是最直接的安全管理，也是产生效果最快的安全管理。

总之，班组范围小，管理面向个人，班组管理直接、密切，是企业其他任何组织所不能代替的，在企业安全管理中处于十分重要的地位。

6.1.5 班组安全建设

6.1.5.1 班组安全建设的重要性

所谓班组安全建设，是指企业通过一定的组织形式和活动形式，依靠班组的自身建设，全面提高班组安全技术素质，增强个人和集体防护能力的各项工作，班组安全建设是企业的一项基础性建设。

班组是施工企业的最基层组织，"上边千条线、下面一根针"，企业的一切施工活动都要通过班组来实现，班组是加强企业安全管理的基础。有关统计数据显示，90％以上的建筑业安全事故发生在班组，80％以上安全事故的直接原因是班组违章、对隐患没有及时发现或消除造成的，因此班组是搞好安全生产的基础和重点，这一点往往被有关专业人员所忽视。

6.1.5.2 班组安全管理的特点

班组是企业安全管理组织的基本形式。它是以建造建筑物、构筑物为目的的组织，其一切活动都是企业生产经营活动的一个部分。班组的这种地位和作用，决定了它在安全管理上具有如下特点：

1）范围小、人员少，不容易形成安全死角；生产比较单一、工艺比较相近，操作人员在技术、操作以及在安全生产上有较多的共同语言。

2）班组人员在施工生产过程经常会遇到安全问题，问题的绝大多数需要靠自己动脑筋解决。这种自己管理自己安全的行为，有利于提高班组人员的安全意识和安全素质。

3）班组开展安全活动，召集容易、时间短、次数多，而且面对现实、针对性强、印象深刻，这有利于唤起施工人员的注意力，有利于迅速解决问题。

6.1.5.3 班组建设的基本思路

一般来说，班组可以分为生产性班组和非生产性班组两大类。作为班组长，应根据本班组的实际特点，结合上级部门的要求，制定切实可行的规则。

1. 生产性班组的建设思路

1）要组织好劳动者。

2）要懂技术，会管理。作为班组长，懂技术才能"服众"，会管理才能"治众"。

3）要认真执行职业道德规范。

4）要组织进行技术革新和技术开发。班组是企业生产的前沿，只有班组才最懂得企业生产的"瓶颈"问题，就像售货员比经理更懂得顾客一样。

2. 非生产性班组的建设思路

1）树立经营观念和效益观念。

2）实行有一定风险的经济责任制。

3）学习和应用现代化的管理方法。

4）提高班组人员的智力素质，增加技术含量。

总之，不管是生产性班组还是非生产性班组，都必须配套抓好三个方面的建设：一是思想建设，即提高员工的思想素质；二是组织建设，选配好班组长和班组骨干；三是业务建设，搞好业务培训。

6.1.5.4 班组安全建设的基本要求

班组安全建设是班组建设的重要组成部分，班组安全管理做得好，也有助于生产管理、设备管理、现场管理等。为了加强班组安全建设，班组应该做到：

1. 要有一个敢抓善管、技术过硬、重视安全的班组领导核心

班组长担负着对班组的日常生产和行政工作进行统一指挥、统一安排的重任，是安全生产的基层组织者和责任人。因此，班组长不但要具有一定的组织领导能力，思想觉悟高，责任心强，能关心、团结同志，而且还要有过硬的技能、强烈的安全意识和完善的施工生产职业健康知识。班组长要牢固树立"安全第一，预防为主"的指导思想，带领班组全体员工以实现"安全、优质、低耗、高效益"为目标，努力完成和超额完成生产任务。

班组安全员和工会小组劳动保护检查员是搞好班组安全工作的骨干力量，他们负有协助班组长做好安全管理和进行安全监督的重要责任，因此必须由能忠于职守、坚持原则、

密切联系群众、热心劳动保护工作，并具有一定安全生产和职业健康知识的人员担任。

班组安全员和工会小组劳动保护检查员在班组的生产活动中，要充分发挥发现隐患、报告险情、制止违章等方面的"哨兵"和"报警"作用，协助班组长做好班组安全管理工作，开展群众性的"查隐患、堵漏洞、保安全"的活动。此外，他们还要协助班组长做好员工的思想政治工作，防止人的不安全行为或因情绪波动、精力分散造成操作失误而导致安全事故的发生。

2. 安全生产要有一个明确的奋斗目标

有目标才有方向，班组应有自己实现安全生产的明确目标。班组长在任职期间要实行目标责任制。在确立工作目标时，要有安全生产的内容，并按"生产无隐患、个人无违章、班组无事故"的要求，结合班组的具体情况，制定出实现"安全合格班组"标准的具体办法，深入开展创"安全合格班组"等群众性活动。

3. 要有一套完善的安全管理制度

制度既是实践的科学总结，又是统一行动的准绳。建立和完善与安全生产密切相关的各项管理制度，按照符合安全生产的科学规律进行生产活动，这是搞好班组安全建设的重要保证。

1) 建立健全安全生产责任制度。班组每个员工都要在各自职责范围内明确安全生产要求，推行安全操作责任制和安全联保制度。

2) 建立巡回检查制度。员工要在自己岗位的管辖范围内，使用安全检查表对生产设备各系统或单位进行定时、定点、定路线、定项目地巡回检查，以便及时发现异常情况，采取措施消除隐患、排除故障，防止安全事故的发生。

3) 建立严格的交接班制度。交接班人员必须面对面将生产、安全等情况交接清楚，切实把施工现场安全环境、施工用材料的操作方法、使用中的注意事项、腐蚀和有毒材料的防护、施工工具的使用、设备运转情况、工艺指标、异常现象及处理结果、存在问题、处理意见，以及生产的原始记录、领导的生产指示、岗位的施工、维修工具等，都一一交接清楚。做到不清楚就不交班、不接班，防止因交接班不清楚危及施工安全。

4) 建立安全技术岗位练兵制度。开展岗位技术练兵，是实现安全生产的重要手段。一方面要通过技术练兵，使员工熟练地掌握正常生产的操作技能，防止因误操作而引起安全事故。另一方面又要针对发生安全事故或发生异常情况时所应采取的紧急处理措施，进行安全事故应急的模拟训练，努力提高员工的安全技术水平和对安全事故发生的应变处理能力。

5) 健全设备维护保养制度。设备安全、正常运转，是生产安全的物质基础，必须健全设备的维护保养制度，并严格执行。设备的大修、中修由相关管理部门制订计划及实施，班组要协助设备管理部门把设备的运转时数正确统计，并向管理人员提供运行情况和检修意见。对设备的小修及日常维护保养工作，班组要定出制度，确保设备完好，防止因设备的突发性故障而诱发事故，对设备的安全附件及防护装置要正确使用，精心保养，做到安全附件及防护装置与主机同时进行维修，同时投入运转，充分发挥这些设施的安全防护作用，确保机械设备的安全运行。

6) 严格遵守劳动保护用品的使用制度。劳动保护用品是保护职工安全健康的辅助手段，班组要组织员工正确穿戴劳动保护用品。劳动保护用品穿戴不齐全、不正确的不得上岗。

建立健全各项安全管理制度，必须与班组经济责任制结合起来。要把上述各项与安全生产密切相关的管理制度纳入班组经济责任制中，保证这些制度的贯彻落实。

4. 努力实现施工作业规范化，开展班组作业标准化活动

人的失误和操作不标准是导致事故发生的重要原因。施工过程实行规范化、标准化作业，是保证员工按科学规律进行生产活动的有效措施。因此，各岗位都要有完善的、符合施工实际的安全生产操作规程、设备检修保养规程和安全技术规程。施工单位应下达工程质量标准，要求员工掌握和严格遵守，做到人人按标准干活，防止因错误操作引发安全事故以及因应急措施不当而导致事故损失扩大。

安全生产管理是企业管理的一项重要内容。企业效益从安全管理抓起，安全管理从班组抓起。班组施工实现标准化、规范化作业是加强企业安全管理的基础，是推进企业进步的重要措施。为此，要抓好施工现场标准化、生产管理标准化以及操作标准化等三大基本环节。现场标准化是基础，管理标准化是保证，操作标准化是核心，现场标准化和管理标准化要服务于操作标准化。要根据施工工艺特点，分别制定现场管线安装标准、防尘防毒设施标准、设备维修管理标准和操作程序标准。制定操作标准时要做到专人制定、工程技术人员审核、领导认定，并认真组织班组实施，进行检查考核。

5. 班组安全活动做到经常化、制度化

安全活动要贯穿于日常生产的全过程，班组应做到班前有安全情况预检和安全工作布置，班中有巡回检查和安全对策，班后有安全小结和评议。每周有安全活动日，每月有安全评比，年终总评有安全内容，要把安全生产与经济效益的业绩统一起来考核。

班组要依靠全体员工创造一个安全、文明的生产环境。要把安全活动与群众性的技术革新、提合理化建议等活动结合起来，发动员工为加强安全生产、改善劳动条件献计献策，并建立有关台账、登记备案，对成绩显著的有功人员，建议相关管理部门给予表彰奖励。

6. 要开展经常性的安全教育

要使安全工作由处理事故的被动状态转变为事前预测的主动防范，必须十分重视提高生产第一线员工的素质，使他们在思想上和技术上都能适应安全生产的要求，不具备基本安全知识和技能的人员不能上岗。为此，班组要配合有关部门做好员工的安全思想教育工作，提高员工遵章守纪的自觉性，使党和国家有关安全生产的方针、政策真正为员工所了解，成为员工在生产中的自觉行动。与此同时，要有针对性地开展班组安全技术培训并逐步实现全员培训，做到岗位操作正确、熟练，安全基本知识人人掌握，能熟练判别异常情况、及时排除安全生产故障。

要有计划地在班组中普及现代安全科学管理的基本知识，使大家懂得事故预测的基本方法，把安全生产的科学管理理念推广到员工的施工生产实践中去，使班组的安全管理由传统管理上升为科学管理。

6.1.5.5 班组安全管理标准

班组安全管理标准是企业安全管理水平的重要标志，是贯彻国家劳动保护方针、政策、法规和企业各项安全管理制度以及实现安全生产的重要保证。许多企业通过实行班组安全管理标准收到了良好的效果，有力地推动了企业安全管理工作的开展。

1）坚持"安全第一、预防为主"的方针，严格执行劳动保护法规和各项安全管理制度，当安全与生产或其他任务发生矛盾时，要把安全放在第一位。

2）明确班组长安全生产责任制并认真执行，坚持"五同时"，即班组长在计划、布置、检查、总结、评比生产的同时，计划、布置、检查、总结、评比安全工作。

3）设班组安全员并明确其职责，即积极协助班组长搞好安全生产，善于发现隐患，及时向有关部门报告，勇于制止违章作业。

4）全班组积极参加安全活动，做到不违章作业，坚决拒绝违章指挥。

5）新员工、人员变换工种、重新上岗人员和特种作业人员必须经过相关的安全教育。

6）班组安全例会或安全活动每周至少一次，会议记录填写真实清楚，并有检查考核制度。

7）经常检查施工作业用设备、设施和各种安全防护装置，保证正常运转和有效可靠。

8）工作场地整洁，构件、材料、设备及工具等码放整齐，定置管理。

9）发生伤亡事故或未遂事故，保护好现场，立即报告和抢救，按照"四不放过"（即事故原因未查清不放过，当事人和群众没有受到教育不放过，事故责任人未受到处理不放过，没有制定切实可行的预防措施不放过）的原则进行处理。

10）对经济承包的任务，承包内容中必须有具体的安全条款，并经企业安全管理部门审定签章。

11）班组长和安全员对本班组范围内的危险点清楚，班组成员对本岗位危险部位清楚，并有安全操作要求和可靠的防护措施。

12）劳动防护用品、用具应穿戴整齐，使用合理。

13）安全警示牌安放位置明显，内容与本班组作业条件相符。

14）安全管理制度文本齐全、适用。

15）积极应用现代安全管理方法。

6.1.5.6 班组安全管理制度

1. 安全学习和训练制度

1）新员工要进行班组安全教育。

2）每周要有不少于2h的集中安全学习时间，学习有关的安全法规、制度和文件。

3）班前要做安全动员，安全动员中的安全要求要有针对性，针对本班内的工作内容和对象提出具体的安全要求，并做好记录。

4）加强技术和业务的学习，学习有关的新技术、新方法以及新设备的性能和使用方法。

5）认真参加技术交底的培训，熟悉操作要领和安全要点。

2. 安全检查制度

1）作业前要对作业环境进行检查，确认无隐患才开始进行当班的作业。

2）要检查劳保用品的使用情况，包括劳保用品是否合格、是否按规定佩戴等内容。

3）作业中操作者之间要互相提醒、互相帮助，共同防止安全事故的发生。

4）在作业过程中班组长或领班要发挥好监督和协调作用。

5) 要做好工序交接的检查工作，不符合安全要求的不接受，不符合安全要求不向下一道工序移交，不留安全尾巴。

3. 班组安全总结制度

1) 班组长每天要对本班组的安全情况做记录，包括好的方面和差的方面。
2) 每周要对本周本班的安全情况进行总结和分析。
3) 班组间要开展安全学习和竞赛工作，互相学习、互相借鉴、取长补短。
4) 在进行奖金分配时要考虑安全因素。
5) 积极向上级有关管理人员反映现场的安全情况，配合做好现场的安全管理工作和事故隐患的整改工作。

对发现的安全隐患和发生的安全事故要认真进行分析、查找原因、制定对策，必要时请专业人员进行指导和帮助。

6.1.6 班组长的安全管理工作

6.1.6.1 班组长在安全管理中的地位和作用

1. 班组长的地位

班组长是企业安全管理层次中最基层的工作岗位负责人，对班组安全工作负第一位责任。人们常说，班组长是"兵头将尾"，这个比喻既形象又生动。

2. 班组长的作用

在安全管理工作中，班组长是连接广大员工和干部的纽带，起到承上启下的作用。其作用具体有两点。

1) 班组长是班组安全管理的领导者

班组是建筑企业安全管理的基本群体。不管班组由多少人组成，班组长都是班组安全管理的核心人物。如果没有班组长的核心作用，班组的安全管理将是一盘散沙，班组不可能形成统一、协调的有机整体，难以完成安全管理和文明生产的各项任务，难以保证生产任务的顺利完成。

要使班组长成为班组各项工作的核心人物，就必须发挥他们的组织领导作用，尤其要充分发挥他们在安全管理方面的组织领导作用，使全班组人员团结在班组长的周围，使班组在企业生产经营中发挥出各自的优势和效能，使班组实现长期安全生产。

要使班组长真正成为班组的当家人，除了班组长自身具备过硬的生产技术外，还必须善于组织指挥生产，有一套安全生产管理的丰富经验。班组长对班组成员要有强烈的吸引力，班组本身要具有向心力，班组建设要具有凝聚力。在这样的班组中，班组每一个成员都对班组长产生信任感，自己的言行能受班组行为规范的约束，服从班组长的指挥，这样的班组安全管理就能驶入正轨，安全生产工作就能搞好。

2) 班组长是班组安全管理的组织者

无论是常规的安全管理，还是安全科学管理，都必须从班组抓起。离开班组安全管理，企业的安全工作就是无源之水、无本之木。班组安全管理工作，要由班组长去组织、去落实，班组长是班组安全管理的组织者。

6.1.6.2 班组长应具备的素质

作为生产者,班组长必须掌握现代化的生产技术;作为安全管理者,班组长必须掌握现代化的管理方法。因此现代化施工企业的班组长应具有比较丰富的实践经验、比较全面的生产技能、掌握一定的企业安全管理基本知识,懂业务、会管理、善于协调衔接内外关系、有一定的组织指挥能力、较好的工作作风等。归纳起来,一个合格的班组长应具备以下基本素质。

1. 有认真负责的工作态度

班组长在安全管理工作中要时时、事事、处处想到员工安全健康,以严肃认真、高度负责的精神,妥善采取措施,保证安全施工。

2. 有比较丰富的实践经验和一定的生产操作技能

安全工作是同生产密切联系在一起的,有生产必定有安全工作,搞好安全才能促进生产。因此,班组长必须熟练掌握生产操作技能,在生产实践中能发现不安全因素,并能采取措施消除隐患、保证安全。

3. 有一定企业安全管理基本知识和组织能力

安全生产工作是企业安全管理的一个重要组成部分。一个企业安全管理先进、制度健全、纪律严明,安全就有了保证。反之,企业安全管理混乱、制度不健全、纪律松弛,安全事故必然频繁发生。所以班组长应懂得企业安全管理的基本知识,能参与有关部门制定或修改安全工作制度及安全技术操作规程,并能对制度的贯彻执行进行监督检查。

4. 懂得有关的专业知识

安全生产是劳动保护专业的重要内容之一。班组长应认真学习劳动保护的专业知识和基本方法,要熟悉劳动保护和安全生产的方针、政策以及法令、规章、制度、劳动保护监督规程等知识。

5. 要有团结和知人善任的能力

要能够了解和掌握班组每个人的技术水平和业务专长,知人所长,委以适当工作;能团结本班组的员工、同心同德、不断进取,努力完成班组的任务。

6. 要有沟通和疏导班组内外关系的能力

要能正确处理上级、本班组内部员工和班组之间的关系,协调、疏导好上下左右的联系,为班组创造一个良好的生产和工作环境。

7. 要有一定的分析、判断能力

要能抓住本班组的主要矛盾,能分析、判断并及时发现问题,提出解决问题或消除安全隐患的意见和办法。

6.1.6.3 班组长在安全管理中的职责

班组长在安全管理中的职责包括以下几个方面:

1) 贯彻执行企业和项目经理部对安全生产的指令和要求,全面负责本班组安全生产。
2) 组织员工学习并贯彻执行企业、项目经理部各项安全生产规章制度和安全技术操作规程,教育员工遵纪守法,制止违章行为。
3) 组织并参加班组安全活动日及其他安全活动,坚持班前讲安全、班中检查安全、班后总结安全。

4) 负责对新员工(包括实习、代培人员)进行岗位(班组级)安全教育。

5) 负责班组安全检查,发现不安全因素及时组织力量消除,并报告上级,做好详细记录,参加事故调查、分析,落实防范措施。

6) 搞好生产设备、安全装备、消防设施、防护器材和急救器具的检查维护工作,使其保持完好和正常运行状态。督促教育员工合理使用劳保用品、用具,正确使用灭火器材等。

7) 搞好班组安全生产竞赛,表彰先进,总结经验。

8) 抓好班组建设,提高班组管理水平。保持生产作业现场整洁、清洁,实现文明生产,并做好班组成员的思想政治工作。

6.1.6.4 班组长的权限

在班组日常管理中,班组长拥有八大权力:

1) 班组长具有指挥管理权。班组成员在现场必须服从班组长的管理和指挥。

2) 班组长具有劳动组织权。班组长有权对本班组的劳动力进行调配;有权改善劳动组织,实行优化组合;有权批准一定范围内的假期,安排顶班倒休;有权执行劳动纪律,维护生产正常秩序。

3) 班组长具有完善制度权。班组长制定贯彻落实制度的管理实施细则,落实各种工作制度和责任制度。

4) 班组长具有抵制违章权。班组长有权制止违章操作,拒绝违章指挥。

5) 班组长具有奖罚建议权。班组长有权奖罚工人,决定奖罚力度。

6) 班组长具有奖金分配权。根据班组成员落实安全工作要求的情况分配奖金。

7) 班组长具有举才推荐权。发现人才,举荐人才,推荐有能力的人员从事安全管理工作。

8) 班组长具有维护权益权。班组长有权维护班组员工的合法权益。

6.1.6.5 班组长安全管理的方法

1. 以身作则,做好表率

班组长能否以身作则,做好表率,直接影响到班组长安全职责的实现。因此,只有以身作则、身体力行,才能获得员工的支持,才能影响和带动员工共同搞好班组安全工作,从这个意义上讲,以身作则、做好表率是个重要的工作方法。班组长以身作则,就是要求别人做到的事,自己首先做到,要求别人不能干的事,自己首先不干。班组长做好表率,做到关心同志的安全想在前,安全思想工作做在前,遵守安全制度走在前,安全生产工作干在前。在抓安全生产时,做到嘴勤、耳勤、眼勤、手勤、腿勤,尽职尽责,热心为本组员工的安全和职业健康服务。

2. 要贯彻依靠群众的原则

安全生产工作是群众性的工作,要相信群众、依靠群众、发动群众,实行群防、群治、群管、群控,做到全员、全面、全过程、全方位的管理。如果只有班组长的积极性而没有群众的积极性,班组安全工作就搞不好。要把群众发动起来,首先要加强安全生产的宣传教育,只有使群众认识到安全生产的重要性,全组员工才会自觉地做好安全工作,安全事故才能得到防范。

3. 要贯彻法治的原则

当前大多数的建筑企业安全事故都是违章作业、违章指挥、违反劳动纪律等原因造成的。为了制止"三违"（违章指挥、违章作业、违反劳动纪律），杜绝安全事故的发生，光有一般号召不行，而应健全安全制度、安全规范，把控制人的行为和改善物、环境的本质安全纳入规范化、程序化、标准化的管理轨道上来。安全制度建立起来以后，就必须强制严格执行，并与经济责任制挂钩。这项工作做好了，必将把班组安全管理工作提高到一个新的水平。

4. 班组安全管理要"严"字当头

"严是爱，松是害，出了事故害几代。"班组要有严格的制度、严明的纪律、严肃的工作态度。只有"严"字当头，员工的安全意识才能逐步树立起来，违章现象才有可能消除，安全事故才有可能杜绝。严格管理不等于吹胡子瞪眼睛，要做到严而有格，耐心说服，要晓之以理，动之以情，而不能压服。多数员工是通情达理的，只要方法得当，工人肯定会乐于接受的。

5. 要奖惩兑现

奖励和处罚都是一种引导的办法。奖励是正面引导，处罚是告诫人们自觉地反对和制止不安全行为。班组长要敢于坚持原则，该奖的就奖，该罚的就罚，不要只罚不奖。一般说来，要以表扬奖励为主，不能认为处罚的人越多越好。正确的做法应该是处罚面小，教育面大，抓住典型，罚一儆百。

6. 实行民主管理

民主管理的实质是走群众路线，班组长要发动员工参加安全管理工作，行使当家作主的权力。对班组的安全工作要集思广益，广泛征求群众意见。如：班组安全生产目标和安全措施要交群众讨论；制定班组的安全生产制度、标准要交群众审议；安全评比考核等工作都要走群众路线，充分发扬民主，听取群众意见，调动全组员工安全生产工作的积极性。

7. 开展各种形式的安全竞赛

竞赛是一种鼓励争先创优的有力措施，是开展比学赶帮的良好形式。把竞赛形式运用到班组的安全管理工作中，就可以形成一个人人重视安全、个个关心安全的大好局面。因此，班组要根据自己的特点，开展各种形式的安全竞赛，如百日无事故竞赛，师徒安全对手赛，安全知识竞赛等。

8. 要号召党团员起模范带头作用

"火车跑得快，全靠车头带"，班组的党团员就是组里的火车头。因此，要求党团员不仅在生产上是模范，在安全生产上也要起表率作用，带头学习安全技术知识，带头遵守安全技术操作规程，带头搞好本岗位的安全文明生产，带头执行班组安全生产互保制，带头穿戴好个人劳动防护用品、用具。努力做到党团员身边无事故。

9. 要搞好与组员的团结工作

安全生产工作从某种意义上说，是关心人的工作。在生产过程中要做到互相关心、互相帮助，才能避免安全事故发生。对那些性格内向或孤僻的人，也应主动接近他、关心他、帮助他，以情感人，增强团结，共同做好安全管理工作。

6.1.7 企业职能部门对班组安全建设的指导

班组安全管理的实施离不开相关职能部门的领导，相关职能部门也应通过落实班组安全管理措施实现企业安全管理。在具体工作方面，企业各主要职能部门可分别从以下几个方面对班组安全建设实施指导。

6.1.7.1 生产计划部门

1) 将班组在安全方面的建议作为拟订企业安全技术措施计划的基础依据，把安全技术措施计划纳入企业生产作业计划，同时调度，同时考核，任务落实到班组，并对如何实施进行指导。

2) 在指导班组组织生产的同时，指导班组的安全建设工作。

3) 在班组经济承包中应将安全生产的要求列为重要条款。

4) 做好生产现场管理和文明施工的业务指导。

6.1.7.2 技术部门

1) 负责对班组进行安全技术培训。

2) 负责制定施工方案，并指导班组实施。

3) 负责制定安全措施，并指导班组实施。

6.1.7.3 设备动力部门

1) 负责对安全防护装置和专用设备、设施的使用、维护和更新改造的应知应会工作进行业务指导。

2) 负责对班组接收新安装、大修和改造后设备的试车工作进行业务指导。

3) 指导班组对本班组内的锅炉、压力容器、起重机械等特种设备的使用、维护和定期安全检查。

4) 指导班组接收企业自制设备的安全技术验收工作。

6.1.7.4 人力资源管理部门

1) 新员工进入企业必须通知安全管理部门并组织三级教育，指导班组长做好班组安全教育。

2) 指导班组做好变换工种和复工人员的接收和教育安排工作。

3) 指导班组长合理分配组员的工作和对禁忌症患者的调配和工作安排。

4) 指导班组长和班组安全员做好对来组临时工、实习工和外包工的安全教育。

6.1.7.5 物资部门

1) 提供物资储存、堆码的业务指导。

2) 对易燃、易爆等危险物品的运输、装卸、保管提供指导。

3) 定期检查危险物品的存放和保管情况。

4) 对有特殊要求的其他物资的管理提供指导。

6.1.7.6 消防、保安部门

1) 对班组的防火组织与贯彻防火制度进行业务指导。

2) 对在易燃易爆物品存放场所进行的动火作业进行技术指导和监督。

3) 指导班组成员学习防火知识、提高消防技能。

6.1.7.7 安全部门

1) 培训班组安全员和安全业务骨干。
2) 指导班组的日常安全工作。
3) 加强与班组对有关安全信息的沟通。

6.2 班组安全员聘任制度

6.2.1 班组安全员的选择

有关资料显示，建筑行业的伤亡事故约占整个非矿山企业伤亡事故的 1/3 以上，而生产第一线则是各类事故的主要发生地。构成建筑施工现场一线的操作工人绝大部分来源是农民，这个群体具有如下特点：

1) 多以血缘、地缘等关系集聚，靠亲友介绍或自找门路的占 93%，有组织或通过劳务市场介绍务工的仅占 7%，往往一个班组的各个成员都是由同村或有亲戚关系的人员组成，班组长是他们所尊重的人。
2) 就业多不稳定，流动性大；从业领域相对集中，主要从事建筑、采掘等条件艰苦行业。
3) 文化素质低于城市同龄劳动力，农民工以初中文化程度居多，占 81%。

由于建筑行业人员和煤炭、电力等行业人员有很大的不同，在选择班组安全员时，选择班组长作为兼职安全员，既抓生产又抓安全。班组长是一线施工的直接组织者，也是员工的直接管理者。他们的安全意识和安全管理技能对项目安全起着至关重要的作用。

6.2.2 班组安全员的职业道德

职业道德是人们在职业活动中形成的并应遵守的道德准则和行为规范，是一般社会道德在特定职业岗位上的具体化，是从业人员职业思想、职业技能、职业责任和职业纪律的综合反映。安全管理不仅要管理好设备的安全、环境的安全，更重要的是人身的安全。具有高尚的职业道德是对安全员的基本要求。因此，"爱岗敬业、诚实守信、办事公道、服务群众、奉献社会"的一般职业道德规范具体到安全员岗位就有其自身的表现。

1) 树立"安全第一、预防为主"的高度责任感，本着"对上级负责、对自己负责"的态度做好每一项工作，为抓好安全生产工作尽职尽责。
2) 严格遵守职业纪律，以身作则，带头遵章守纪。
3) 实事求是，作风严谨，不弄虚作假，不姑息任何事故隐患的存在。
4) 坚持原则，办事公正，讲究工作方法，严肃对待违章、违纪行为。
5) 按规定接受继续教育，充实、更新知识，提高执业能力。
6) 不允许他人以本人名义随意签字、盖章。

6.2.3 班组安全员的基本要求

班组是企业的最小组织单位,是加强企业管理的基础,是搞好安全生产的前沿阵地。班组安全管理是企业管理的一个重要组成部分,企业安全生产管理中的一系列技术措施、管理规定、操作规程,都要依靠班组安全员具体组织实施,企业的安全生产工作要靠各班组安全生产工作的正常化来保证。因此,班组安全员是企业安全生产工作的一线守卫者,班组安全员的工作直接影响企业安全生产工作的全局。安全员要履行职责和做好本职工作,细化到具体工作中,就是要做到"四勤"、"四会"、"五多"和"六要"。

1. "四勤"

脑勤,即要勤于学习。一要勤于学习国家关于安全生产的方针、政策、法律和规定,对安全生产法规做到烂熟于心,提高对安全生产重要性的认识,自觉增强做好班组安全生产工作的责任意识。二要勤于学习设备操作规程和施工工艺流程,丰富理论知识,强化操作技能,做到业务水平和实践经验高于班组员工。三要勤于学习安全生产应急预案,做到遇险不乱、处变不惊、应付自如,做班组员工安全生产工作的主心骨。

腿勤,即要勤于检查。班组安全员既是生产一线的劳动者,又是班组安全生产的责任者。不仅要完成个人岗位的工作任务,还要对班组安全生产工作进行督查。因此,腿要勤快,要在班组各岗位之间勤走动、勤检查装置是否安全、环境是否整洁、行为是否规范、劳动防护用品是否穿戴整齐、操作是否标准、作业有无麻痹凑合现象,岗位员工是否严格遵守劳动纪律,以便及时发现和消除事故隐患,及时制止和纠正各种违章现象。

嘴勤,即要勤于要求和提醒。安全员要有一张婆婆嘴,做到多提醒、多要求。要组织开好班前会,提醒当班员工的安全注意事项,讲解本班安全技术要领,进行安全技术交底,宣布安全应急预案;组织开好班后会,认真总结当班的劳动纪律和安全生产工作,对员工在安全工作中的表现进行讲评,对做得好的给予表扬和肯定,对存在的违章违规行为及时指出和纠正,对存在的隐患进行客观分析,并举一反三,以鼓励大家克服缺点、发扬优点、消除不安全因素。

手勤,即要勤于动手营造环境。一个人的安全素质是安全知识、安全行为、安全思想的综合体现。要使班组员工对各种安全规程、制度和国家有关安全生产的方针、政策、法规熟练掌握,使员工具备一定的安全素质,班组安全员就要勤于动手,通过制作黑板报、知识小卡片、标语牌以及张贴宣传画和组织召开安全故事会、举办安全知识小竞赛等活动,用安全知识培训教育职工,用安全目标口号引导和激励员工,用安全制度规定约束员工,用安全事故案例警示员工,营造一个良好的班组安全文化氛围,使员工自觉养成"我要安全"的良好习惯。

2. "四会"

1) 会学

班组安全员是生产一线安全监督工作的执行者,他们对上是智囊,对下是权威。因此必须有扎实的专业知识作支撑。显然,要当好安全员首先就要会学。

(1) 必须重点突出,方向明确,知道应该学什么。现代知识更新速度很快,而人的精力是有限的,因此必须在学习内容上有所取舍。为此应制订一个符合自己实际的学习计划，重点是对安全规程、安全管理知识的学习。要在学好本专业知识的基础上，拓宽知识领域，扩大知识面，提高自己的业务素质。

（2）要认真学习相关管理知识。基层安全员实际上承担着安全管理、监督、服务、指导等多重职责。因此必须学习企业管理知识，疏通管理环节，为公司管理提供建议，为安全生产打牢基础。

（3）要学习新技术、新知识。在技术飞速发展的今天，知识、技术更新得很快。作为一名安全员，要想较好地履行职责，仅仅精通本专业知识是不行的，还需要学习相关专业理论知识。

（4）要在做好自身学习的基础上，抓好班组的安全学习。提高全班组员工的安全意识，让员工明白哪些行为是违反规定的，哪些行为可能造成不可挽回的后果。同时教育员工的方式要推陈出新，形式要灵活，不断探索提高教育效果的方式。

2）会查

有种错误的观点，以为基层安全员的工作就是抓违章。其实基层安全员的工作还包括管理、监督、服务和指导等几个方面，其中，做好各种人员管理、制度建设、设备的前馈控制最为重要。

（1）要善于发现各管理流程中存在的问题，进行有针对性的改进，或者向领导提出合理化建议，进行相应调整，确保各管理流程更加流畅。

（2）要加强设备管理。设备有使用周期、疲劳期，因此必须掌握各种事故发生的规律，采取针对性措施。对发现的问题决不能漠然视之、因事就事，要善于总结，否则就只能停留在一般的个性掌握上。在安全事故巡查中要找出缺陷，要注意从个别到一般。对已经存在的缺陷不要点到为止，要及时对相关设备进行普查，要举一反三、确保安全。要熟练掌握所用设备的情况，对超标运行的设备要加强检查力度。

（3）善于抓苗头，抓首要环节，抓前馈控制。任何事物都有规律，安全也不例外。工作前查清各类危险源，要交代各种危险点，查明安全和技术措施是否落实。工作中要细心观察班组成员的思想动态，及时发现不安全因素，耐心进行安全思想教育，消除麻痹思想。要留心安全新技术、新产品，通过学习提高员工的安全技能。从多年的统计分析发现，80%的安全事故总出现在20%的员工身上，因此加强对这些员工的安全管理尤为重要。要建立事故危险点档案，对工作中的各种危险事故、多发事故，要善于总结、控制。

3）会说

（1）对违章现象要会说、会制止。对存在的问题、违反的规定首先要说到点子上，说到危害性上，让违反规定的员工真正有所觉悟。

（2）不要一概采取大而全的空话和大道理，要因人而异，因事而异。不是要绷起脸来训斥，而是要婆婆嘴，耐心说教。对重点人员要经常提醒、重点防范，对一般人员要善于观察、防范。上岗前的提醒，有时候要比当场训斥要好得多。

（3）对管理中存在的问题要会说。安全员要发挥好参谋和服务作用，要针对安全管理环节中存在的问题提出整改意见和建议。

4）会抓

安全员要对生产和安全管理的全过程进行监督，包括安全制度的建立、各种安全规定的执行。

（1）要抓各种制度建设。安全工作防范大于监督，要想做好安全工作，建立健全各种安全规定也是班组安全管理的重中之重。要建立和完善《班组行为规范》《现场工作规程》等安全规章制度，规范生产过程中的管理行为、作业行为。要加强对"工作票"、"操作票"的管理，制定细则，统一标准。要坚持召开班前会、班后会，不断总结经验教训。通过严格落实规章制度的实施，减少"三违"（违章作业、违章操作、违反劳动纪律）、"两误"（错误指挥、错误操作）事故的发生。

（2）要培养员工遵章守纪的良好习惯，帮助老员工养成安全的习惯性思维，重点纠正其习惯性违章；对新员工要重点提高他们的安全意识，养成遵章守纪守制的习惯。

（3）要妥善处理好工程进度和安全的关系。在具体的工作中，出现赶进度的现象时，安全员要紧紧把牢第一关，盯紧关键环节，确保不发生事故。

（4）要创新安全管理的模式。安全生产指的是结果，围绕这一结果，要大胆探索安全管理的各种模式，创新管理理念，使安全生产过程尽善尽美。如探索新老员工不同的分类教育方式，确保学习效果落到实处，组织员工收看各种安全警示片、举办安全知识沙龙、定期组织员工对公司的安全生产提供好的意见和建议等。

3."五多"

多动手。班组安全员不仅要当好指挥员，更要当好战斗员，要勤于动手，协助班组员工开展设备维护和保养、技术革新和攻关、隐患整改和治理、岗位练兵等工作。

多动口。班组安全员要当好宣传员，利用不同的形式及时向员工传达上级对安全生产工作的重要部署和具体要求，宣传安全生产法律法规和企业规章制度，宣传安全生产形势，宣传安全生产工作的重要性和紧迫性，提高班组员工对安全生产重要性的认识。安全员还要当好辅导员，利用班组小课堂等形式向员工传授安全生产理论和实践知识，利用班前会对安全操作规程、技术要领和应急预案进行讲解，利用班后会对当班员工的安全工作情况进行总结，肯定成绩，指出问题，鼓励先进者，鞭策落后者，推动全班组员工共同进步。

多动眼。班组安全员要勤于观察，培养自己的洞察力，及时发现员工中不稳定的思想情绪，有针对性地做好思想政治工作，不因员工情绪不稳而带来不安全因素；及时发现生产过程中的不安全行为，加以纠正；及时发现设备运行中的安全隐患，在第一时间内加以排除。

多动腿。班组安全员不能当"脱产干部"，坐在办公室内遥控指挥抓安全，而要多动腿走动，深入生产现场、操作岗位和班组员工当中，勤检查，勤沟通，多指导，多帮助，和班组员工打成一片，掌握班组安全工作的真实情况，培养与员工共同抓好班组安全工作的感情。

多动笔。班组安全员要养成勤记工作笔记的习惯，对上级安排的工作和自己想到的下一步要做的事情要记录下来，就不会造成工作遗漏和差错；把日常工作和学习中的点滴体会记录下来，利用工余时间反复看看，就能铭刻在心，为今后的工作提供借鉴。有总结才会有提高。只有养成勤于动笔的习惯，不断总结和积累经验，才能不断提高自己的工作能力和班组安全管理水平。

4."六要"

要出以公心。班组安全员要从企业的根本利益出发，坚持对企业和员工负责的一致性。要着眼于帮助班组改进安全管理工作，解决安全问题，与人为善，满腔热情，不能只提问题而没有跟踪，要及时反馈处理结果，做到善始善终。

要服务大局。班组安全员要选择具有普遍意义的事例，抓典型、抓员工关注、领导重视、事关大局的问题，有的放矢。要精心处理安全与改革、发展与稳定的关系，做到安全监督"要帮忙，不添乱"。

要事实准确。班组安全员要深入调查研究，多方听取意见，充分掌握材料，把事实弄确凿，防止断章取义，以偏概全，夸大事实。要让事实说话，让当事人自己说话，请主管领导部门和负责人作结论。

要以理服人。班组安全员要以事实为依据，以党和国家有关安全生产的政策、法律为准绳，合情合理，客观公正，让人心悦诚服，切忌居高临下，盛气凌人，不能图一时痛快，感情用事。要充分考虑实际情况的复杂性，设身处地深入分析，善于听取不同意见，防止主观武断，强加于人。

要把好尺度。班组安全员要坚持以团结、稳定、鼓劲、正面教育为主，既要有质的把握，又要有量的把握。要掌握好数量和时机，把握好力度和密度，不能把个别现象的局部问题夸大为普遍和整体。点名批评时尤其要慎重。

要遵守纪律。班组安全员要遵守安全职业道德，涉及亲朋好友要回避，不能以"安全处罚"威胁员工或敲诈勒索。

6.2.4 班组安全员的权利和义务

6.2.4.1 班组安全员的权利

1）安全管理。班组安全员作为企业最基层的安全管理人员，有权利对班组成员的安全进行管理。

2）教育培训。班组安全员有权利参加企业的安全教育培训。

3）岗位津贴。班组安全员有权利获得安全管理工作的补贴。

6.2.4.2 班组安全员的义务

1）安全管理。班组安全员作为企业最基层的安全管理人员，有义务对班组成员的安全进行管理。

2）班前活动。班组安全员有义务组织班组的安全活动。

3）教育培训。班组安全员有义务对班组成员进行安全教育培训。

4）安全考核记录。班组安全员有义务对班组成员的安全行为进行考核与记录。

6.2.5 班组安全员的责任

6.2.5.1 总体要求

1）班组安全员是本班组安全生产的监督员，全面负责对本班组安全生产的监督管理工作。

2）组织班组人员开展各项安全生产活动和学习安全技术操作规程，监督本组人员正确使用个人劳动防护用品和安全设施、设备，不断提高班组人员安全自保能力。

3) 监督本班组安全技术交底和班前安全教育工作，及时制止本班组人员的现场吸烟行为。

4) 对本班组施工场所进行全方位、全过程(上班前、施工中、下班后)安全监督检查，及时纠正不安全行为，制止违章动火、违章作业和违章指挥。

5) 遇突发紧急情况，立即报告上级领导，并协助班组长指挥施工人员及时撤离到安全区域。

6) 发生因工伤亡及未遂事故，立即上报上级领导，并保护事故现场，积极参加抢险。

6.2.5.2 班组安全活动

1) 打破由班组长做安全活动主持人的模式，由每个小组轮流负责组织一个月的安全活动，让班组成员每人主持一次安全活动，让其结合主题，融入自己的风格。

2) 安全活动内容要更新，要联系生产现场实际工作有针对性地进行安全思想教育。

3) 改变一贯由班组成员轮流发言的活动形式，采用访谈录、读后感等喜闻乐见的形式，使每个成员在轻松愉快的气氛中受到教育。

4) 要建立好班组安全台账，安全日活动内容、安全管理原始记录卡片、台账记录等要认真详细，不得更改。

5) 要认真贯彻实施《安全管理规范》，坚持布置工作前讲安全、工作中讲安全、工作后总结安全。

6) 要努力使班组安全工作规范化，实际操作程序化，以及安全设施、安全标志、施工器具管理、安全用语、防护用品使用和保管标准化。

6.2.5.3 营造班组安全文化和谐氛围

1) 要与班组成员多交谈，做到对班组成员的思想情绪心中有数。如果作业现场发生异常情况，可进行现场安全教育。

2) 对班组违章人员进行批评教育，态度要诚恳，要让班组成员从内心感觉到对他的严厉是为他生命安全与健康负责。

3) 要针对班组在实际生产工作中遇到的安全问题组织学习和讨论，努力营造人人爱学习、个个讲安全的良好氛围。

6.2.5.4 落实班组安全检查工作

1) 工作前检查个人防护用品是否合格，工作中监督防护用品是否正确使用。协助班长制定班组安全学习目标和计划。定期对班组成员进行安全思想教育，及时学习上级下发的安全文件和《事故通报》。

2) 工作前召开班组安全会议，做好安全事故预想和危险点预控分析。

3) 发现班组成员工作过程中的违章作业和违章指挥行为，必须及时制止或纠正。

4) 现场工作时要严格把关，检查到位，要加强监护并及时提醒作业人员注意安全事项。

5) 经常检查本班组所管辖的设备以及现场设施的安全状况，要善于发现各类安全事故隐患，并协助班组长及时采取保障安全的防范措施。

6) 检查班组安全活动中提出的要求及措施完成情况，以及遗留的问题是否能及时解决。

6.2.5.5 班组安全培训工作

1) 运用不同的安全培训形式，把安全教育和安全技术培训相结合，以提高班组成员的群体保护和自我保护意识。

2) 对班组成员进行情感教育，使班组成员明白自己的安全与家人的幸福密切相关。用实际行动去落实安全措施，保障自己在工作中不发生人身和设备事故。

3) 组织班组成员参加反事故演习，观看安全事故案例汇编和幻灯片、宣传画，提高班组成员分析、判断、处理安全事故的能力，同时从中吸取教训，做到警钟长鸣、防患于未然。

6.2.5.6 班前安全活动

抓好班前安全活动是一个既省时又有效的好形式，也是加强班组安全建设、群众自我教育的好方法。

班前安全活动就是在每天上班开始作业前由班组长对当天作业内容，有针对性地提出安全注意事项，检查劳动防护用品佩戴、使用情况，从而使得全班组成员在作业时达到不伤害自己、不伤害他人、不被他人伤害的目的。

具体来说，班组长利用每天上班作业前的十几分钟时间，对班组成员围绕以下 5 个方面进行经常的、反复的、简单明了的、结合作业任务所需要的安全教育。

1) 本班组作业特点及安全操作规程。

2) 班组安全纪律。

3) 爱护和正确使用安全防护设施及个人劳动防护用品。

4) 本岗位易发生事故的不安全因素及防范对策。

5) 岗位的作业环境与使用的机械设备、工具的安全要求，以及突发意外事故的防范。

通过班前安全教育活动使班组每个成员都了解、掌握本工种的安全操作规程，从而自控能力增强，做到安全责任落实到实处，能及时制止违规、违章、违纪现象的发生，加快班组安全标准化进程，逐步做到作业程序、生产操作标准化，安全用语、安全标志标准化、个人劳动防护标准化。

总之，班组长通过经常性的班前安全活动，能及时消除安全事故隐患，克服存在于整个操作过程中的不安全因素，可大大降低安全事故发生的频率。

6.2.6 班组安全员教育培训的内容

对班组安全员(班组长)的安全培训，应包括以下内容：

1) 要教育安全员(班组长)牢固树立"安全第一、预防为主"方针，提高安全管理水平，正确处理好安全与进度的关系，并学会做好安全生产的工作方法。

2) 要定期对班组长进行安全法规和安全技能教育，不但要使他们懂得本工种的安全技术操作规程，而且要了解建筑施工现场的安全生产知识，如施工现场的"一标三规范"、安全生产的六大纪律、十项安全技术措施和"十个不准"等。

施工现场的"一标三规范"包括：

(1)《建筑施工安全检查标准》(JGJ 59—1999)；

(2)《建筑施工高处作业安全技术规范》(JGJ 80—1991);

(3)《龙门架及井架物料提升机安全技术规范》(JGJ 88—2010);

(4)《施工现场临时用电安全技术规范》(JGJ 46—2005)。

安全生产的六大纪律包括:

(1) 进入施工现场必须戴好安全帽、系好帽带,并正确使用个人劳动保护用品;

(2) 3m 以上的高空悬空作业,无安全设施的必须戴好安全帽、系好保险带;

(3) 高空作业,不准往下或向上乱抛材料和工具等物件;

(4) 各种电动机械设备,必须有可靠有效的安全措施和防护装置,否则不能开动或使用;

(5) 不懂电气和机械的人员严禁使用机电设备,严禁玩弄机电设备;

(6) 吊装区域非操作人员严禁入内,吊装机械必须完好,把杆及吊物下方不准站人。

十项安全技术措施包括:

(1) 按规定使用安全"三宝";

(2) 机械设备防护装置一定要齐全有效;

(3) 塔吊等起重设备必须有限位保险装置,不准带"病"运转、不准超负荷作业,不准在运转中维修保养;

(4) 架设电线线路必须符合当地电业部门规定,电气设备必须全部接零接地;

(5) 电动机械和手持电动工具要设置漏电跳闸装置;

(6) 脚手架材料及脚手架的搭设必须符合规程要求;

(7) 各种缆风绳及其装置必须符合规定要求;

(8) 在建工程楼梯口、电梯口、预留洞口、通道口等,必须用栏杆或盖板加以防护;

(9) 严禁赤脚或穿高跟鞋、拖鞋进入施工现场,高空作业不准穿硬底和带钉易滑的鞋靴;

(10) 施工现场的悬崖、陡坡等危险地区,应设警戒标志,夜间要设红灯示警。

"十个不准"包括:

(1) 不戴安全帽,不准进现场;

(2) 酒后和带小孩不准进现场;

(3) 井架等垂直运输不准乘人;

(4) 不准穿拖鞋、高跟鞋及硬底鞋上班;

(5) 模板及易腐材料不准作脚手板使用;作业时不准打闹;

(6) 电源开关不能一闸多用;未经培训的员工不准操作机械;

(7) 无防护措施不准高空作业;

(8) 吊装设备未经检查(或试吊)不准吊装;吊物下不准站人;

(9) 木工场地和防火禁区不准吸烟;

(10) 施工现场各种材料应分类堆放整齐,做到文明施工。

3) 要加强班组安全员之间的经验交流。定期举行班组安全员之间的经验交流会,这是一个很好的教育培训形式,班组安全员之间可以把自己平时积累的安全管理经验进行交流,取长补短,从而使整个项目的安全管理更上一层楼。

6.2.7 班组安全员的考核与奖罚

6.2.7.1 安全激励机制

激励是行为的推动力，激励的目的是对那些安全工作做得好的人进行表扬和奖励，对有"三违"行为、安全工作做得不好的人进行及时纠正、批评教育和处罚。做到奖要奖得眼红，罚要罚得心疼，真正体现出激励机制的作用。

实施激励机制必须建立在班组安全建设的目标上。各班组应根据自身的工作性质，制定班组安全生产的奋斗目标，提出不同时期、不同项目的防范重点和措施，项目经理部与班组应以合同的形式明确各方的责任，从而促使班组安全建设的健康发展。

6.2.7.2 班组安全员的考核奖罚

依据《班组安全员聘用管理办法》、《班组安全员安全生产责任书》(见本章附录1、附录2)等对班组安全员的考核应每周一次，月末汇总。考核标准共分十大项，如"本班组人员现场均无吸烟；正确佩戴安全帽和标志"等，并相应制定了扣分标准。确定给班组安全员每月增发一定基数的岗位津贴，该项费用计入现场安全费用，由总包项目经理部和劳务(专业)队共同负担。津贴发放与考核挂钩。

6.2.7.3 班组的考核奖罚

可定期(按月或按季度)对生产班组进行安全考核(见附录3)，对于安全生产工作表现优异的班组和个人进行奖励。按年或月评定一定数量的安全班组奖、安全个人奖，这样做有利于增强班组各成员的集体荣誉感，增强班组的安全氛围。为了很好地发挥安全考核的作用，可建立班组安全考核栏制度。

班组安全考核栏分为两种：一种是对班组内全体人员的安全考核，该栏一般固定在班组宿舍内，由班组安全员负责考核。另一种是对项目全部班组的考核，该栏一般固定在宿舍区的公共部分，由项目安全管理人员负责考核。

班组安全考核栏全年12个月按月填写各班组或个人的安全生产情况，其中"三违"次数、事故损失、处分决定等均须一一填写清楚。无"三违"行为和事故者，插上红旗。全班组的安全情况一目了然。安全考核栏下面附有明确的奖罚规定，安全生产好的个人或班组，发给安全月奖、年奖、检查奖；否则，视其情节轻重予以扣发奖金、罚款、记过等处分。

6.2.8 班组安全员聘任制的总结

选择班组长作为兼职安全员，既抓生产又抓安全。这样做具有以下优点：

1) 便于管理。由于企业安全管理人员有限，项目安全管理人员可以在班组长的协助下对项目安全进行更为有效的管理，减少了管理的跨度，班组长成了项目安全管理人员非常有用的左右手。

2) 管理效果更好。由于项目的班组成员具有很强的地域性，班组成员大多数都是班组长联系的，他们对班组长比较信服，班组长能够更为直接地对班组安全进行管理，效果更为明显。

3) 有利于控制安全投入。虽然班组长兼职安全员从表面上看直接地增加了企业的安全费用投入，却间接减少了项目的专职安全员人员的投入。按一个班组长每月岗位津贴100元、每个安全员月工资2000元计算，一个专职安全员的投入相当于分摊了20个班组长兼职安全员的投入。

4）启用了安全奖罚机制。各班组根据自身的工作性质，制定班组安全生产的奋斗目标，提出不同时期、不同工作的防范重点和措施。安全工作做得好的予以奖励，做得不好的予以处罚，真正体现出激励机制的作用。有激励就有动力，就能使班组成员积极主动地去努力实现安全目标。

6.3 班组安全教育培训

6.3.1 班组安全教育的目的

安全教育是使企业员工逐步适应工作环境的一种重要手段，也是适应当今经济、技术迅速发展和现代化管理的需要。不仅对企业新进的员工，而且对企业的所有员工都需要进行经常的、多种形式的教育。

在现代化施工进程中，随着新技术、新能源和新材料的不断推广应用，加之各种高难度、高风险的操作，生产中防止各种安全事故灾害损失的技术难度也相应增大，一旦遇到重大安全事故，不仅会导致企业的巨大损失，而且可能涉及社会，导致社会性灾难。因此，安全教育在安全管理中占有极其重要的地位和作用，它是企业增加安全意识和操作人员确立安全观念，认识新危险，提高安全操作技能，从而适应工作环境的重要途径。

安全教育的目的是：提高安全意识，端正安全态度和动机，掌握安全操作"应知应会"技能，消除不安全行为，确保员工的安全和健康，保证施工生产的正常进行。

6.3.2 班组安全教育的种类

班组安全教育根据教育对象和内容分为新进人员教育、调换工种人员教育、全员安全教育、复工教育、"四新"教育、特种作业人员教育等。班组安全教育由班组长或班组安全员进行。教育过程应进行登记记录。

1）新进人员和调换工种人员教育，是指对新调入班组的员工（包括学徒工、临时工、合同工、代培人员、实习生）和调换工种的员工进行的安全教育。

2）全员安全教育，是指对各班组成员进行统一安全教育。为使全体员工牢固树立"安全第一"的思想，不断提高安全意识和操作技能，除企业每年应进行1次全员安全教育和考试外，班组每年至少应进行2次全员安全教育。

3）复工教育，是指对因工伤假、病假、产假、学习、借调到外单位工作等情况，离开生产岗位3个月以上的员工进行的重新上岗前的教育。复工教育应结合班组情况进行安全生产思想教育，并进行登记记录。

4）"四新"教育，是指试制新产品和采用新工艺、新设备、新材料等，或当生产条件发生变更时对操作人员进行的安全教育。当"四新"情况发生时，必须制定新的安全技术操作规程，并对操作人员进行安全技术教育后方能开始生产。

5) 特种作业人员教育，是指对特种作业人员进行的安全教育。建筑工程施工现场特种作业人员包括：建筑电工、架子工（普通脚手架、附着升降脚手架）、塔式起重机司机、起重机械信号工、起重机械司机（施工升降机、物料提升机）、起重机械安装拆卸工（塔式起重机、施工升降机、物料提升机）、高处作业吊篮安装拆卸工、焊工（电焊、气焊、切割）、起重机械安装质量检测工（塔式起重机、施工升降机）、桩机操作工、混凝土泵操作工、施工现场内机动车司机（仅指没有取得公安部门颁发的相关机动车型驾驶证的人员）等。特种作业人员除按国家有关规定进行安全技术培训、复训外，班组还应加强对他们的日常教育，并对他们的培训和复训情况进行登记。

6.3.3 班组安全教育的基本内容

班组安全教育的内容包括安全生产、劳动保护方针政策教育，安全技术知识教育，典型经验和事故教训教育等。

1) 安全生产劳动保护方针政策教育，是对广大员工进行党和政府有关安全生产劳动保护的方针、政策、法令、法规、制度的宣传教育，通过教育提高政策水平和法制观念。

2) 安全技术知识教育，包括生产技术知识、一般安全技术知识和专业安全技术知识教育。

生产技术知识的主要内容是：班组的基本生产概况，生产技术规程，作业方法或工艺流程，与生产技术过程和作业方法相适应的各种机械设备的性能和有关知识，员工在生产中积累的生产操作技能和经验，以及产品的构造、性能、质量和规格等。

一般安全技术知识主要包括：班组内危险设备和区域，安全防护基本知识和注意事项，有关防火、防爆、防尘、防毒等方面的基本知识，个人防护用品性能和正确使用方法，本岗位各种工具、器具以及安全防护装置的作用、性能和使用、维护、保养方法等有关知识。

专业安全技术知识教育，是指对某一工种的员工进行必须具备的专业安全知识教育。它包括安全技术、职业健康技术方面的内容和专业安全技术操作规程。专业安全技术知识教育的内容主要有锅炉、压力容器、起重机械、电气、焊接、车辆驾驶等方面的有关安全技术知识。职业健康技术教育主要有电磁辐射防护、噪声控制、防尘、防毒以及防暑降温等方面的内容。

3) 典型经验教育是在安全生产教育中结合典型经验进行的教育，它具有榜样的作用，有影响力大、说服力强的特点。结合这些典型经验进行宣传教育，可以对照先进找差距，具有现实的指导意义。

在安全生产教育中结合施工现场内外典型安全事故教训进行教育，可以直观地看到由于安全事故给受害者本人造成的悲剧，给人民生命财产带来的损失，给国家带来的不良政治影响。使员工能从中吸取教训，举一反三，经常检查各自岗位上的安全事故隐患，熟悉本班组易发生安全事故的部位，以及有毒有害因素给人体带来的影响，从而采取措施避免各种安全事故的发生。此外，还可以有针对性地开展防范事故演习活动，以增强员工应对安全事故的能力。

6.3.4 班组安全教育的方法

班组安全教育可以通过组织学习、现场检查、交流切磋等多种形式进行，借助于多样化的表现方法和手段，可以达到强化教育效果，提高教育示范作用的目的。

1) 组织学习安全技术操作规程。结合事故案例，讲解违反安全技术操作规程会造成什么样的危害，采取什么措施才能做到安全，启发大家进行讨论。要防止说教式的照本宣科、枯燥无味的就事论事使学习流于形式。这种学习可由班组长、班组安全员、工会小组劳动保护检查员组织，也可由班组成员轮流组织。

2) 结合安全生产检查进行安全技术教育。根据日常安全检查中发现的问题，针对工人的生产岗位，讲解不安全因素的产生和发展，以及怎样做才能避免安全事故的形成和伤害。

3) 结合技术练兵组织岗位安全操作的技能训练。安全教育一定要坚持教育与操作实践相结合。例如，岗位练兵、消防演习等。这样，用理论指导实践，实践反过来又推动理论的提高。

4) 结合员工思想动态进行安全教育，员工安全思想教育方法要讲究科学性，要抓住员工思想波动、情绪不稳定的时候，对症下药，深入细致地做好思想教育工作。在抓安全思想教育时，应着重抓好以下十个环节：

(1) 新进人员上岗，病假人员、伤愈人员复工和调换工种人员上岗环节；

(2) 员工精神状态、体力或情绪出现异常环节；

(3) 抢时间、赶任务和员工下班前夕；

(4) 领导忙于抓生产或处理安全事故环节；

(5) 员工受到表扬、奖励、批评或处分环节；

(6) 工资晋级、奖金浮动、工作变动环节；

(7) 员工遇到天灾人祸时；

(8) 节假日前后（包括节假日加班）；

(9) 重点岗位、重点操作人员工作环节；

(10) 发生事故后。

5) 订立师徒合同，师傅指导徒弟。让有经验的老工人带徒弟，言传身教，这是传授安全技术的有效方法。关键是要选择思想好、技术好、安全素质高、责任心强、作风正派、经验丰富的师傅担任教学指导工作。

6) 开展安全竞赛和进行安全奖惩。在班组中开展安全竞赛、创无事故记录活动等，并给予适当奖惩，是促使员工实现安全生产的一种有效手段，也是安全教育的一种基本方法。

7) 采取多样化的教育。正确的认识往往需要多次反复，不可能一次完成。要树立"安全第一"的思想，绝不是一日之功，需要进行长期的、重复的教育才能见成效。但在重复教育中，要力求形式新颖，晓之以理，动之以情，寓教于乐。经常采取一种形式的教育，从心理上容易产生反感和"疲沓"。为了使教育达到良好的效果，形式必须多样化。一般可采取学习班讲课、安全演讲会、研讨会、安全技术讲座、安全知识竞赛、班前班后会、事故分析会、安全活动日以及安全展览、黑板报、广播、电视、电影、文艺演出等形式。

6.3.5 各施工班组的安全生产教育内容

6.3.5.1 钢筋班组安全生产教育内容

1) 每个员工都应自觉遵守法律法规和公司、项目经理部的各项规章制度。

2) 钢材、半成品等应按规格、品种分别堆放整齐。制作场地要平整，操作台要稳固，照明灯具必须加网罩。

3) 拉直钢筋，卡头要卡牢，地锚要结实牢固，拉筋沿线 2m 区域内禁止行人。人工绞磨拉直，禁止用胸、肚接触推杆，并缓慢松解，不得一次松开。

4) 展开圆盘钢筋要一头卡牢，防止回弹，切断时要先用脚踩牢。

5) 在高空、深坑绑扎钢筋和安装骨架，须搭设脚手架和马道。

6) 绑扎立柱、墙体钢筋，不得站在钢筋骨架上和攀登骨架上下。柱筋在 4m 以下且重量不大时，可在地面或楼面上绑扎，整体竖起；柱筋在 4m 以上时，应搭设工作台；柱、梁骨架应用临时支撑拉牢，以防倾倒。

7) 绑扎基础钢筋时，应按施工操作规程摆放钢筋支架（马凳）架起上部钢筋，不得任意减少支架或马凳。

8) 多人合运钢筋，起、落、转、停动作要一致，操作人员上下传送不得在同一垂直线上。钢筋堆放要分散、稳当，防止倾倒和塌落。

9) 点焊、对焊钢筋时，焊机应设在干燥的地方。焊机要有防护罩并放置平稳牢固，电源通过漏电保护器，导线绝缘良好。

10) 电焊时应戴防护眼镜和手套，并站在胶木板或木板上。电焊前应先清除易燃易爆物品，停工时，确认无火源后方准离开现场。

11) 应保证钢筋切断机正常运转。手与刀口距离不得少于 15cm。电源通过漏电保护器，导线绝缘良好。

12) 切断钢筋禁止超过机械负载能力。切长钢筋应有专人扶持，操作动作要一致，不得任意拖拉。切断钢筋要用套管或钳子夹料，不得用手直接送料。

13) 使用卷扬机拉直钢筋，地锚应牢固坚实，地面平整。钢丝绳最少需保留 3 圈。操作时不准有人跨越。作业时遇到突然停电，应立即拉开闸刀。

14) 电机外壳必须做好接地，一机一闸，严禁把闸刀放在地面上，应挂在离地 1.5m 高的地方，并有防雨棚。

15) 严禁操作人员在酒后进入施工现场作业。

16) 操作人员进入施工现场必须戴好安全帽。

17) 班组需要聘用新员工时，应事先向项目经理报告。

18) 新员工进场后应先经过三级安全交底，经考试合格后方可正式上岗。

19) 新员工进场应具有"四证"，即职业资格证、身份证、计划生育证和外来人口暂住证。

6.3.5.2 模板班组安全生产教育内容

1) 每个员工都应自觉遵守法律法规和企业、项目经理部的各项规章制度。
2) 进入施工现场人员必须戴好安全帽。高处作业人员必须佩戴安全带，并应系牢。
3) 经医生检查认为不适宜高处作业的人员，不得进行高处作业。
4) 工作前应先检查使用的工具是否牢固，扳手等工具必须用绳链系挂在身上，钉子必须放在工具袋内，以免掉落伤及操作人员。工作时要注意力集中，防止铁钉扎脚和空中滑落。
5) 安装与拆除离地面高度5m以上的模板，应搭脚手架，设防护栏杆，并防止操作人员上下在同一垂直面操作。
6) 高空、复杂结构模板的安装与拆除，应有切实可靠的安全措施。
7) 遇六级以上的大风时，应暂停室外的高空作业。雪霜雨后应先清扫施工现场，略干不滑时再进行工作。
8) 二人抬运模板时要互相配合、协同工作。传递模板、工具应用运输工具或绳子系牢后升降，不得乱抛。
9) 组合钢模板装拆时，上下应有人接应。钢模板及配件应随装拆随运送，严禁从高处抛下，高空拆模时，应有专人指挥，并在下面标出工作区，加围栏，暂停人员过往。
10) 不得在脚手架上堆放大批模板等材料。
11) 支撑、连杆等不得搭在门窗框和脚手架上。通道中间的斜撑、拉杆等搭设离地高度应在1.8m以上。
12) 支模过程中，如需中途停歇，应将支撑、搭头、柱头板等钉牢。拆模间歇时，应将已活动的模板、连杆、支撑等运走或妥善堆放，防止工作人员因踏空、扶空而坠落。
13) 模板上有预留洞的，应在安装后将洞口盖好。混凝土上的预留孔洞，应在模板拆除后盖好。
14) 拆除模板一般用长撬棒，人不许站在正在拆除的模板上。在拆除楼板的底模板时，要做好整块模板掉下的安全防护，尤其是用定型模板做平台模板时，更要注意。拆除人员要站在门窗洞口外拉支撑，防止模板突然全部掉下伤及操作人员。
15) 在组合钢模板上架设电线和使用电动工具，应用36V低压电源或采用其他安全措施。
16) 装拆模板时禁止使用小楞木、钢模板做上人板。
17) 高空作业要搭设脚手架或操作台，上下要使用梯子，不许站立在墙上工作，不准在梁底模上行走。操作人员严禁穿硬底鞋及有跟鞋作业。
18) 装拆模板时，作业人员要站立在安全地点进行操作，防止操作人员上下在同一垂直面工作。操作人员要主动避让吊物，增强自我保护和相互保护的安全意识。
19) 拆模必须一次性拆净，不得留有无支撑模板。拆下的模板要及时清理，堆放整齐。
20) 在钢模及配件垂直运输时，吊点必须符合要求，以防坠落伤及操作人员。模板顶撑排列必须符合施工荷载要求。尤其是地下室吊装施工时，地下室顶模板、支撑还需另外考虑大型机械行走因素，每平方米支撑数必须符合计算荷载要求。

21) 拆模时，临时脚手架必须牢固，不得用拆下的模板做脚手板。脚手板搁置必须牢固平整，不得有空头板，以防工作人员踏空坠落。对混凝土板上的预留孔，应在施工组织设计时就做好作业交底内容（预设钢筋网架），以免操作人员从孔中坠落。

22) 封柱子模板时，不准从顶部往下套。

23) 禁止使用 2cm×4cm 木料做顶撑（支撑）。

6.3.5.3 混凝土班组安全生产教育内容

1) 每位员工应自觉遵守法律法规和企业、项目经理部的各项规章制度。

2) 铺设车道板时，两头需搁置平稳，并用钉子固定，在车道板下面每隔 1.5m 需加横楞、顶撑。2m 以上的高空架道，必须装有防护栏杆。

3) 车道板上应经常清扫垃圾、石子等，以防行车受阻、人仰车翻。

4) 用塔吊、料斗浇筑混凝土时，指挥人员与塔吊驾驶员应密切配合，当塔吊放下料斗时，操作人员应主动避让，应随时注意防止料斗碰头，并应站立稳当，防止料斗将人碰落。

5) 车道板单车行走宽度不小于 1.4m，双车来回宽度不小于 2.8m。

6) 在运料时，前后车辆应保持一定的车距，不准奔走、抢道或超车。

7) 到终点卸料时，双手应扶牢车把卸料，严禁双手脱把，防止翻车伤及操作人员。

8) 离地面 2m 以上浇筑过梁、雨篷、小平台等，不准站在搭头上操作，如无可靠的安全设备时，必须戴好安全带，并扣好保险钩。

9) 使用振捣器前应先检查电源电压，输电必须安装漏电开关，检查电源线路是否良好。

10) 电源线不得有接头，机械运转应正常。振捣器移动时不能硬拉电线，更不能在钢筋和其他锐利物上拖拉，防止割破、拉断电线而造成触电伤亡事故。

11) 井架吊篮起吊或放下时，必须关好井架安全门，头、手不准伸入井架内。待吊篮停稳后方可进入吊篮内工作。

12) 使用振捣器的操作人员应戴绝缘手套、穿绝缘橡胶鞋。

13) 所有的人员都不得从高处向下扔掷模板、工具等物体。

14) 在楼板临边倾倒混凝土时应注意防止混凝土掉到外面砸伤施工人员。

15) 严禁操作人员酒后进入施工现场作业。

16) 所有人员进入施工现场都必须戴好安全帽。

17) 班组需要招聘新员工时，应事先向项目经理报告。

18) 新员工进场后应先经过三级安全交底，并经考试合格后方可正式上岗。

19) 新员工进场应具有"四证"，即：职业资格证、身份证、计划生育证和外来人口暂住证。

6.3.5.4 砌砖班组安全生产教育内容

1) 每位员工都应自觉遵守法律法规和企业、项目经理部的各项规章制度。

2) 在操作之前必须检查操作环境是否符合安全要求，道路是否畅通，机具是否完好牢固，安全设施和防护用品是否齐全，符合要求后方可施工。

3) 砌基础时，应检查和经常注意基坑土质变化情况，有无崩裂现象。堆放砖块材料应离开坑边1m以上，当深基坑设有挡板支撑时，操作人员应设梯子上下，不得攀跳。运料不得碰撞支撑，也不得踩踏砌体和支撑上下。

4) 墙身砌体高度超过地坪1.2m以上时，应搭设脚手架。在一层以上或离地面高度超过4m时，采用脚手架必须支撑安全网，采用外脚手架应设防护栏杆和挡脚板。

5) 脚手架上堆料不得超过规定荷载，堆砖高度不得超过3皮侧砖，站在同一块脚手板上的操作人员不应超过2人。

6) 在楼层(特别是预制板面)上施工时，堆放机械、砖块等物品不得超过使用荷载，如超过荷载，必须经过验算采取有效加固措施后方可进行堆放和施工。

7) 不准站在墙顶上画线、刮缝、清扫墙面或检查墙角垂直等工作。

8) 不准用不稳固的工具或物体在脚手板面垫高操作，更不准在未经加固的情况下，在一层脚手架上随意再叠加一层。脚手板不容许有空头现象，不准用小楞木做上人板。

9) 砍砖应面向内打，防止碎砖跳出伤人。

10) 用于垂直运输的吊笼、绳索具等，必须满足负荷要求，牢固无损。吊运时不得超载，并须经常检查，发现问题及时修理。

11) 用起重机吊砖要用砖笼。吊砂浆的料斗不能装得过满。吊杆回转范围内不得有人逗留。

12) 砖料运输，两车前后距离：平道上不小于2m，坡道上不小于10m。装砖时要先取高处后取低处，防止倒塌伤人。

13) 砌好的山墙，应设临时联系杆(如檩条等)，放置在各跨山墙上，使其联系稳定，或采取其他有效的加固措施。

14) 遇雨天及每天下班时，要做好防雨措施，以防雨水冲走砂浆，使砌体倒塌。

15) 在同一垂直面内上下交叉作业时，必须设置安全隔板，下方操作人员必须戴好安全帽。

16) 操作人员垂直向上或向下(深坑)传递砖块，架子上的站人板宽度应不小于600mm。

17) 严禁操作人员酒后进入施工现场作业。

6.3.5.5 抹灰班组安全生产教育内容

1) 每位员工应自觉遵守法律法规和企业、项目经理部的各项规章制度。

2) 新员工进场后应先经过三级安全教育，并经考试合格后方可进入施工现场作业。

3) 高空作业时，应检查脚手架是否牢固，特别是大风雨后。

4) 对脚手架不牢固之处和翘头板等应及时处理。脚手板要有足够的宽度，以保证手推车运灰浆时的安全。

5) 在架子上工作，工具和材料要放置稳当，不准乱扔。

6) 用升降机上料时，要有专人负责开机，遇六级以上大风时应暂停作业。

7) 砂浆机应有专人操作和维修、保养，电器设备应绝缘良好并接地，还应做到二级漏电保护。

8) 严格控制脚手架的施工荷载。

9) 不准随意拆除、斩断脚手架的软硬拉结，不准随意拆除脚手架上的安全设施，如其妨碍施工，经项目经理批准后方可拆除。

10) 严禁操作人员酒后进入施工现场作业。

11) 班组需要招聘新员工时，应事先向项目经理报告。

12) 新员工进场后应先经过三级安全交底，并经考试合格后方可正式上岗。

13) 新员工进场应具有"四证"，即：职业资格证、身份证、计划生育证和外来人口暂住证。

14) 严禁铺设探头板。

15) 高处作业人员不得往下和向上抛掷物体。

16) 每日上班时应先对作业环境进行检查，确认没有存在安全隐患后方可进行作业。

6.3.5.6 架子工班组安全生产教育内容

1) 每位员工应自觉遵守法律法规和企业、项目经理部的各项规章制度。

2) 竹脚手架，从安全角度考虑应逐步淘汰。若使用竹脚手架，应进行稳定性计算。

3) 搭设高度20m以上竹脚手架，选材必须严格按国家《建筑安装工人安全技术操作规程》的要求进行。搭设高度20m以下竹脚手架，选材必须严格按地方标准的规定进行。

4) 当使用冲压钢脚手板、木脚手板、竹串片脚手板时，纵向水平杆应作为横向水平杆的支座，用直角扣件固定在立杆上；当使用竹笆脚手板时，纵向水平杆应采用直角扣件固定在横向水平杆上，并应等间距设置，间距不应大于400mm。

5) 搭设脚手架必须设置纵、横向扫地杆，纵向扫地杆应采用直接扣件固定在距底座上皮不大于200mm处的立杆上，横向扫地杆应采用直角扣件固定在紧靠纵向扫地杆下方的立杆上。

6) 对高度24m以上的单、双排脚手架，必须采用刚性拉墙件与建筑物可靠连接，50m以下(含50m)双排脚手架连墙件按3步3跨进行布置，50m以上的脚手架连墙件按2步3跨进行布置。

7) 脚手架的底部应考虑排水措施，防止积水后脚手架底部的不均匀沉陷。

8) 所有砌筑或装修脚手架都必须采用顶撑保护。

9) 砌筑脚手架其主要杆件连接处，应采用广篾(或18号铁丝)绑扎，每3个月检查保养一次。小青篾(本篾)只能用于非主要杆件的连接中。

10) 为了保证脚手架的整体稳固，同一立面的小横杆应按立杆总数对等交错设置，同一副里、外立杆的小横杆应上下对直，不应扭曲。

11) 高度24m以上的双排脚手架应在外侧里面整个长度和高度上连续设置剪刀撑。

12) 竹竿脚手架的拉结，应严格按10~12号钢丝双股并联的要求与墙体牢固连接，并设支头抵住墙体，形成一拉一支，保持脚手架的垂直稳固。

13) 严禁操作人员酒后进入施工现场作业。

14) 所有人员进入施工现场都必须戴好安全帽。

15) 班组需要招聘新员工时，应事先向项目经理报告。

16) 新员工进场后应先经过三级安全交底，并经考试合格后方可正式上岗。

17) 新员工进场应具有"四证"，即：职业资格证、身份证、计划生育证和外来人口暂住证。凡不符合高处作业条件的人员，禁止登高作业。

18）必须正确使用劳动保护用品。遵守高处作业规定，工具必须入袋，物件严禁高处抛掷。

19）遇六级以上大风天气及雾、雨、雪天气时，不准进行拆除作业。

20）拆除区域须设置警戒范围，设立明显的警示标志，非操作人员或地面施工人员，均不得通行或施工，安全员应配合现场监护。

21）高层脚手架拆除时，应配备通讯装置。

22）拆除物件，应由垂直运输机械安全输送至地面。吊机不允许设在脚手架内。

23）拆除时，建筑内应及时关闭窗户，严禁向窗外伸挑任何物件。

24）高层脚手架拆除，应沿建筑四周一步一步递减。不允许两步同时拆除或一前一后踏步式拆除，也不宜分立面拆除。如遇特殊情况，应由企业技术部门预先制定技术方案，采取加固措施后方可分立面拆除。

25）作业人员进入岗位后，应先进行检查，如遇薄弱环节时，应先加固后拆除。对表面存留的物件、垃圾应先清理。

26）按下列顺序进行拆除工作：安全网→挡笆→垫铺笆→防护栏杆→挡脚杆→搁栅→斜拉杆→连墙杆→横杆→顶撑→立杆。

27）立杆、斜拉杆的接长杆拆除，应2人以上配合进行，不宜单独作业，否则易引起事故。

28）连墙杆、斜拉杆、登高设施的拆除，应随脚手架整体拆除同步进行，不允许先行拆除。

29）在拆除绑扎杆时，操作者应保持安全意识，站立位置、用力均需得当，防止杆件在搭设校正时回弹。

30）翻掀垫铺笆时应注意站立位置，并应自外向里翻起竖立，防止外翻时笆上未清除的残留物从高处坠落伤人。

31）当天离岗时，应及时加固未拆除部位，防止存留隐患造成复岗时出现人为事故。

32）悬空口的拆除，加固或采取落地支撑措施后方可进行拆除工作。

6.4 班组安全检查

6.4.1 班组安全检查的目的

开展班组安全生产检查，就是根据上级有关安全生产的方针、政策、法令、指示、决议、通知和各种标准，运用系统工程的原理和方法，识别生产活动中存在的物的不安全状态、人的不安全行为以及生产过程中潜在的职业危害。

检查是手段，整改是目的。因此在检查中要做到三个百分之一百：即百分之百登记、百分之百上报、百分之百整改，从而达到消除和控制各种危险因素、防止伤亡事故和职业病健康安全问题发生的目的。

6.4.2 班组安全检查的主要形式

1) 项目每周或每旬由主要负责人带队组织定期的安全大检查。

2) 施工班组每天上班前由班组长和安全值日人员组织的班前安全检查。

3) 季节更换前由安全生产管理小组和安全专职人员、安全值日人员等组织的季节劳动保护安全检查。

4) 由安全管理小组、职能部门人员、专职安全员和专业技术人员组织对电气、机械设备、脚手架、登高设施等专项设施设备,以及高处作业、用电安全、消防保卫等,进行的专项安全检查。

5) 由安全管理小组成员、安全专兼职人员和安全值日人员进行的日常安全检查。

6) 对塔机等起重设备、井架、龙门架、脚手架、电气设备、吊篮、现浇混凝土模板及支撑等设施设备,在安装搭设完成后进行的安全验收检查。

6.4.3 班组安全检查的主要方法

1) "听":听基层安全管理人员或施工现场安全员汇报安全生产情况,介绍现场安全工作经验、存在问题及今后努力方向。

2) "看":主要查看安全管理记录、持证上岗、现场标志情况、"洞口"和"临边"防护情况、设备防护装置等。

3) "量":主要是用尺实测实量,看是否满足安全管理的定量数据要求。

4) "测":用仪器、仪表实地进行测量,掌握安全规程实施情况。

5) "现场操作":由司机对各种限位装置进行实际运行验证。

6.4.4 班组安全检查的要求

1) 根据检查内容安排人员配置,抽调专业人员,确定检查负责人,明确分工。

2) 应有明确的检查目的、项目、内容、标准、重点及关键部位。对大面积或数量多的项目可采取系统的观感和一定数量的测点相结合的检查方法。检查时尽量采用检测工具,用数据说话。

3) 对现场安全管理人员和操作人员不仅要检查是否有违章指挥和违章作业行为,还应进行"应知应会"的抽查,以便了解安全管理人员及操作人员的安全素质。对于违章指挥、违章作业行为,检查人员应当场指出并进行纠正。

4) 认真、详细地做好检查记录,特别是对隐患的记录必须具体,如隐患的部位、程度及处理意见等。采用安全检查评分表的,应记录每项扣分的原因。

5) 检查中发现的隐患应该进行登记,并发出隐患整改通知书,引起整改单位重视,并作为整改的备查依据。对凡是有即发性事故危险的隐患,检查人员应责令其停工,被查单位必须立即整改。

6) 尽可能系统、定量地作出检查结论,进行安全评价,以利受检单位根据安全评价研究对策进行整改和加强管理。

7) 检查后应对隐患整改情况进行跟踪复查,查被检单位是否按"三定"(定人、定期限、定措施)原则落实整改要求，经复查整改合格后进行销案。

6.4.5 班组安全检查的内容

1) 检查员工是否树立"安全第一"的思想，安全责任心是否强，是否掌握安全操作技能和自觉遵守安全技术操作规程以及各种安全生产制度，对于不安全的行为是否敢于纠正和制止，是否严格遵守劳动纪律，是否做到安全文明生产，是否正确、合理穿戴和使用个人防护用品、用具。

2) 检查本班组是否贯彻了党和国家有关安全生产的方针政策和法规制度，对安全生产工作的认识是否正确，是否建立和执行了班组安全生产责任制，是否贯彻执行了安全生产"五同时"，对伤亡事故是否坚持做到了"四不放过"，特种作业人员是否经过培训、考核、持证操作，班组的各项安全规章制度是否建立健全并严格贯彻执行。

3) 检查生产现场是否存在物的不安全状态。

(1) 检查设备的安全防护装置是否良好。防护罩、防护栏(网)、保险装置、连锁装置、指示报警装置等是否齐全、灵敏、有效。

(2) 检查设备、设施、工具、附件是否有缺陷，制动装置是否有效，安全间距是否合乎要求，机械强度如何，电气线路是否老化、破损，起重吊具与绳索是否符合安全规范要求，设备是否带"病"运转和超负荷运转。

(3) 检查易燃易爆物品和剧毒物品的贮存、运输、发放和使用情况是否严格按规章制度执行，通风、照明、防火等是否符合安全要求。

(4) 检查生产作业场所和施工现场有哪些不安全因素。有无安全出口，登高扶梯、平台是否符合安全标准，产品的堆放、工具的摆放、设备的安全距离、操作人员安全活动范围、电气线路的走向和间距是否符合安全要求，危险区域是否有护栏和明显标志等。

4) 检查员工在生产过程中是否存在不安全行为和不安全的操作。

(1) 检查有无忽视安全技术操作规程的现象。比如：操作无依据，没有安全指令，人为的损坏安全装置或弃之不用，冒险进入危险场所，对运转中的机械装置进行加油、检查、修理、焊接和清扫等。

(2) 检查有无违反劳动纪律的现象。比如：工作时间在作业场所开玩笑，打闹，精神不集中，脱岗、睡觉、串岗，滥用机械设备或车辆等。

(3) 检查日常生产中有无误操作、误处理的现象。比如：在运输、起重、修理等作业时信号不清、警报不鸣，对重物、高温、高压、易燃、易爆物品等做了错误处理，使用了有缺陷的工具、器具、起重设备、车辆等。

(4) 检查个人劳动防护用品的穿戴和使用情况。比如：进入工作现场是否正确穿戴防护服、帽、鞋、面具、眼镜、手套、口罩、安全带等，电工、电焊工等电气操作者是否穿戴超期绝缘防护用品、使用超期防毒面具等。

5) 及时总结并积极推广安全生产先进经验。安全生产检查不仅要查出问题，消除隐患，而且还要发现安全生产的好典型，并进行宣传、推广，掀起学习安全生产先进经验的热潮，进一步推动安全生产工作。

6.5 安全员的安全管理工作

6.5.1 安全组织机构

安全工作虽然是全员化的工作,但必须要有一个高效而精干的专门机构来实施。建筑企业的安全机构一般可以分为 4 个层次:第一层次是成立以经理、分管副经理、各职能部门负责人和党群相关部门组成的企业安全生产委员会,对企业安全工作的重大问题进行研究、决策、督促和实施;第二层次是成立安全管理部门,负责日常安全管理工作,对上起助手和参谋的作用,对下起布置和指导的作用;第三层次是各级各部门的兼职安全员,负责部门、单位的日常安全检查、措施制定、现场监护等方面的工作;第四层次是成立工会劳动保护监督检查委员会,组织员工广泛开展遵章守纪和事故预防等群众性活动。这样才能形成安全管理监督的网络。

通常情况下,企业要按照员工总数 3‰~5‰ 的比例配备专职安全生产管理人员,并保持安全管理人员的相对稳定。作为施工企业,施工地点较为分散,安全管理人员的比例应该适当提高,有的企业规定 50 人(含外协队伍和临时性用工)以上的施工地点配备 1 名专职安全管理人员,效果比较好。

6.5.2 安全员的基本要求

安全工作是一门综合性学科,安全员一定要觉悟高、身体好、业务精、能力强,一般情况下应具备如下条件:

1) 有一定的政策理论水平和安全工作管理经验;
2) 掌握安全技术专业知识;
3) 懂得企业的施工顺序、施工方法,了解本企业生产过程中的危险部位和控制方法;
4) 能够深入一线,依靠基层专业人员和操作人员实施各项安全技术措施,具有较强的组织能力、分析能力和综合协调能力;
5) 能够深入施工(作业)现场调查研究,监督安全技术措施和制度的执行情况,能够会同生产、技术部门改进现有的安全技术措施,或提出意见供决策参考;
6) 具有较强的语言表达能力,敢于坚持原则,热爱本职工作,密切联系群众;
7) 有较好的身体素质和一定的文化水平。

6.5.3 安全员的权利、任务和责任

6.5.3.1 安全员的权利

安全员的权利可以概括为检查权、奖罚权和否决权。

1) 有权检查所在单位的安全管理、安全技术措施的落实和现场安全等情况。遇有严重隐患和违章行为,以及有可能立即造成重大伤亡事故的危险,有权停止生产。
2) 根据有关人员和部门在安全生产中的不同表现,有按照本单位的规定执行奖罚的权力。

3）对于不符合安全要求的决策和有关的评比，从安全的角度有否决的权力。

6.5.3.2 安全员的任务
1）参加编制年度安全技术措施计划和安全操作规程、制度。
2）指导下级安全员开展安全工作。
3）会同有关部门做好安全生产宣传教育和培训工作，总结和推广安全生产的先进经验。
4）参加伤亡事故的调查处理，做好报告和统计工作，防止安全事故的发生。
5）经常进行安全检查，及时发现各种不安全问题。
6）督促有关部门做好防护用品、保健食品的采购和发放工作。
7）做好防暑、防毒等劳动保护工作。

6.5.3.3 安全员的责任
1）所在单位如果安全工作长期存在严重问题，既没有提出意见，又没有向上级汇报，因而发生了事故，安全员要承担责任。
2）在安全检查中不深入不细致，放过了严重安全隐患而造成事故，安全员要承担责任。
3）在安全评比中，由于所掌握的资料不真实，以致影响评比工作，安全员要承担责任。
4）其他业务工作差错，造成安全事故，安全员要承担责任。

6.5.4 安全员的日常工作

安全员的主要日常工作是建立安全生产规章制度并检查其落实情况，对施工现场进行检查并对有关安全问题做出处理，进行安全技术管理，实施安全教育等。

6.5.4.1 建立并落实企业安全生产规章制度
不同企业所建立的安全生产规章制度是不同的，各个企业应根据本企业的特点，制定出具体而且操作性强的规章制度。一般来说企业应建立以下安全生产规章制度。
1）综合管理方面：安全生产总则、安全生产责任制、安全技术措施管理、安全教育、安全检查、安全奖罚、设备检修、隐患管理与控制、事故管理、防火、承包合同安全管理、安全值班等制度。
2）安全技术方面：特种作业管理、重要设备管理、危险场所管理、易燃易爆有毒有害物品管理、交通运输管理、安全操作规程等。
3）职业健康方面：职业健康管理、有毒有害物质监测、职业病和职业中毒防范管理。
4）其他方面：女工保护制度及劳动保护用品、保健食品、职工身体检查等规定。

6.5.4.2 对安全检查发现的问题做出处理
1）对于安全检查中发现的问题应分类登记。
2）应研究整改方案，做到"三定"，即定整改责任人、定整改措施、定整改期限。
3）对于整改的结果应进行复查、销案。
4）现场处置。现场处置的方法主要有三种，即限期整改、禁止作业、处罚，这三种方法有时可以合并使用，如采取禁止作业的同时可以对责任人进行罚款处理等。

(1) 当存在的问题虽然危及安全,但并没有立即发生安全事故的危险时,为了减少对生产的影响、确保安全,可以下达整改意见书,限期整改。遇到如下情况可以采取此措施:生产管理和安全管理混乱,有可能导致安全事故发生;应配备的劳动防护装置、用品没有配备或者已经配备而没有使用;设备材料有缺陷和损坏,不能正常工作和使用;施工质量低劣,对安全有着潜在的隐患。

(2) 当有立即发生安全事故的可能性时,可以采取禁止作业、撤出人员的措施。具体可在遇如下情况时实施:作业场所明显不安全,没有采取措施或者采取措施不适当,不能防止安全事故发生;没有安全设施或者安全设施不齐全,有损坏,随时都有安全事故发生的可能;工作(作业)人员正在实施不安全行为,且没有安全装置防止行为人发生安全事故;因其他因素有随时发生安全事故的危险。

(3) 对于明知不改、有禁不止和其他方面违章作业、违章指挥的责任者可采取处罚措施。具体在如下情况下实施:采取了上述第1)点措施的四种情况之一,逾期未解决时;采取了上述第2)点措施的四种情况之一,禁止无效时;在其他方面违章作业时;在其他方面违章指挥时。

6.5.4.3 安全员的内业工作

安全员的内业工作主要包括安全技术分析、决策和反馈信息的研究处理,其中安全技术资料的整理收集是内业管理的重要工作,它是施工安全技术指令性文件实施的依据和记录,是提供安全动态分析的信息流,主要包括以下内容:安全组织机构情况;安全生产规章制度;安全生产的宣传培训资料,安全检查考核资料,包括隐患整改资料;安全技术资料,包括生产计划、安全措施、安全交底资料和重要设施的验收资料;采用新工艺、新技术、新设备、新材料安全交底书和安全操作规定;班组安全活动资料;安全奖罚资料;有关安全文件和会议记录;伤亡事故档案;总、分包工程安全文书资料;特种作业人员的登记台账等。

6.5.4.4 安全技术管理

1. 对工艺和设备的管理

施工过程产生的危险因素,是导致安全事故发生、造成人员伤亡和财产损失的主要危险源。加强施工过程安全技术管理,是防止发生安全事故、避免或减少事故损失的主要环节。

施工过程安全技术管理主要包括施工过程安全管理和生产设备安全管理。施工组织设计是指导企业组织施工的重要文件,主要包括施工的方法、施工设备的选用、原材料的选择、工序的安排及施工过程的人员组合。必须注意以下几点:

1) 施工方案的优选要从技术、经济和安全等方面全面考虑;
2) 选择设备要遵循安全可靠、先进、高效的原则;
3) 要选用安全、无毒、无害的材料;
4) 工序安排应遵循科学合理、简化操作、减少危险的原则;
5) 人员组合应分工合理、组织严密。

企业的设备安全管理主要包括以下内容:

1) 认真执行以防为主的设备维修方针,实行设备分级归口管理,协调管、用、修关系，明确各方职责，努力把设备故障和设备事故消除在萌芽状态；

2）正确选购设备，严格把好采购时的质量验收关，保证其安全性和可靠性，并认真进行安装调试；

3）制定、实施工艺流程和操作规程，正确合理使用设备，防止不按操作规程使用设备和超负荷运转现象；

4）做好日常的设备维护、保养工作，并认真执行设备的维修保养计划和定点、检修制度；

5）有计划、有步骤地积极进行设备的改造与更新，尤其是那些可靠性和安全性不好的陈旧设备要重点进行更新、改造，以提高设备本身的安全水平，改善劳动条件。

2. 生产环境的安全管理

生产环境的安全管理主要包括场地的布置，建筑物、电网的安全卫生要求，劳动条件，以及仓库的安全距离等方面的内容。安全员应通过对施工方案的审查、现场施工过程的检查，排除安全隐患，营造良好的安全生产环境。

3. 安全技术标准的管理

安全技术标准是保证企业安全生产的基本准则。促进安全工作标准化，是提高安全管理水平的重要途径。安全工作标准化包括安全管理标准化、设备安全标准化、作业环境标准化、岗位操作标准化等内容。安全员应组织学习贯彻安全技术标准，组织制定和实施安全技术规程。

6.5.5 安全员工作的方法

1. 堵与疏的有机结合

安全员在日常工作中要经常发现、指出问题，这可以称为"堵"，即堵住安全事故发生的途径和趋势，可以说"堵"是安全员的重要工作和主要目的。但只有"堵"没有"疏"是不行的，"疏"就是不仅要发现问题，更要指出解决的方法和努力的方向。这就要求安全员具有较高的业务素质。

2. 群策群力保安全

安全工作是一个系统工程，牵涉到生产过程中的绝大部分部门、人员以及施工生产的每一个环节，单靠安全专业人员很难收到很好的效果，必须努力发挥全体人员的作用，形成安全监控网络。

3. 正确运用奖罚权

奖罚权是安全员的三大权力之一，只有运用好了这项权力，才能充分发挥经济杠杆的作用，起到促进安全生产的作用。

正确运用奖罚权，就是要奖的恰当、及时，罚的合理、严格。对于安全生产搞得好和预防安全事故方面有突出贡献的单位要及时给予奖励，树立安全生产的典型，激励后进者赶上。罚款方式一般不轻易使用，因为安全生产以奖励和教育为主、处罚为辅，对于轻微的或者不严重的违章应以教育为主，对于较严重的违章或者属于多次违章、屡教不改的，不仅要罚款，而且处罚的力度要大，才能使责任者有所触动。另外处罚最忌讳随意性，在实际工作中有的单位领导和业务人员，罚款的额度无标准，往往因人、因心情而定，这样的罚款常常会导致抵触情绪，使工作走向被动。对员工的处罚不能违反国家的有关规定，同时要考虑员工的承受能力。

4. 日常工作与思想工作相结合

每一个人的每一个行为都有其思想的根源，如果不注意了解、分析员工的思想动态，至少可以说检查人员工作不全面、不深入。如果经常与员工交心，就可以了解一些更为深入、细致的内容，就会有利于检查者与被检查者的沟通，检查者的思路和措施就更容易贯彻和实施。

5. 注重基础和基层工作

在日常工作中要把重点放在抓好安全检查、安全教育等安全基础工作上，要注重基层工作，尤其是班组安全建设，因为有关安全的一切工作都需要基层来落实。

6. 要争取领导的支持

安全员应努力成为领导安全管理方面的好参谋，要及时把现场的安全情况和出现的新情况向有关领导汇报，并提出相对比较成熟的意见或建议，供领导决策。有了沟通就容易取得支持，一些好的建议就容易付诸实施。

7. 遵守制度、身体力行

有的安全员平时不注意身体力行，要求别人做到的自己却没有做到，比如说经常忘记进入施工现场必须戴安全帽的所谓"小节"，而要求员工必须严格遵守规章制度，这种行为就使安全员的言行缺乏约束力。

附录1

班组安全员聘用管理办法（样本）

为进一步全面落实安全生产责任制，规范班组安全员的管理，统一聘用合同、考核标准和岗位津贴，特制定本办法。

一、班组安全员实施、聘用范围

1. 所有项目均须实施，由项目经理负责。

2. 所有进入施工现场参与施工的班组（包括总包、各专业分包和业主指定分包的施工队伍），都必须设置班组安全员。

二、班组安全员的聘用条件

1. 具有一定的文化程度（初中以上），爱岗敬业，施工经验丰富，能自觉遵守各项安全管理规定，起到表率作用，正确佩戴、使用个人劳保用品，应急处理问题的能力较强。

2. 服从项目安全员及本队安全员管理，按时保质完成交办的各项工作。

3. 班组安全员必须是在班组管理中具有一定权威的人，如班组长或班组其他主要人员（如副组长或记工员），班组长是第一人选。

三、班组安全员聘用程序

1. 进入现场的劳务和专业分包队伍安全员负责向总包安全环境部报送班组安全员推荐名单和个人简历。

2. 项目安全总监（或安全主管）负责对推荐的人员面试、审核、提出初审意见，报项目经理审批，不符合要求的由所在单位重新推荐。

3. 项目安全管理部门负责对经审查同意的班组安全员进行8个学时以上的班组安全知识培训，并进行安全知识考核（书面考试占40%，现场考试占60%）。考核内容主要包括：宿舍管理、现场安全防护、施工用电、"三宝"、"四口"、"五临边"等项目。

4. 项目安全总监（或安全主管）、分包单位负责人与考核合格的人员签订班组安全员安全生产责任书。

5. 举行聘用仪式，向班组安全员颁发聘任证书（公司统一制作）、安全员工作用标志。

四、班组安全员的待遇和经费来源

1. 对考核合格的班组安全员每月发放一定的岗位津贴，对表现突出的安全员还可进行适当奖励。

2. 班组安全员的岗位津贴费用计入现场安全费用，由总包项目经理部和分包单位各承担一半（在签订分包合同中明确）。

五、班组安全员月度考核、培训

1. 班组安全员必须履行"三个必须"，做到"五个到位"，每天做好"八件工作"。

2. 项目安全总监（或安全主管）负责每月对班组安全员的安全生产责任进行考核（班组安全员责任月度考核表），在每天进行的安全巡视检查中，记录班组安全管理情况，对发现的班组人员违章违纪现象与班组安全员的奖罚挂钩，并建立管理台账和个人档案，记录班组安全员培训记录和管理业绩。

3. 考核得分85分以上发放岗位津贴；70～84分，不奖不罚；70分以下给予罚款；考核分数连续两次在70分以下，予以解聘。

4. 项目安全总监（或安全主管）负责每月底召开班组安全员大会，公布考核成绩，按时发放岗位津贴，并在会上进行1个小时以上的安全知识培训和教育，提醒班组安全员肩负的安全责任和义务，提高大家的安全管理意识。

附录2

班组安全员安全生产责任书（样本）

为加强项目施工的标准化管理，落实安全生产责任制，提高项目经理部管理水平，充分调动员工的积极性，确保安全生产、文明施工、绿色施工等各项工作达到项目工程管理预期目标，进一步贯彻执行党和国家对行业管理的标准、法规、规范、规程及项目经理部的规章制度，确保不发生安全事故。为明确双方责任，特制定本责任书。

签约双方：_____项目经理部(甲方)；_____(乙方)。
聘任职务：班组安全员；所属施工单位：_____

一、甲方责任

1. 项目经理部安全总监(安全主管)负责每月对乙方进行考核。
2. 按照《建筑施工安全检查标准》(JGJ 59—1999)检查乙方工作质量，保证班组安全施工。
3. 负责解决工程项目施工安全所需人、财、物的调配、供应。帮助乙方及时解决安全施工中所遇到的疑难问题，监督有关部门做好对工程的各项服务工作，全面实施工程合同中对业主的各项承诺，确保工程顺利进行。
4. 对乙方安全责任合同中工作标准、工作质量、安全生产、文明施工等，有协调监督、检查、处罚权，对违反项目管理制度的有解聘的权利。

二、乙方责任

1. 班组长是本班组安全生产的第一责任人，认真执行安全生产规章制度及安全技术操作规程，合理安排班组人员的工作，对本班组人员的安全和健康负直接责任。
2. 经常组织班组人员开展各项安全生产活动和学习安全技术操作规程，监督班组人员正确使用个人劳动防护用品和安全设施、设备，不断提高安全自保能力。
3. 认真落实安全技术交底要求，做好班前教育和记录，严格执行安全防护标准，不违章指挥、冒险蛮干。
4. 经常检查班组作业现场安全生产状况和工人的安全意识和安全行为；经常检查班组宿舍的安全、卫生情况，发现问题及时解决，并上报有关领导。
5. 发生因工伤亡及未遂事故，保护好事故现场，并立即上报有关领导。
6. 对本班组施工场所进行全方位安全监督检查，纠正不安全行为和违章作业。
7. 因违章指挥、工作失职发生的安全事故由责任人承担相应的法律责任和接受经济处罚。

三、工作标准

1. 遵守工作时间，有事请假，不得擅离工作岗位。
2. 热爱本职工作，能独当一面，工作积极性高，奉公守法，吃苦耐劳，敢于管理，善于管理。
3. 努力学习安全技术知识，熟悉各种安全技术措施、规章制度、标准和规定。
4. 坚决制止违章指挥和违章作业，大胆管理，按章办事，不徇私情，遇险情要立即果断处理，情况报项目安全部门，隐瞒不报，或未及时发现安全隐患而发生工伤事故，班组安全员负失职责任。
5. 做好安全达标和文明安全管理工作，每天做到工完场清。
6. 坚持原则，做好本岗位安全职责范围内的工作，做到腿勤、手勤、嘴勤。
7. 按时保质完成上级交办的各项工作。
8. 履行"三个必须"：
(1) 每天反映安全问题，必须真实。

(2) 对查出的安全隐患，必须立即整改。

(3) 对无法自行整改的安全隐患，必须尽快报上一级领导处理。

9. 做到"五个到位"：

(1) 安全教育宣传到位，班前、班后的安全教育率达100％。

(2) 本班组工作面的"三宝"、"四口"、"五临边"检查到位。

(3) 哪里有作业人员，哪里就安全监督到位。

(4) 重点部位跟踪检查到位。

(5) 班组宿舍安全、卫生检查到位。

10. 每天做好"八项工作"：

(1) 上班首先要正确佩戴安全帽、安全员背心、标志，到本班组作业场所巡视检查。

(2) 协助专职安全员进行现场安全检查，做好记录。

(3) 按《建筑施工安全检查标准》(JGJ 59—1999)要求逐条核实。

(4) 落实整改，处罚本班组当天不安全和违章作业行为。

(5) 做好安全技术交底、安全活动记录、安全教育记录及班组日志。

(6) 检查安全设施、机械安全装置、工具是否安全有效。

(7) 检查责任区内材料堆放情况，并做好现场文明施工记录。

(8) 参加现场安全生产协调会，在会上报告本班组安全生产情况和文明施工情况。

四、奖罚

本月未发生安全事故，考核得分85分以上，发放岗位津贴；考核得分70～84分，不奖不罚；70分以下，给予罚款。

五、聘用期限

　　　　　　　　　　年　月　日——　　年　月　日

以上责任每月由安全总监考核(考核资料见月份班组安全员考核表)。安全责任书双方签字生效，按月兑现；乙方调出本项目，本责任书自调出之日起自动失效。

附：班组安全员责任考核表

甲方安全负责人：　　　　　　　　乙方：

乙方单位项目负责人：

项目经理部(章)

年　月　日

附录3

____月份班组安全员责任考核(样本)

序号	考核标准	扣分标准	应得分	实得分	扣分原因
1	做好班前安全教育和安全交底,并做好记录	未进行班前安全教育和安全交底,扣10分;缺一天班前安全教育,扣5分	10		
2	现场值班作业时,及时纠正、制止违章	不纠正、不制止违章,扣10分	10		
3	班组人员现场无吸烟和随地大、小便现象	班组人员现场吸烟,扣10分,发现一处随地大、小便扣5分	10		
4	起到自身表率作用,正确佩戴安全帽,安全员标志	起不到表率作用,扣5分;不按规定佩戴安全帽、标志每次扣2分	10		
5	服从项目安全员及本队安全员管理,按时保质完成交办的各项工作	不服从项目、施工队安全员管理,扣10分;未完成交办的一项工作,扣5分	10		
6	不违章指挥、违章操作,不违反劳动纪律	违章指挥,扣10分;违章操作,扣10分;违反劳动纪律,扣5分	10		
7	合理做好班组之间交叉作业工作,出现交叉作业先维护后施工	交叉作业、无防护,扣5分;不上报、不采取措施,扣10分	10		
8	协调班组之间合作关系,制止本班组人员打架斗殴	班组人员打架斗殴,扣10分	10		
9	制止班组人员的破坏、偷盗等违法行为	班组人员偷盗、违法,扣10分	10		
10	管理好本班组施工区和生活区的卫生、用电及消防工作	班组做不到文明施工,扣5分;施工完成后做不到工完场清,扣5分;生活区宿舍卫生差,扣5分;施工区和生活区用电、消防差,扣5分	10		
	总计			100	

说明:考核分85分以上发放岗位津贴;70~84分,不奖不罚;70分以下罚款。

考核人: 年 月 日

7 建筑工程项目安全管理应用创新
——安全教育培训

7.1 安全教育培训的重要性

加强建筑施工人员的安全教育培训，有着重要而深远的意义。就操作人员而言，安全教育培训是增强适应能力、提高操作水平的一条重要途径；从行业来看，安全教育培训可以提高操作人员安全意识和职业技能，保证工程质量，降低安全事故发生率，同时开拓国际市场，进行劳务输出；从国家战略角度考虑，安全教育培训是经济增长方式转变、加快城镇化进程、促进人力要素流动、促进城乡以及区域协调发展、构建和谐社会的客观要求。正如温家宝总理所强调的，对于把巨大的人口压力转化为人力资源优势，使我国经济建设切实转到依靠科技进步和提高劳动者素质的轨道上来，具有重大意义。

7.1.1 建筑工程项目的特点决定了安全教育培训的必要性

工程项目的建设是在有限的场地和空间上集中大量的人力、物资、机具来进行交叉作业，具有作业环境的局限性，因此，容易产生物体打击等伤亡事故。施工人员必须不断适应一直变化的人、机、环境系统，并且对自己的作业行为作出决定，从而增加了建筑业生产过程中由于工作人员采取不安全行为或者工作环境的不安全因素而导致事故的风险。建筑工程施工大多在露天空旷的场地上完成，工作环境相当艰苦，容易发生伤亡事故。建设工程施工高空作业等危险性工作内容较多。建筑业作为一个传统的产业部门，许多相关从业人员对于安全生产和事故预防的错误观念由来已久。据有关资料反映，有89%的施工生产事故是由于安全教育培训不够，缺乏安全操作及防护知识，违章指挥、违章作业造成的。正因为建筑生产有以上特点，所以要求在对建筑施工人员进行职业技能培训的同时进行安全教育培训，提高员工安全意识和防范能力，从而减少伤亡事故的发生。

7.1.2 我国建筑施工人员自身的特点决定了安全教育培训的迫切性

近年来，建筑施工新技术、新材料、新工艺和新设备不断出现，对一线操作人员的文化技术素质要求不断提高，但现实却与之严重不相适应。目前，我国建筑业从业人员中，专业技术人员仅占4%，而一线操作人员中70%是农民工，受过专业培训取得职业资格证书或岗位技能证书的人员不到总人数的7%，伤亡事故死亡人员的90%都是农民工，这就印证了农民工急需解决基本生存需求而不顾其他的心理状态。正如马斯洛的需求层析理论所揭示的，第一层次的需求得不到满足时，是不可能去追求第二层次——安全保护及以上的需求的。在还处于为满足基本生存需求而奔波的情况下，安全思想对于农民工来说只是个概念问题,在安全和赚钱的矛盾之间,他们更多的是选择后者。在安全保护上,农民工是被动的,他们的安全意识十分薄弱,同时这也是十分无奈的。此外,农民工普遍文化素质较低,这也是造成他们安全意识薄弱的主要原因。所以亟须对农民工进行安全教育培训,唤起他们的自我防护意识,教授给他们必备的安全防护知识。事实证明,接受过安全教育培训的从业人员发生伤亡事故的概率远远低于未接受过安全教育培训的从业人员。

7.1.3 安全教育培训是建立企业安全文化的需要

企业文化是新时代经济发展的必然产物,一个没有"文化"的企业是不会在市场中走得太远的。我国建筑企业安全文化是构造建筑企业文化的重要内容之一,是体现社会主义和谐社会以人为本的客观要求。如何在管理中不断提高施工企业整体员工的安全意识和行为能力,培养他们树立正确的安全价值观,在企业中建立一支既掌握建筑安全生产管理技术规范和标准,又熟悉相关法律、法规、方针政策的长期稳定的安全管理干部队伍,最大可能地消除施工生产事故中人的不安全因素,进而保障所有劳动者的身心健康和生命财产安全,是开展建筑企业安全文化工作的重心。提高操作人员安全施工的素质和培养爱岗敬业的道德品质,大力发展安全教育培训是一条非常重要的途径。

7.1.4 安全教育培训是政府工作的要求

全面开展建筑施工人员的安全教育培训,是《安全生产法》的要求,也是各级政府特别是政府安全监管部门的重点工作。在 2006 年召开的国家安全生产工作电视电话会议上,温家宝总理明确提出"依法开展强制性全员安全教育培训"。在同年召开的十届全国人大四次会议记者招待会上,温总理在回答法新社记者有关中国安全生产问题时特别强调一点,就是加强员工安全教育培训,由此可见政府对安全教育培训的重视程度。

7.2 我国安全教育培训现状分析

7.2.1 建筑施工人员安全教育培训特点

安全教育培训意义重大,但我国的安全教育培训工作开展得还不够完善。我国建筑施工人员安全教育培训有以下特点:
1)培训内容重点在于安全教育培训和持证上岗的特殊工种,其他领域的培训较少;
2)劳务企业因为从业人员的高流动性和缺乏外在竞争压力而积极性不高,从业人员因本身行为的短期性和对预期收益的不确定性而积极性不高;
3)培训资金来源主要为劳务企业;
4)整体培训比例不高;
5)技能培训和常识培训效果不明显;
6)政府对培训施加较强的约束。

总之,目前建筑施工人员安全教育培训有"双低"特征,即"低参与率、低效率"。建筑行业作为吸纳农村劳动力的主要行业之一,有着独特的特点,安全教育培训的针对性要求高。由政府牵头,开展诸如"千万农民工同上一堂课"的安全教育培训活动,虽然规模很大,在政府部门监督下也有较好的效果,但毕竟不能持久,时间也不固定,往往是在发生重大建筑伤亡事故后才会举办,没有形成完善有效的体制,未能使安全教育培训深入人心。应该大力发展建筑企业自主培训,并与专业的培训机构相结合,提高培训效率。

7.2.2 安全教育培训工作不普及的原因

造成建筑业安全教育培训工作难以开展的原因主要有以下几点。

1) 建筑施工人员流动性大,劳动关系不固定。据调查,劳务作业班组在一个工地上的务工期一般为4~5个月,企业不愿意花钱对他们进行安全教育培训。调查发现,所有企业管理人员(包括项目经理、施工员、预算员、资料员、安全员、质量员等)的培训费用都是由企业承担的,而所有持有职业资格证书的从业人员的培训费都是由从业人员本人支付的。

2) 从业人员参与安全教育培训积极性不高。农民工对自身的文化和操作技能的提高不重视。因循守旧、安于现状的保守心态,使得一些农民工根本就不想参加安全教育培训。由于目前户籍等制度的限制,农民工在城里打工也只是暂时行为,身份依然是农民,工作、居住都有相当大的不确定性,种种不明朗、不确定性因素限制了他们投资安全教育培训的积极性。

3) 安全教育培训经费难以落实。培训鉴定费用高,职业培训的预期收益不明朗。施工企业难以落实培训经费。从业人员本人难以承担高额的培训费用。

4) 从行业管理体制看,建设行业生产操作人员就业准入和建筑企业市场准入工作还没有完全落实,导致促进农民工进行安全教育培训的外部动力不够。我国的就业准入制度从20世纪90年代中期开始起步,1993年以来,党和国家先后出台了一系列有关就业准入制度的政策和行政法规,构筑了就业准入制度的基本框架。但十几年过去了,就业准入制度的推进并不尽如人意。据有关资料统计:在进城务工的农民中,通过职业培训真正获得职业资格证书的不足7%。大量的没有经过职业技术培训的农村劳动力源源不断地、自由地进入劳动力市场。由于就业准入的门槛不高,控制不严,广大进城务工的农民工深感城市就是农村劳动力可以自由进入的市场,培不培训、有没有证,意义不大。所以,他们失去了参加培训、提高自身技能的外部动力。

7.2.3 发展我国安全教育培训的措施

针对我国目前安全教育培训所存在的问题,应从以下几个方面采取针对性措施。

7.2.3.1 强调农民工安全教育培训中的政府责任

作为政策的制定者,为了使政策顺利有效地实施,政府不仅需要平衡利益相关者各自的利益,出台相应的激励措施,更需要考虑自身在制度落实中承担的责任。增强政府在农民工教育问题上的职能,主要包括以下两个方面:

1) 行政职能。主要指颁布相关的政策法规保障农民工受教育的权益。在现有的职业培训体系中,政府主要为国有企业员工和在正规部门就业的人群制定培训政策并提供财政支持,而针对在非正规部门就业的农民工这一特定人群,国家的职业培训政策明显滞后,或是虽有政策,但在实施中因受到多种条件制约而流于形式。农民工作为社会中的弱势群体，需要政府通过宣传和实质性的政策扶持来营造良好的社会氛围和政策环境。从政府层面出发，出台一些倾向于农民工的政策和具有可操作性的措施，才有可能较快地提升农民工的社会地位和价值。

2）经济职能。即政府以一定形式对农民工教育提供财力上的支持。政府通过政策渠道对农民工教育培训提供财政支持多体现在国有企业等正规部门，而对私营企业等则缺少有效的监管和激励手段。有些企业对待农民工培训的态度并不积极，甚至是"能省则省"，在他们看来，培训农民工是一笔不小的开支。企业更愿意使用本来就具有某项技能的熟练工，这一做法限制了农民工整体技能与素质的上升空间。在这种情况下，强调政府责任，对政策措施进行细化，将有助于形成政府引导、多元投资参与农民工教育培训的格局。

7.2.3.2 以社区为载体成立民间非营利学习中心来开展农民工教育培训工作

城市农民工因多是自发组织或仅仅是分散的小团体，使得教育行政部门很难及时有效地掌握农民工信息，组织开展有针对性的教育培训工作。而社区（可以是广义的，包括村、街道、小区等）作为农民工的居住场所，社区居委会是离他们最近的基层政府组织，相对于教育行政部门来说能够更清楚更及时地了解农民工的所需所想。因此，通过社区联合企业、学校、地方教育行政部门，吸引多种社会力量参与农民工教育培训的管理和运作，可以为农民工教育培训带来新的管理思路、经验和资金，也有利于这类教育培训的办学质量迅速提高。

首先，在社区中开展农民工教育培训有利于为他们提供服务和帮助，方便对他们进行规范管理，能够及时处理突发事件和调整管理策略。其次，由于社区教育培训只在固定的小区域范围内发挥影响，不存在一些教育培训服务供给的后勤费用，这为农民工接受教育培训降低了成本。第三，社区教育培训能在很大程度上解决农民工进行就业指导和技能培训的需求，符合农民工就业的迫切需求。此外，由于社区教育培训是在农民工的居住地进行，随时随地都可以为其提供学习资源，可以让他们自主选择和安排学习时间，处理好与工作的关系，这也符合农民工对受教育培训和日常工作两不误的要求。

7.2.3.3 采用成本"协商"分担模式开展农民工教育培训

在社区开展农民工教育培训，涉及多个利益主体。既包括政府、企业、周边培训机构，也包括农民工自身。虽然农民工教育培训的多元结果可以满足不同利益相关者各自的需求，但这并不代表他们都会主动承担相应的成本。因此，避免"搭便车"现象出现的方法之一就是通过利益相关者之间的协商来确定各自应承担的成本。

农民工教育培训采用利益相关者成本"协商"分担模式来分摊运营成本不但合乎现实，而且具有可持续发展性。首先，成本"协商"分担模式有利于为教育培训工作提供大量的资源，具体包括资金、场地、设备和管理人员等。其次，有利于周边教育机构"送教上门"，从而为农民工争取到相对更优质的教育培训机会。最重要的是，成本"协商"分担模式使得教育培训工作无需等待政府的公共财政投入和政策的修改即可进行，从而使农民工教育培训更具有市场敏锐性和灵活性。这种模式的根本意义在于，农民工聚居社区的政府、企业、农民工，甚至学校，各方都可以从农民工安全教育培训中获得各自所需。原来没有合作参与农民工教育培训事业，一个很重要的原因就是他们之间缺乏有效的沟通。如果可以通过推动"协商"使其中一部分社区利益的相关主体合作，那么，这种教育培训成本"协商"分担模式就将以极低的成本推动农民工继续教育事业的发展。

7.2.3.4 农民工教育培训的内容要面向市场需求,培训模式要适应农民工特色

农民工固然大多数都有对职业技能培训的需求,但真正的需要程度是与未来的收入预期相联系的。即如果某项培训可提高他们的未来收入,他们就会有比较强烈的需求,甚至也愿意自己支付培训费;反之,如果该培训对他们的收入或未来发展的影响不大或没有直接影响,他们对参加培训的兴趣就不会太大。农民工自身的特点决定了农民工参加教育培训的特殊需求。对于农民工的教育培训,其内容应该具有前沿性和时代性。不能仅仅停留在低层次、低水平的简单劳动上。国际经验表明,随着社会的发展,受过良好教育和拥有职业技能的人将获得更多的就业和职业发展机会,而社会能够提供给没有技能或技能水平较低的人的工作机会也将越来越少。因此,从市场需求出发来设置农民工教育培训的课程,使农民工在完成培训后,其所拥有的技能适合企业的需求,符合社会发展的需要,最终使他的工作与事业有助于社会整体效益的增进。

在课程的设置模式上,应选择更加贴近农民工特点的模式。首先,注意农民工学习起点的不同,采用发展性考核制,使学员有空间选择适合自己的最佳学习路径。其次,从农民工需要节约时间和费用的角度出发,引导他们的学习兴趣,培养他们的自学能力,提供适合农民工的自学材料。只有学习内容简单明了,通俗易懂,才能有效解决农民工培训脱离实际、重知识轻技能的问题。第三,在学习与培训中应以学员为主体,教师则担任帮助与指导的辅助角色。通过充分调动农民工学习的积极性、主动性和创造性,使学员在不断发现问题的过程中,学会解决问题的技能,并且更加清楚地了解到自己的优点和强项,有利于将来更好更快地在职业市场中找到自己的定位并谋得良好的发展。

7.3 安全教育培训的内容

《中华人民共和国建筑法》第四十六条:建筑施工企业应当建立健全劳动安全生产教育培训制度,加强对员工安全生产的教育培训;未经安全生产教育培训的人员,不得上岗作业。《中华人民共和国安全生产法》第二十一条:生产经营单位应当对从业人员进行安全生产教育和培训,保证从业人员具备必要的安全生产知识,熟悉有关的安全生产规章制度和安全操作规程,掌握本岗位的安全操作技能。未经安全生产教育和培训合格的从业人员,不得上岗作业。第五十条:从业人员应当接受安全生产教育和培训,掌握本职工作所需的安全生产知识,提高安全生产技能,增强事故预防和应急处理能力。安全生产教育培训工作是实现安全生产的重要基础工作。

7.3.1 安全教育培训的时间要求

住房和城乡建设部《建筑企业职工安全培训教育暂行规定》(建教〔1997〕83号)对培训时间的要求如下:
1) 企业法人代表、项目经理每年不少于30学时;
2) 专职管理和技术人员每年不少于40学时;
3) 其他管理和技术人员每年不少于20学时;

4) 特殊工种每年不少于 20 学时；

5) 其他工种每年不少于 15 学时；

6) 待、转、换岗重新上岗前，接受一次每年不少于 20 学时的培训；

7) 新员工的公司、项目、班组三级培训教育时间分别不少于 15 学时、15 学时、20 学时。

7.3.2 安全教育培训的对象

7.3.2.1 企业领导干部的安全教育培训

加强对企业领导干部的安全教育培训，是社会主义市场经济条件下安全生产工作的一项重要举措。加强对他们的安全技术教育，提高他们对安全生产的思想认识，使他们掌握相关安全生产的方针政策、法律、法规和安全技术措施、劳动保护措施、安全操作技术、安全事故的预警预报及救援措施等，促使他们成为安全生产管理及技术的带头人，对避免发生违章指挥、杜绝冒险作业、冒险蛮干的现象和行为，搞好施工现场的安全生产工作有着巨大的现实意义。

1) 对建筑企业负责人的安全教育培训。建筑业的特点决定了企业负责人必须具备决策能力。企业负责人是安全生产的第一责任者，要对本企业的安全生产全面负责。

2) 对项目经理的安全教育培训。每一个项目经理都必须具备较强的管理能力，明确自己是施工现场安全第一责任人，是工程项目管理的全权委托代理人，对项目的工程质量要终身负责，同时也是工程项目顺利竣工获取效益的实践者。

7.3.2.2 安全管理人员的安全教育培训

建筑施工企业的安全员是建筑业施工关键岗位的管理人员，是施工企业项目基层的技术管理骨干。因此，安全教育培训的重点是施工现场的安全管理人员。为提高安全管理人员的安全生产意识和安全管理水平，培训的内容应是建筑施工企业所涉及的法规条款、强制条文、验收标准以及安全生产、安全管理等专业知识。通过培训使其精通业务，有效地监督并指导工程项目安全工作，具备对施工现场的"人、机、物、料、环"进行全面监控管理的能力。

7.3.2.3 建筑业从业人员的安全教育培训

1) 对农民工的培训。对一线从业人员应重点进行安全生产应知应会等最基本、最普遍的安全文化知识教育。通过培训，让他们了解施工生产中的安全注意事项、劳动保护要求，掌握一般安全基础知识，从而使他们都能比较熟悉有关政策、法规，基本掌握施工操作技能，提高生产技能和劳动素质，树立安全意识、质量意识，以减少施工安全事故。

2) 对特种作业人员安全技术培训和考核认证。特种作业人员在安全生产中具有关键性的作用，对他们需要由专门机构进行安全技术培训。培训内容既有建筑施工企业所涉及的法规条款、强制条文、验收标准及安全技术、安全操作规程等专业知识，又要通过电子课件等媒介结合案例教学，使学员既掌握了理论专业知识，又增强了在实际工作中分析问题、解决问题的能力。通过专业技术培训并进行考试合格后方可发放岗位操作证，做到持证上岗。特种作业人员的岗位有较大危险性，容易发生生产事故，作业时对自身、他人及周围设施的安全有一定的危害。因此，特种作业人员的工作质量直接关系到作业人员的人身安全，也直接关系到企业及工程项目的安全生产工作，对特种作业人员的培训教育必须进一步加强。

7.3.3 安全教育培训的形式和内容

7.3.3.1 新员工三级安全教育

对新员工或调换工种的人员，必须按规定进行安全教育和技术培训，经考核合格，方准上岗。三级安全教育是每个刚进企业的新员工必须接受的首次安全生产方面的基本教育。包括公司（即企业）、项目经理部（或工程队、施工队、工区）、班组三级。

1) 公司级：新员工在分配到施工岗位之前，必须进行初步的安全教育。教育内容如下：

(1) 劳动保护的意义和任务的一般教育；

(2) 安全生产方针、政策、法规、标准、规范、规程和安全知识；

(3) 企业安全规章制度等。

2) 项目经理部（或工程队、施工队、工区）级：项目经理部级教育是新员工被分配到项目经理部以后进行的安全教育。教育内容如下：

(1) 建筑施工人员安全生产技术和操作的一般规定；

(2) 施工现场安全管理规章制度；

(3) 安全生产纪律和文明生产要求；

(4) 施工过程基本情况，包括现场环境、施工特点、可能存在不安全因素的危险作业部位及必须遵守的事项。

3) 班组级：班组级教育是新员工分配到班组后，开始工作前的一级教育。教育内容如下：

(1) 本人从事工作的性质，必要的安全知识，机具设备及安全防护设施的性能；

(2) 本工种安全操作规程；

(3) 班组安全生产、文明施工基本要求及劳动纪律；

(4) 本工种事故案例剖析、易发事故部位及劳防用品的使用要求。

4) 三级教育的要求：

(1) 三级教育一般由企业的安全、教育、人力资源、技术等部门合作进行；

(2) 受教育者必须经过考试合格后才准予进入生产施工岗位；

(3) 给每名员工建立员工劳动保护教育卡，记录三级教育、变换工种教育等教育考核情况，并由教育者与受教育者双方签字后入册。

7.3.3.2 转场及变换工种安全教育培训

施工人员转入另一个工程项目或在一个工程项目内变换不同工种、调换不同岗位时必须进行转场安全教育培训。

1. 转场安全教育培训内容

1) 本工程项目安全生产状况及施工条件；

2) 施工现场危险部位的防护措施及典型事故案例；

3) 本工程项目的安全管理体系、规定及制度。

2. 变换工种安全教育培训内容

1) 新工作岗位或生产班组安全生产概况、工作性质和职责；
2) 新工作岗位必要的安全知识，各种机具设备及安全防护设施的性能和使用；
3) 新工作岗位、新工种的安全技术操作规程；
4) 新工作岗位容易发生事故及有毒有害的地方；
5) 新工作岗位个人防护用品的使用和保管。

7.3.3.3 特种作业人员安全教育培训

对电工、焊工、架子工、司炉工、爆破工、机操工及起重工、打桩机和各种机动车辆司机等特殊工种工人，除进行一般安全教育外，还要执行《特种作业人员安全技术培训考核管理办法》（国家经贸委 13 号令）的有关规定，按国家、行业、地方和企业规定进行本工种专业培训、资格考核，取得"特种作业人员操作证"后方可上岗，操作证每年要进行一次复审。对从事有尘毒危害作业的工作，要进行尘毒危害和防治知识教育。特种作业人员安全教育培训内容如下：

1) 特种作业人员在独立上岗作业前，必须进行与本工种相适应的、专门的安全技术理论学习和实际操作训练。
2) 负责特种作业人员培训的单位应当具备相应的条件，并经省、自治区、直辖市安全生产综合管理部门或其委托的地、市级安全生产综合管理部门审查认可。
3) 对特种作业人员的安全技术培训，可由所在单位或单位的主管部门进行，也可由考核发证部门或考核发证部门指定的单位进行。培训的时间和内容，可按国家（或部）颁发的特种作业"安全技术考核标准"和有关规定执行。

7.3.3.4 特定情况下的适时安全教育

对季节性（如冬季、夏季、雨雪天、汛台期）施工，节假日前后，节假日加班或突击赶工期，工作对象改变，工种改变，采用新工艺、新材料、新技术、新设备施工，发现事故隐患或发生事故后，新进入现场等特定情况，有针对性地进行安全教育培训。

7.3.3.5 三类人员的安全教育培训

三类人员是指建筑施工企业的主要负责人、项目负责人、专职安全生产管理人员。建筑施工企业主要负责人，是指对本企业日常生产经营活动和安全生产工作全面负责，有生产经营决策权的人员，包括企业法定代表人、经理、企业分管安全生产工作的副经理等。建筑施工企业项目负责人；是指经企业法定代表人授权，负责建筑工程项目管理的负责人等。建筑施工企业专职安全生产管理人员，是指在企业中专职从事安全生产管理工作的人员，包括企业安全生产管理机构的负责人及工作人员、施工现场专职安全生产管理人员。以上三类人员必须经过培训和考核合格后上岗。

7.3.3.6 安全生产的经常性教育

企业在做好新员工入场教育、特种作业人员安全生产教育和各级管理人员、安全管理专职人员的安全生产培训的同时，还必须把经常性的安全教育贯穿于管理工作的全过程，并根据接受教育对象的不同特点，采取多层次、多渠道和多种方法进行。安全生产宣传教育多种多样，应贯彻及时性、严肃性、真实性，做到简明、醒目，具体形式如下：

1) 施工现场入口处的安全纪律牌；

2) 举办安全生产培训班、讲座、报告会、事故分析会;
3) 建立安全保护教育室,举办安全保护展览;
4) 举办安全保护广播,印发安全保护简报、通报等,办安全保护黑板报、宣传栏;
5) 张挂安全保护挂图或宣传画、安全标志和标语口号;
6) 举办安全保护文艺演出、放映安全保护音像制品;
7) 组织家属做员工安全生产思想工作。

7.3.3.7 班前安全活动

组长在班前进行上岗交底、上岗检查,做好上岗记录:

1) 上岗交底:交当天的作业环境、气候情况,主要工作内容和各环节的操作安全要求,以及特殊工种的配合等;
2) 上岗检查:查上岗人员的劳动保护情况,每个岗位周围作业环境是否安全无患,机械设备的安全保险装置是否完好有效,以及各类安全技术措施的落实情况等。

7.3.4 培训效果检查

对安全教育与培训效果的检查主要包括以下几个方面:

1) 检查施工单位的安全教育制度。建筑施工单位要广泛开展安全生产的宣传教育,使各级领导和广大员工真正认识到安全生产的重要性、必要性,懂得安全生产、文明施工的科学知识,牢固树立安全第一的思想,自觉遵守各项安全生产法令和规章制度。因此,企业要建立健全安全教育培训考核制度。

2) 检查新招员工是否进行三级安全教育。现在临时劳务工众多,发生伤亡事故的主要对象在临时劳务工之中,因此应作为新招员工对待。新员工(包括合同工、临时工、学徒工、实习和代培人员)都必须进行三级安全教育。主要检查施工单位、项目经理部、班组对新招员工的三级教育考核记录。

3) 检查安全教育内容。安全教育要有具体内容,要把《建筑安装操作人员安全技术操作规程》作为安全教育的重要内容,做到人手一册,除此以外,企业、分支机构、项目经理部、班组都要有具体的安全教育内容。电工、焊工、架子工、司炉工、爆破工、机操工及起重工、打桩机和各种机动车辆司机等特殊工种也有相应的安全教育内容。对从事有尘毒危害作业的人员,进行尘毒危害和防治知识教育,也应有相应的安全教育内容。

主要检查每个员工包括特殊工种操作人员是否人手一册《建筑安装操作人员安全技术操作规程》,检查企业、分支机构、项目经理部、班组的安全教育资料。

4) 检查变换工种时是否进行安全教育。各工种操作人员及特殊工种操作人员除懂得一般安全生产知识外,还要懂得各自的安全技术操作规程,当采用新技术、新工艺、新设备施工和调换工作岗位时,要对操作人员进行新技术操作和新岗位的安全教育,未经教育不得上岗操作。主要检查变换工种的人员在调换工种时重新进行安全教育的记录。检查采用新技术、新工艺、新设备施工时,进行新技术操作安全教育的记录。

5) 检查员工对本工种安全技术操作规程的熟悉程度。该条是考核各工种人员对《建筑安装操作人员安全技术操作规程》的熟悉程度,也是施工单位对各工种操作人员安全教育效果的检验。按《建筑安装操作人员安全技术操作规程》的内容,到施工现场(班组)随机抽查各工种操作人员，对其工种安全技术操作规程进行问答，各工种操作人员宜抽取 2 人以上。

6) 检查施工管理人员的年度培训。各级建设行政主管部门明文规定的施工单位的施工管理人员进行年度安全生产培训，施工单位应执行。施工单位内部每年也要进行一次安全生产培训。主要检查施工管理人员是否进行年度培训的记录。

7) 检查专职安全人员的年度培训考核情况。住建部及各省、自治区、直辖市建设行政主管部门规定专职安全人员要进行年度培训考核，具体由县级、地区(市)级建设行政主管部门经办。检查专职安全人员的年度安全教育培训考核是否合格，未进行培训的或不合格的是否仍然在岗等。

7.4 以劳务企业为核心的新型培训组织机制

现阶段，我国已建立了建筑业劳务分包制度，施工总承包、专业承包企业不再直接雇用农民工或只与"包工头"签订劳务合同，而由劳务分包企业依法与员工签订劳动合同，进行劳务作业分包的企业具有规定的资质，并按照合同约定及时支付工资。建筑操作人员有了规范的组织，培训可以有效运转。建筑施工人员是建筑劳务企业的核心要素，培训是企业不可或缺的重要内容，将培训纳入企业管理系统，是提高企业竞争力的核心所在，是提高企业内在动力的手段。因此，在劳务分包制度下，以规范的组织——劳务分包企业为突破口，建立有效的培训组织机制，是建筑施工人员培训的有效途径。

培训组织机制是指在由劳务分包企业、建筑操作人员、劳动力市场、政府主管部门和培训机构等所组成的系统中，分析和确立各主体的职能和相互关系，以及相互作用的过程和方式。培训组织机制的目标就是组织的高运行效率、低交易成本、整体的快速反应、准确地满足市场需求。

7.4.1 新型培训组织机制运行框架

新型培训组织机制是个系统工程，包括 5 方参与主体：①劳务分包企业，指具备相应资质的符合现代公司制度的企业实体；②劳务人员，包括存量人员(指目前已经在企业工作的熟练员工和非熟练员工)和增量员工(指即将进入劳务企业的人员)；③政府主管部门或其代理人，指各级建筑业行政主管部门或作为其职能代理人的行业协会等机构，同时也包括劳务输出地和输入地的劳动行政主管部门；④劳动力市场，可以为有形或无形市场，包括现有的人才市场和劳务输出基地，具备农村劳动力信息、培训信息、市场需求信息等资源库；⑤培训机构，包括营利性和非营利性机构，可以是职业技术类学校、专业的培训机构等。培训组织机制框架如图 7-1 所示。

组织运行机制中各方主体之间存在信息流、资金流和知识流的单向或双向流动。信息流指培训各主体间关于劳动力供需和培训供需的信息流，以及政府对其他参与主体的协调、规范、监督的信息流。资金流指培训资金在各主体间的流进和流出。知识流指各主体间培训知识(务工常识、安全知识、法律法规等引导性知识和职业技能知识)的流动。

劳务人员有序进入劳务企业有 3 种基本途径。第一种是存量员工通过劳动力市场调换

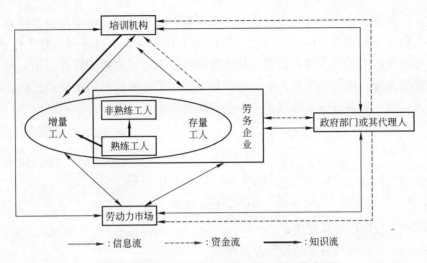

图 7-1 新型建筑劳务人员培训组织机制构架图

工作岗位。第二种是经过培训的增量人员直接进入劳务企业，或者通过劳动力市场（包括劳务输出基地）进入劳务企业。第三种是未经培训的增量人员经过培训机构培训直接进入劳务企业，或者通过劳动力市场（包括劳务输出基地）进入劳务企业。

建筑劳务企业在培训机制中处于核心地位，即培训的核心组织者，全面组织、协调各主体间资金、信息、知识的流动，促进培训组织高效有序地进行，同时也利用自身资源进行自主培训。劳务企业与培训机构属于委托与代理关系，即委托培训机构对员工进行培训。一种是增量人员的招聘与培训，由劳务企业委托劳务市场招生并委托培训机构培训，或直接委托培训机构招生并培训。另外一种是存量员工的培训，一般为短期培训，由劳务企业直接向培训机构提出培训要求。培训效果由企业检验来认可或通过证书认可。劳务企业与劳动力市场的关系，在于供求信息共享和委托招聘。劳务企业与政府主管部门或其代理人的关系，在于缴纳培训基金等。劳务企业与劳务人员的关系，在于提高其培训积极性，组织招聘、培训，包括存量员工和增量员工之间通过传、帮、带关系进行的实时培训。

政府主管部门或其代理人的核心职能包括规划、指导、调控、规范、监督整个培训过程，制定相关扶持政策，并对培训结果进行考评认定等。同时，通过成立培训协会或者培训基金会向企业征收培训基金，并负责支出使用。政府主管部门或其代理人对劳务企业、培训机构、劳动力市场和培训人员进行监督指导，提供一定的资金、政策支持，并共享信息资源。

培训机构的主要职能是以市场为导向，组织培训资源，对建筑业各个环节的各工种提供有效培训服务。一方面接受企业的委托对劳务人员进行技能知识和安全知识培训。另一方面，主动预测，进行储备性培训。劳动力市场的主要职能是对建筑劳务人员供需、培训的相关信息进行收集、整理，建设数据信息平台，为供需双方提供有形交易平台，保障信息对称。

7.4.2 新型组织机制运行的动力

1992 年诺贝尔经济学奖得主 Becker 用传统的微观均衡分析方法建立了人力资本投资

均衡模型。应用其理论，综合考虑建筑劳务人员培训意识淡薄、流动性强等特点，分析使建筑劳务人员培训得以进行的经济动力。假设员工和企业都是追逐利益最大化的经济人，可以从事任何现值为正的投资，培训也是理想的可以带来高收益的投资决策；市场信息完全透明和竞争充分，培训前后的人员将在市场上分别形成不同的均衡交易价格；培训成本一次性投入。培训能够进行需要以下三个条件同时满足：

$$PV_T = \sum_{t=1}^{T}(K_t - J_t)/(1+r)^t = PV_L + PV_c \tag{7-1}$$

$$PV_L = \sum_{t=1}^{T}(w_1 - w_0)/(1+r)^t = C_L + T_c \tag{7-2}$$

$$PV_c = PV_T - PV_L \geqslant C_0 + fC_m \tag{7-3}$$

式中　PV_T——投资收益总现值；

　　　PV_L——参培人员分享的投资收益现值；

　　　PV_c——企业分享的投资收益现值；

　　　K_t——t 年投资培训总收入；

　　　J_t——t 年未投资培训的收入；

　　　T——培训的预期影响期，即培训的有效时间；

　　　r——利率；

　　　t——第 t 年；

　　　w_1——培训后参培人员的年收入；

　　　w_0——培训前参培人员的年收入；

　　　C_L——参培人员付出的培训总成本；

　　　T_c——参培人员愿意培训的门槛值；

　　　f——参培人员流失的概率；

　　　C_0——企业付出的培训成本；

　　　C_m——参培人员流失给企业带来的成本。

式(7-1)表示培训投资收益的总现值等于预期影响期内各年投资净收益的折现值之和，由参培人员和企业共同分享，其中净收益包括培训导致的生产率提高、事故率降低、工程质量提高等带来的综合净收益。

式(7-2)表示参培人员愿意参加培训的必要条件，即参培人员参加培训的收益现值不小于参培人员参加培训的成本与其有动力参加培训的门槛值之和，其中参培人员参加培训的成本包括直接成本和机会成本。

式(7-3)表示企业愿意参加培训的必要条件，即企业参加培训的收益现值不小于企业为参培人员培训支付的直接成本和可能流失成本之和，其中可能流失成本为流失概率与流失成本之积，流失成本包括人力资源获取成本、工作延误成本、培训时间成本等。

这三个条件给我们如下启发：第一，培训资金从根本上来源于生产率提高的净收益（扣除培训成本）；第二，参培人员和企业之间培训成本分担和培训后收益分配的合理性直接决定培训能否进行。因此，提升整个培训系统的运行效率，降低培训成本，提高收益，完善人力资本投资收益分配机制，是促进培训机制高效运行的根本出路。

7.4.3 新型组织机制运行的相关措施

为实现组织机制的运行目标，竞争、激励和约束措施同样非常必要。

1）竞争措施。首先，创造劳务企业间公平竞争，通过投标方式，强化企业的人才竞争力导向，给企业增加培训外部压力。其次，创造员工间的公平竞争环境，通过竞争上岗，增加员工培训的紧迫感。再次，采取设立工会等方式改变员工的弱势地位，有效平衡员工和企业间的供需竞争关系，避免造成过度的买方市场或卖方市场，使得培训净收益能够合理分配。最后，创造培训机构间的公平竞争环境，受训人员来源由市场调配，给培训机构以足够的竞争压力，强化其树立质量导向目标。

2）激励措施。政府的正向激励非常必要。争取扶贫资金、"阳光工程"培训资金甚至从财政支出设立专项培训基金作为建筑劳务人员培训的资金来源，视具体情况对劳务企业、员工、培训机构、劳动力市场或劳务输出基地进行资金扶持。

3）约束措施。首先，严把市场准入关。包括建筑劳务企业的准入和劳务人员的准入。其次，建筑劳务企业施工现场实行劳务分包信息公示制度。第三，对建筑劳务作业人员实行持证上岗管理。最后，监督培训基金的征集和使用过程。

只有竞争、激励和约束措施顺利实施，才能保证新型的培训组织机制高效运行，收到最好的培训效果。

7.5 建立安全教育培训平安卡制度

近年来，香港实施的平安卡制度（我国深圳等地也已经开始实施），对培训和提高员工的安全意识和技能起到了很重要的作用，是我们可以借鉴和学习的。平安卡又称"绿卡"，由香港建筑业训练局统一颁发，员工接受并通过安全教育培训后可获得此卡。这项制度规定，进入施工现场的新员工必须持有平安卡，否则他将被拒绝进入施工现场。同时还规定，建筑公司不得接收没有平安卡的员工，否则公司将会受到严厉惩处。

通过这种方式，有效地保证了员工在工作前都能得到培训，提高了员工在安全与健康方面的素质，改善了安全施工状况。为了保证这个制度的执行，并监督建筑公司的行为，劳工处采用不定时抽查的方式对各个公司进行检查。从业人员注册制度是香港特区目前正在着手建立的一个制度。其主要内容是通过计算机网络系统建立一个庞大的数据库，将建筑业的所有员工进行注册编号，记录其经过考核所评定的技术水平，在意外工伤事故发生后，对员工的伤亡情况等资料进行记录，以方便数据的统计、整理，也有利于员工的管理。通过这种方式，安全事故的呈报就比较方便了，遗漏和瞒骗的现象也会减少。

7.5.1 平安卡芯片涵盖的主要内容

平安卡是一张储存持卡人身份资料（如姓名、性别、身份证号码、相片、安全教育培训记录、考勤记录、意外伤害保险记录等）信息的 IC 卡。旨在以个人信息平安卡为依托，以建设管理部门为牵头单位，联合安全教育培训单位、建设施工单位、劳动保障部门，通过信息化管理的手段，建立统一的标准化信息系统，由各级安监部门和建筑安全协会负责平安卡的发放与管理以及信息录入，再汇集到中心，形成互通的信息网。该系统将记载着每一个从业人员所能提供的最详细的初始化信息，它贯穿了从业人员从工作到社会保障的全过程，功能齐备，操作简便又安全可靠，对进入施工现场作业的人员实现有效的管埋。该系统可防止不明身份人员进入施工现场，记录个人基本信息、进出施工现场时间、考勤情况、查找从业人员工作地点、查询从业人员的工资支付情况、意外伤害保险的购买及理赔的情况、从业人员在企业参加的劳动安全教育培训及技能培训、再教育情况及奖罚记录等综合信息。

7.5.2　平安卡的主要功能和作用

建筑外来工管理和安全生产管理问题既是社会关注的热点问题也是难点问题。要解决好热点难点问题，就必须要创新管理模式。平安卡既是建筑从业人员的"上岗证"。又是建筑从业人员维护自身合法权益的"护身符"，同时还是加强农民工信息化管理的重要依据，具体作用体现在以下几个方面：

1）平安卡系统运用了先进的网络技术，有助于及时掌握建筑劳务队伍分布和流动情况，全面推进建筑业使用专业劳务队伍的用工制度改革，促进建筑用工从无序流动向有序流动的转变。进入项目施工现场工作，从业人员必须持平安卡方可入场。入场后，平安卡又将作为施工现场的考勤卡，通过打卡制度，录入该员工的实际工作情况及流动情况。通过信息录入和互通的方式，将个人信息档案的管理与每一个具体项目的现场管理相结合，每一位员工入场时都将出示其平安卡。这样既能让施工企业及时掌握该员工的过往工作经历及工作情况，又能为本项目提供详细的管理资料。

2）集中解决建筑从业人员，特别是农民工初次上岗安全教育培训的难题，全面提高建筑劳务队伍的整体素质，促进建筑从业人员从"无知无畏"向遵章守法、自我保护、合法维权转变。从建筑安全教育培训着手，建立建筑业从业人员信息数据库，将施工安全初始培训作为建筑行业的入场券，要求每一个从业人员进入建筑行业前，必须接受施工安全初始培训，并使其成为基础信息，切实加强安全教育，有效防范安全事故发生。

3）通过使用平安卡系统中的"企业版"，有效记录建筑从业人员每次进出施工现场上岗的考勤情况、工种培训情况和受教育情况等信息，有助于企业对农民工的有序管理，全面掌握农民工的基本情况，方便企业，更方便了劳动者。有助于解决劳资纠纷，更好地维护员工的合法权益。

4）为解决劳资纠纷提供可靠、翔实的依据。每到年关，农民工工资问题既是社会关注的热点，也是维护社会稳定的大事。平安卡内存储的考勤信息，可作为清算农民工工资问题的基本依据，农民工可将其作为拿回"血汗钱"的凭据，施工企业也可将其作为规范工资管理的一个重要手段。

7.5.3　确保平安卡制度顺利实施的有效措施

成立建筑安全职业技能培训学校，作为实施平安卡制度的专业培训机构。培育一批安全专业的师资队伍，开展建筑施工一线作业人员的安全教育培训和职业技能培训。全面提高从业人员的安全知识和劳动技能，保证平安卡管理制度的顺利实施。

7.6　建筑企业安全教育培训的特点和要求

7.6.1　建筑企业安全教育培训的特点

1）安全教育培训的全员性。安全教育培训的对象是建筑企业所有从事生产活动的人员。因此，从企业经理、项目经理到一般管理人员及一线作业人员，都必须严格接受安全教育培训，全力形成全员、全过程、全企业的安全意识。安全教育培训是建筑企业所有人员上岗前的先决条件，任何人不得例外。建筑企业各级领导应坚持把提高全体员工安全素质摆在重要位置，使安全第一的思想和基本的安全知识深入人心。

2）安全教育培训的长期性。安全教育培训是一项长期性的工作，要把经常性的安全教育培训贯穿于企业员工工作的全过程，贯穿于每个工程施工的全过程，贯穿于施工企业生产活动的全过程中。从新员工进企业开始，就应接受安全教育培训。从施工队伍进入施工现场开始，就必须对所有从业人员进行入场安全教育培训和岗位培训，进行安全生产、安全技能和安全防护、救护救援等基本的安全知识培训。

3）安全教育培训的专业性。建筑行业是一个特殊行业，劳动密集，技术专业性很强。建筑施工现场生产所涉及的范围广、内容多。安全生产既有管理性要求，也有技术性知识，由于安全生产的管理性与技术性相结合，使得安全教育培训具有专业性、针对性要求。教育者既要有充实的理论知识，也要有丰富的实践经验，这样才能使安全教育培训做到深入浅出、通俗易懂，并能收到良好的效果。

7.6.2　安全教育培训应满足的要求

2002年11月1日开始实施的《中华人民共和国安全生产法》第21条、第22条对从业人员的安全生产教育和培训作出了明确的规定，阐明了通过安全生产教育和培训，从业人员应满足以下要求：

1. 具备必要的安全生产知识

首先是必须掌握有关安全生产的法律法规知识。法律法规中有很多关于安全生产的内容，这些内容是建筑施工企业搞好安全生产的工作指南和行为规范，从业人员必须充分了解和掌握。

其次是必须掌握有关生产过程中的安全知识。建筑施工是复杂的系统工程，涉及安全生产过程的危险源也非常多，对任何一个危险源未进行识别和评价并采取有效的控制措施，都可能导致安全事故发生。从业人员作为建筑施工企业活动的具体操作者，必须掌握与生产有关的安全知识，只有这样，才能保障建筑施工企业的安全生产，保障从业人员自身的生命安全和健康。

再次是必须掌握有关的事故应急救援和逃生知识。为应对可能导致从业人员生命危险的紧急情况，从业人员务必掌握事故应急救援和逃生知识。

2. 熟悉有关安全生产规章制度和操作规程

为加强安全生产监督管理，国务院有关部门制定了一系列安全生产的规章制度，主要是以部门令的形式和规范性文件发布。地方政府也根据本地区的实际，制定了一些有关安全生产的规章制度，包括地方性法规和政府部门规章等。对这些规章制度，从业人员应当了解和掌握，做到心中有数。同时，建筑施工企业根据国家有关安全生产的法律、法规及规章制度，结合本单位的实际，制定了许多本单位的安全生产规章制度和操作规程。这些规章制度和操作规程是安全生产法律法规的具体化，是从业人员工作的准则、行动的指南，从业人员应当认真学习，积极参加安全教育培训，以便熟悉有关安全生产的规章制度和操作规程。

3. 掌握本岗位的安全操作技能

工作岗位的安全生产，是整个建筑施工企业安全生产的基础。只有切实抓好每个工作岗位的安全，才能确保整个建筑施工企业的安全生产。因此，建筑施工企业要加强岗位安全生产教育和培训，使从业人员熟练掌握本岗位的安全操作规程，提高安全操作技能，降低每个岗位的事故发生率。

要满足以上要求，就必须加强安全生产的教育与培训，这也是安全生产的前提条件，从目前建筑业的从业人员素质来看，施工现场中的作业人员素质和自我防护意识较差，因此，如何抓好全员的安全教育培训工作，使之具备必要的安全生产知识，熟悉有关安全生产规章制度和操作规程，掌握本岗位的安全操作技能，以进一步提高行业员工安全管理和安全生产的业务素质，就成为建筑施工企业搞好安全生产工作的重要环节。

7.7 建筑企业安全教育培训的工作流程

安全教育与培训工作是一个系统工程，从管理的角度看，它涉及企业管理的多个领域和部门，从安全教育与培训工作本身的角度看，安全教育与培训工作是贯穿了计划、实施、检查、评估、改进等几个子过程的循环系统。该系统的流程如图7-2所示。

分析该流程图可知，安全教育培训主要涉及以下几个子过程：

1. 必须确定与企业职业健康安全管理方针一致的安全教育培训指导思想

建筑施工企业在制定职业健康安全管理方针时必须确定安全教育培训的指导思想，这是企业开展安全教育培训的总的指导理念，也是主动开展企业职业健康安全教育的关键，只有确定了具体的指导思想，才能有计划地开展安全教育的各项工作，这也是实现企业职业健康安全管理方针的基础工作之一。安全教育与培训工作是一个系统工程，其中涉及计划、实施、检查与评估、改进等诸多环节，只有确定了与企业职业健康安全管理方针相一致的安全教育与培训的指导思想，才能实现企业安全教育培训系统的循环，才能确保安全教育培训体系的有效运行。在保证企业安全教育与培训工作的有效性的前提下，企业的职业健康安全管理方针才能得以顺利实现。

2. 企业必须制订符合安全教育培训指导思想的培训计划

确定了与企业职业健康安全管理方针一致的安全教育培训指导思想后，企业必须依据年度承接任务的情况编制企业的安全教育与培训计划，主要的内容应涉及以下几个方面：

（1）通用安全知识培训

包括法律法规的培训，企业在对使用的法律法规适用条款作出评价后，应开展法律法

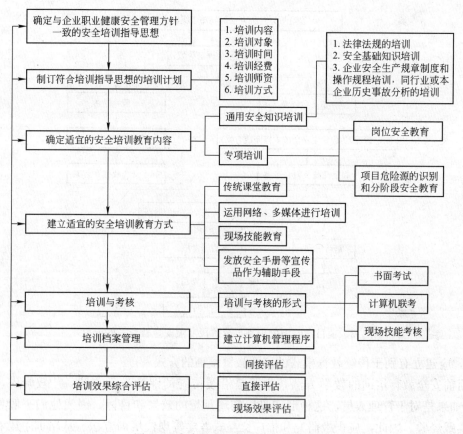

图 7-2 安全教育培训系统的工作流程

规知识的专门培训，安全基础知识培训，建筑施工主要安全法律、法规、规章和标准及企业安全生产规章制度和操作规程培训，以及同行业或本企业历史事故分析的培训。

(2) 专项安全知识培训

包括岗位安全教育培训、项目危险源的识别和分阶段安全教育专项培训。

项目危险源的识别与分阶段专项安全教育是搞好建筑施工企业安全生产的关键环节。分阶段的专项培训主要按建筑工程的施工程序(作业活动)来进行，一般分为基础阶段、主体阶段、装饰装修阶段、退场阶段。首先在工程开工前针对作业流程和分类对整个项目涉及的危险源进行评价，确定重大危险源，并制定重大危险源的控制方案和一般危险源的控制措施，针对重大危险源和一般危险源的分布制订培训计划。项目危险源的识别与分阶段专项安全教育一般流程如图 7-3 所示。

内容确定后，应确定培训的对象和时间。一般来说，培训对象方面主要分为管理人员、特殊工种人员、一般性操作工人。培训的时间可分为定期(如管理人员和特殊工种人员的年度培训)和不定期培训(如一般性操作人员的安全基础知识培训、企业安全生产规章制度和操作规程培训、项目危险源的识别和分阶段安全教育专项培训等)。

培训的内容、对象和时间确定后，安全教育培训计划还应对培训的经费作出概算，这也是安全教育培训计划实施的物质保障。

然后是确定培训所需的师资，最后确定培训特色形式。

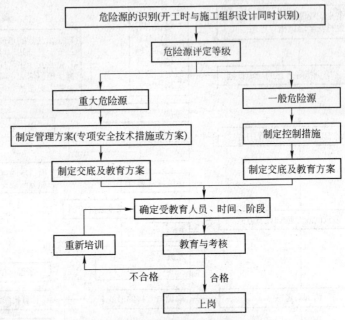

图 7-3 项目危险源的识别与分阶段专项安全教育一般流程

3. 应建立有别于传统教育模式的安全教育培训的方式

目前安全教育培训的教学方法，主要是沿袭传统的课堂教学方法，"教师讲，学员听"，如果是对于管理人员，这种形式难以实现预想的效果和目标，因为他们一般具有丰富的实践经验。因此，应积极研究和推广交互式教学等现代培训方法。从培训手段看，目前多数还是"一张讲台，一支粉笔，一块黑板"的传统手段，运用多媒体技术开展培训的不太普遍。从解决行业内较大的培训需求和培训资源相对不足的矛盾看，采取多媒体技术开展培训、大范围开展培训势在必行。

特别是对于一般性操作人员的安全基础知识培训方面，应遵循易懂、易记、易操作、趣味性的原则，可以采用发放图文并茂的安全知识小手册(图 7-4)、播放安全教育多媒体教程(图 7-5)等方式提高培训效果。

安全教育多媒体教程可采用计算机和投影相结合的方式在员工进场时进行，其内容应以声、像、动画相结合为主要体现模式。安全教育多媒体教程一般框架内容如图 7-5 所示。

通过采用多媒体教育的方式，在最大程度上使安全教育与培训工作寓教于乐，针对施工现场操作人员的具体情况，取得最大的培训效果。

施工现场的技能专项教育与培训适用于专门的工种，如井架、龙门吊操作人员的培训、特殊工种人员培训等。另外，班组班前活动作为安全教育与培训的重要补充，应予以充分重视，班组成员通过了解当天存在的危险源及应采取的相应措施作为自己在施工时的指南，当天作业完成后由班组长牵头对所属员工进行安全施工讲评。

4. 应设计明确的培训考核制度

考核是评价培训效果的重要环节，依据考核结果，可以评定员工接受培训的认知程度和采用的教育与培训方式的适宜程度，也是改进教育与培训效果的重要依据。

7 建筑工程项目安全管理应用创新——安全教育培训

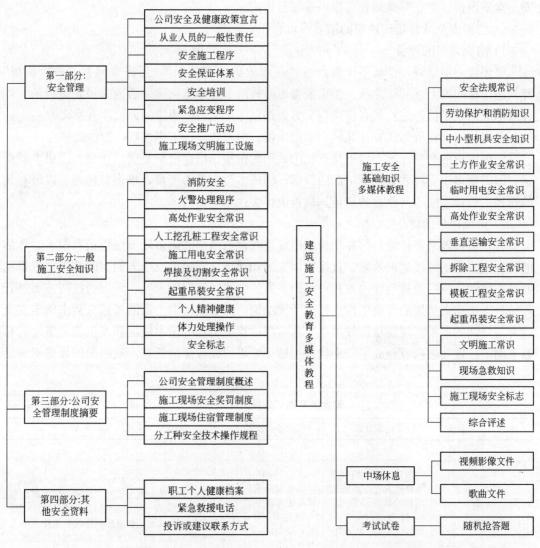

图 7-4 安全知识小手册应包含的内容　　图 7-5 安全教育多媒体教程一般框架

考核的形式一般主要有以下几种：书面形式开卷，适宜普及性培训的考核，如针对一般性操作人员的安全教育培训；书面形式闭卷，适宜专业性较强的培训，如管理人员和特殊工种人员的年度考核；计算机联考，将试卷用计算机程序编制好，并放在企业局域网上，公司管理人员或特殊工种人员可以通过在本地网或通过远程登录的方式在计算机上答题，这种形式一般适用于公司管理人员和特殊工种人员。

现场技能考核的方式以现场操作为主，然后参照相关标准对操作的结果进行考核。

5. 加强培训档案的管理

培训档案的管理是安全教育与培训的重要环节，通过建立培训档案，在整体上对参加培训人员的安全素质作必要的跟踪和综合评估，在招收员工时可以与历史数据进行比对，比对的结果可以作为是否录用或发放安全上岗证的重要依据。培训档案可以使用计算机程序进行管理，并通过该程序实现以下功能：个人培训档案录入、个人培训档案查询、个人安全素质评价、企业安全教育与培训等综合评价。

6. 完善安全教育培训效果的绩效评价和评估

1）培训效果的评价

要评价一项培训，学员不仅要回答"是否收到预期效果"，还需要回答"是否值得"等问题。在回答上述问题之前，学员要考虑另外两个问题：从哪一方面来说是值得的？以什么标准来说是值得的？只有在这两个方面加以考虑之后，所作的评价才有意义。

常用的培训评价形式有这几种：学员反馈、学习效果、工作表现、整体效率。

培训评价的衡量标准有以下几点：①效果的衡量，培训目标是否已达到；②成本的衡量，即需要多少资源才能达到培训的目标；③成本与效果的衡量，培训目标是否以最有效的途径达到；④成本与收益的衡量，是否值得去达到培训目标。

2）培训效果的评估

教育培训效果评估的目的在于为改进安全教育与培训的诸多环节提供信息输入。评估的内容主要包括间接培训效果、直接培训效果和现场培训效果三个方面。间接培训效果主要是在培训完成后通过问卷的方式对培训采取的方式、培训的内容、培训的技巧方面进行评价。直接培训效果的评价依据主要为考核结果，以参加培训人员的考核分数来确定安全教育与培训的效果。现场培训效果主要从生产过程中出现的违章情况和发生安全事故的频数来确定。这几项内容构成了安全教育与培训效果的综合评估数据。其一般的评估标准见表 7-1。

安全教育培训效果的评估指标 表 7-1

序号	类别	间接培训效果 A_1	直接培训效果 A_2	现场培训效果 A_3
1	权数	$A_1=0.2$	$A_2=0.4$	$A_3=0.4$
2	评价标准	考试的同时给参加考核的人员发放间接培训效果评价表。评价分为"好"、"一般"、"差"三个等级；其中"好"占80%及以上，得分为0.2分；"好"占79%～70%，得分为0.1分；"好"占69%及以下，得分为0分	参加考核实际人数取得的考核分数的平均数为 B；当 $B\geqslant 90$ 时，得分为 0.4 分；当 $80\leqslant B<90$ 时，得分为 0.3 分；当 $60\leqslant B<80$，得分为 0.2 分；当 $B<60$，得分为 0 分	在一个年度内，发生 2 起以上轻伤事故或 1 起以上重伤及以上事故，或累计发生经济损失 3000 元以上其他事故时，该项得分为 0 分；发生 1 起以上轻伤事故且未发生重伤及以上事故，以及累计发生其他事故的经济损失≤3000 元时，该项得分为 0.2 分；未发生工伤事故且累计发生其他事故的经济损失≤2000 元时，该项得分为 0.3 分；未发生工伤事故且累计发生其他事故的经济损失≤1000 元时，该项得分为 0.4 分
		综合评价结果		
	得分值 A	等级	应采取的改进措施	
3	$A=1$	优	及时总结好的经验，给予推广	
	$0.8\leqslant A<1$	良	加强培训教育	
	$0.6\leqslant A<0.8$	合格	总结经验，对数据进行分析，对薄弱环节制定针对性措施	
	$0.4\leqslant A<0.6$	不合格	对数据进行细致分析，制定专项改进方案	
	$A\leqslant 0.4$	差	检讨培训的指导思想、计划、教材和师资，并决定是否对培训体系进行整体改组	

7.8 施工企业安全教育培训的基本方法和技巧

安全教育培训是一项长期的经常性工作，应针对建筑业的特点设计、制定各种满足相应需求的长期、中期和短期培训计划，并应以短期培训为主。对不同岗位和不同工种人员，教育培训目标、内容和要求要有针对性。培训教材要结合实际，突出重点，通俗易懂，好学易记。做到培训与所在岗位紧密结合、学用一致。

建筑企业员工安全教育培训应在明确目标下，针对建筑领域从业人员素质的实际情况和根据员工的多种需求，区分情况、层次，突出重点，兼顾一般，采取多种有效的培训方式。可以脱产与业余相结合，可以校内与校外相结合，也可以集中培训和分散培训相结合。要讲求教学方法的多样性。可以面授，可以专题研讨，也可以采用电视、录像、多媒体等现代教学手段。总之建筑企业员工安全教育培训，应体现出成人教育的多元化、多样化、多层次的特点，以满足不同需求，在安全教育培训的实施过程中，注意各环节的方法和技巧。

7.8.1 培训前的准备

7.8.1.1 基本准备

1）收集信息。收集学员的有关资料，尽可能多地认识培训对象，并了解以下信息：对主题的认识，小组成员的人数、性别、年龄、婚姻状况、信仰、社会及政治倾向，是主动参与还是被动参与，以及学员彼此间的熟悉程度等。

2）增加学习兴趣。学习并不痛苦，每个人都拥有"童真"，如果在学习的过程中能够激发这种"童真"并让其参与的话，那么教师以及学员都会得到更多乐趣。如果学员的注意力不能集中，学习就会遇到障碍。

3）分配时间。确认了培训目标和培训能力以后，教师就应该考虑下列问题：有多少时间可供分配，是否考虑了休息时间，是否预留了时间用来反馈和总结意见，是否考虑了可能会出现的差错和一些意外的事情等。此外，课程安排必须有先后顺序。教师必须对自己所做的工作保持一定的敏感度，而且要经常思考以下问题：①课程是否包括了开始、中间和结尾；②课程的各部分之间衔接是否自然。

4）课程设计。缺乏经验的教师常常将课程安排得过于烦琐。课程必须使教师和学员都能很容易明白和理解。如果需要重复几遍，就说明设计不够简洁。

5）培训地点。采用固定教室与具备条件的现场教学点均可的灵活方式，现场教学点应具备基本的教学条件，学员可坐可写，并确保安全。

6）包容性广。不同的人会对不同的内容感兴趣，并非所有人在同样的学习方法下都能取得好的效果。如果能调动各种因素，例如学员的情感、智慧、身体和心灵等，学员积极反应的机会就会大增。虽然这个方法不是万能的，但应尽可能地去运用。

7）分享期望。大部分人都喜欢有一种期望的感觉，如究竟今天早上如何度过？今天开始为期八周的课程又会如何？由于很多人都怀着希望来参加教师主持的课程或者会议，因此最好在开始的时候了解他们的期望，以便对他们提出的问题逐一解答。"是的，我想这个要求可以达到"，或者"对不起，我设计了另外一些东西"。这样，你就可以和学员一起分享这些期望，并且找到他们的需求。

8) 气氛——环境。当进行课程设计时，授课地点的气氛或环境都是必要的元素。必须考虑空间的大小、家具的安排(能否移动)、舒适度、光线、温度和空间(是否适于讨论，是否具有安全感和亲切感)。

9) 控制节奏。每个人的体内都有一个生物钟。两个人体内的生物钟可能会类似，但绝不会完全一样。教师注意自己的节奏以及学员的节奏是非常重要的，因为人需要时间来吸收听到的内容以及经验。要考虑以下问题：①课程或者会议(例如讲话、练习等)的速度如何，是否太快或太慢；②你设计的节奏是否太过紧张，或是过于拖沓而使学员感觉沉闷。

10) 弹性处理。如果在完成课程设计的过程中感觉不是太好，最好重新进行设计。如果在讲课或者会议的过程中，出现有意义的学习机会或是有重大事情发生，则要弹性处理。一些活动或经验远比想象中需要的时间更长，或者带来更大的冲击和影响。

7.8.1.2 针对学员的准备

1) 使学员精神放松。一名神经紧张的人在接受和吸收知识时会处于无意识状态。为使实际培训在开始前就获得成功，教师必须使学员处于放松的状态。要使学员身心放松，最好的办法是教师抱着友善的、协助的态度进行培训。如果教师把培训当成一件麻烦的差事，学员的精神自然就无法放松。不论困难多大，教师绝对不能流露出急躁的情绪。如果学员感觉自己是以"填鸭"的方式接受培训，他就会以急躁的心情去接受快速培训，这将使他心理上不易接受培训的知识。

2) 引起学员兴趣。如果不能引起学员的兴趣，培训就犹如"耳边风"。学习的欲望只有在被激发出兴趣以后才会提高。用一些引人入胜的语句来说明安全教育培训的趣味所在，或者讲一些其他员工从事同样工作而获得收益的例子，有助于激发学员对获得新知识的欲望。

3) 调查学员过去所从事的工作。如果教师告诉学员培训后将从事的新工作与学员过去所从事的工作有很多相似之处，将有助于学员积极地接受培训，使他们对于将要从事的新工作有似曾相识的感觉。有些学员可能是初次接受安全教育培训，在这种情况下，应该尽可能地把新技术的特点与这名员工所具有的其他经验联系起来。如果学员感到某种知识以及熟练的技术源于自己的一些经验，并且能够将这些经验应用到新工作中，那么完成新工作就不会太难，也愿意接受新知识的培训。

4) 建立学员的自信。任何一项工作对于初学者来说都是困难的，而且困难会越来越大，因而他将会怀疑自己的能力是否能胜任这项工作。因此，教师最重要的工作是建立学员的自信。正在接受培训的学员对于他们刚开始工作的困难和复杂程度，十之八九都具有深刻的印象，因此，不论长幼，在接受某项新工作之前，都必须建立他们的自信。培训开始前不可过分强调新工作的困难程度，应该使他们确信在自己独立负责这项工作之前，一定有充分的时间和机会去彻底地熟悉这项工作，并有充分的机会提出问题以及澄清任何细节。

如果教师没有做好上述准备，培训效果将大打折扣。

7.8.1.3 培训课的设计

培训课的设计和安排可参见表 7-2。

培训课的基本构架设计　　　　　　　　　　　表 7-2

主要阶段	分阶段	典型事项	时间(min)
介　绍	目的说明	联系 鼓励及推动 目标	5
发　展	发展 1 (测试阶段)	出席 分类 标记	10
	复习 1	回忆	
	发展 2 (诠释阶段)	确认 解释 总结	10
	复习 2	回忆	
	发展 3 (应用阶段)	联系 鼓励 改正	15
	复习 3	回忆	
	整体复习	整体保持回忆	5
综　合	能力运用 彩排	加强 挑战 评估运用能力	15
	答疑 提供参考资料 介绍下一节课	联系	

7.8.2　培训技巧

将课程教学的重点放在教师方面是错误的。培训教学是帮助学员学习的过程，所以重心应放在学员方面，而不应该放在教师的授课方面。只有学员愿意努力学习，培训教学才能有效。当学员认为需要学习时，他们才会主动学习。教师应运用各种不同的讨论和参与技巧来帮助学员进行学习。

教师的任务是使学员了解各种信息，并且要制造一种以学员为中心的氛围，以便使学员可以彼此交流意见和互相学习。为了有效地达到上述目的，教师必须采用特别的技巧，使表达或学习构成一项程序化的过程。

7.8.2.1　信息与知识的传授

关于授课资料以及有关的操作，仅靠说明是不够的，即使给学员们操作示范，也不能把专门的知识传授给他们。只有将说明、操作、举例和讨论问题等结合起来，并加以适当的运用，才能使培训工作奏效。

说明要点时应注意以下几点：

1) 应该使说明尽量简洁；

2) 说明的速度要快慢适度，不可太快；

3) 尽量多提问，启发学员自行说明，这样可以使他们有更多的机会思考，并激发他们的学习兴趣；

4) 说明切忌使用学员难以理解的术语或其他表达方式；

5) 尽量用学员已知的实例说明；

6) 如有必要，应不厌其烦地反复说明，使学员有充分的时间接受新知识；

7) 不可简单地询问学员对所学的知识是否明白，其回答很可能是"明白了"，而实际上他们可能仅仅是一知半解。

仅靠说明仍然不够。"百闻不如一见"，在培训中更是如此。在示范操作方面应注意以下各点：

1) 应逐步地说明工作的每一步操作，以便学员能够牢记；

2) 应在适当的位置进行示范，以便学员可以更清楚地观察；

3) 动作尽量放慢，使学员可以仔细观察；

4) 进行说明时，应以最简单、容易和有效的方式来完成每一步操作；

5) 必须指出工作时的危险所在；

6) 进行反复说明，直到学员彻底理解为止。

7.8.2.2 促进学员学习

作为一名教师，必须通过适当的教学方式促进学员学习：

1) 面向全体学员授课，而不是面向黑板或图表；

2) 使用自己的语言，避免照本宣科；

3) 运用日常的实例或类似的事情；

4) 尽可能从学员中寻找实例；

5) 维持学员的自尊；

6) 听取并承认学员的需要和关注的事项；

7) 检查学员理解的程度；

8) 处理好纷争。

7.8.2.3 表达的技巧

教师应该保持生动并且教学风格有个性，因为这对于所讲述的题目及学员的投入和直接参与是非常重要的。在教师与学员沟通时，充分利用这方面的经验，可以深化学员学习的深度，并且在学员心中留下更持久的影响。

1) 授课生动：教师授课要生动，并对周围发生的事情保持敏感，容易让学生接近并且善于表达。

2) 容易接触：教师应让周围环境及发生的事情与其有关，或者使其接受影响。

3) 善于表达：能让自己被他人真实地认识，他就是善于表达的人。

7.8.2.4 表达次序

在一门课程开始时应首先做简单的介绍，订立课程的目标，使学员明确学习的方向，并且激发他们的学习兴趣。在授课过程中，教师应按所讨论的项目和学员的性质选择讲述的方法。所采用的方法既可以是纯粹的讲解，也可以是高度参与的学习活动。无论哪一种情况，教师都应该考虑方法是否适用，并且要保证有效的表达。示范说明和各种辅助器材的使用也将对学习有很大的帮助。表达次序中的另一个要素是应用。真正意义上的学习，是指学员能将所学过的知识和技术在工作中加以应用。因此，教师应给学员提供实际应用的机会，并且尽量提出有关的问题，组织分析和讨论、实例研究、职务演习和其他与技术相关的活动。这种方法会使学员感到学习比较容易。表达次序的最后一个要素是复习，这是加强学习效果的方法。在复习时，教师应总结已经完成的课程，把课程和学习的目标联系起来，并且引导未来教学的发展。

7.8.2.5 表达的方式

要做到有效的表达，教师应注意几点：教师是否受到尊重；教师的发言是否清楚；发言是否太快或太慢；讲解是否过于简单；资料组织得是否合理；是否超过了下课的时间。

7.8.2.6 讲述的要点

讲述的要点是所需要的时间比较短、信息量大，而且这是一般的学习方式。教师对于讲述的内容和讲述的时间要进行最佳控制。应遵循以下原则：将复杂的信息分成若干较小的简单信息；以合理的次序提供信息，且每次集中于一个重要的项目；讲述要注意承上启下；重复时要采用新的表达方式，以强调信息的重要性。

7.8.2.7 举例的要点

举例容易打破单调的局面，且容易记忆。实例可以说明抽象的概念，且有助于缩短抽象与现实之间的距离。实例可用照片、幻灯片或案例研究等方式进行表述。示范的意思是要实际去做。示范的最大优点是教师可以用行动来表达和证实实际应用时应该如何进行。在下列情况下，应利用文字和图像使信息形象化：需要记录下来，以供日后参考之用；强调要点；比较和说明各项关系；重申重要的意见或信息；个别地或整体地讨论一系列要点。

在课程讲述中，学员是最有用和最有价值的资源。利用他们的信息和反馈，可以优化教师的教学质量。教师可以采用上述几种表达方法作为传达信息的工具，每种工具都有其自身的优缺点。因此，教师应该选择最适合的工具，以适应不同的情况。

7.8.3 提问的技巧

7.8.3.1 讲课时提问的目的

1) 测验学员知识的接受情况。教师向学员提出一个问题，可以从学员口头或书面的答案中确定学员是否了解和掌握了所讲授的知识。提问可以使学员反馈已传授的知识，或者使学员明白不利用学到的知识就不能解决问题。

2) 通过学员自己的回答学习。讲课时提问可使教师能够按照学员所提供的信息逐渐把课程内容组织起来，以保证学员能够集中精力，充分参与，同时又感受到教师正在帮助他们学习。

7.8.3.2 如何组织提问

对一组学员提出一个问题，最有效的办法是：向全组学员提出问题，让每个人都有时间思考，然后指定一个人回答。这样可以促使更多的学员勇于回答。对于各种类型的问题，应分别采取不同的对策。

1) 只需判断的问题。应避免任何学员选择或使用"是"和"否"回答的问题，以防止学员的猜测。如果无法避免这类问题，就必须有一个补充问题，要求学员对他们的答案给出理由。

2) 测验表达能力的问题。应该注意，问题是用来帮助学员学习，而不是考验学员的语言表达能力的。学员对一个含糊的问题的反应通常是缄默，或含糊地回答"我不明白"。这表示教师无法使自己的问题被学员理解，问题问得不明确，或者对学员目前的知识水平判断不准。因此，教师在上课前应该准备各种问题，并且写在教学计划上。

7.8.3.3 怎样应对学员的提问

教师必须经常鼓励学员提问，虽然有时候难以决定是课上还是课后回答这些问题。这个问题要视回答问题会使课程中断多久而定。学员的提问可以分为三类：有关的问题、无关的问题和不知道答案的问题。

1) 有关的问题。如果这个问题已经讲解过，就应该将这个问题交由其他学员回答；如果没有讲解过，应由教师回答。

2) 无关的问题。处理学员所提问题的方法，要视这个问题是否真诚而定。如果这个问题表示学员有一种真正的求知欲，教师应当立即或稍后作答。如果不是真诚的，教师最好指出这个问题与所讲内容无关，并继续讲课。

3) 不知道答案的问题。教师不可避免地会被问到他们不知道答案的问题，在这种情况下应坦白承认，并无大碍。但教师应设法找出答案，以便以后回答学员。

7.8.3.4 如何分析学员的回答

首先教师应该确认学员是否对自己提出的问题清楚明白，学员的回答不应该是机械式的答案。其次，如果教师持怀疑态度，则应继续提出问题以检查学员的理解力。最后，他应该称赞回答正确的学员。学员对教师提问的回答是对教学成效的一种反馈。当然，对于不同类型的学员，也应有不同的处理方法。包括：

1) 好争吵型。对这类学员，教师应保持镇静，不要卷入争论。这样的学员可能会说出一些糊涂话，与其他成员发生争论。

2) 积极型。对这类学员，教师应该经常利用他们，但不要让他们垄断。积极型的学员对教师帮助很大。

3) 万事通型。教师不要让这类学员控制小组其他成员。当他提出意见时，应让他说明理由。如果理由不够充分，则应请小组其他成员表达意见。

4) 饶舌型。教师应利用技巧来限制这类学员发言的时间，或者可以直接问其他学员一个问题。但如果不耽误时间，这类学员也有很大帮助。

5) 害羞型。这类学员，教师不要催促他，当有机会时，可问他一个容易的问题。尽可能表扬他，以增强他的自信心。

6) 不合作型。应认定这类学员的知识掌握程度并设法加以利用，争取他的合作。让他感觉到，为使课程或者会议成功，教师需要他的帮助。

7) 漠不关心型。应直接提问这类学员有关他本人的工作和经验等的问题，征求他的意见，设法使他感到你对他的重视。

8) 博学型。对这类学员要有耐心，使他的语句切题。必要时可以重述他的意见。

9) 固执型。这类学员是想使教师落入圈套。把他的问题提交小组讨论，然后听取他本人的意见。

当然，还有其他类型的学员，需要教师根据教学气氛采取应变措施谨慎处理。

7.8.4 视听教具的种类与应用

实验证明，加上眼睛学习比单独使用耳朵学习效果大大提高。教师利用视听教具让学员听和看，比仅仅是教师口授更有效。正确使用教具，可以增加学员的兴趣，增进学习和记忆效果。但是必须注意，他们不能代替教师，教师只有善于使用才能发挥教具的作用。

现代教育教具的种类日益增加，教师必须认识各种教具的价值以及是否适合学员的情况。最昂贵的教具并不一定是最适合培训与安全教育培训需要的教具。可以用于培训工作的教具包括：真实设备、模型、活页板、照片、图片、黑板、磁板、绒板、影片、幻灯片、投影仪、标贴、录音机、计算机及投影设备等。这里要着重强调一下影片的重要性，现在职业技能培训相关视频教学资料很多，除了具体详细的职业技能操作演示之外，还涵盖了岗位知识、质量安全、文明生产、权益保护等方面的基本知识和技能，内容直观易懂。这对提高农民工的操作技能，强化农民工的安全意识，提高建筑工程的施工安全和质量，促进建筑业健康发展都有重要意义。

视听教具种类繁多，应用以下原则进行教学，可以获得最佳效果。

1) 活页板。活页板在很多会议室是标准的装备，它对于小组形式比较有效，但需要灯光。活页板比较容易制作，不拘形式，能提高听众参与程度，容易改变、加添，非常经济。其缺点在于：假如人数超过50或几组在同一间大房间里，就不是很适用。经过几次讲课和培训之后，会开始出现破损现象，而且不易搬移。

2) 黑板。这是最廉价且人尽皆知的视觉教具，使用时应注意以下几点：

(1) 必须干净。板面不应呈现灰白色或留有以前写字的痕迹；

(2) 版面内容安排应均匀合理；

(3) 字体必须足够大，保证所有学员都能清楚看见；

(4) 绘图必须整洁，可以在上课前在板上画一个比较浅的底稿，需要时再描清楚；

(5) 不应该使用深色的粉笔，黄色最醒目，其次是白、粉红、红、绿色。

用黑板要像用其他教具一样，必须注意不应只对着黑板说教，在做完板书工作后，转身面对学员授课。

3) 投影仪。投影透明胶片使用非常普遍，好处也比较多。观众人数可以很多(可多至400人)，比较容易制作，容易保持质量，并且易于携带，容许有创意，如色彩、绘图、卡通等。可以在强光下使用，提供一种较随意的气氛，提高观众的参与程度。如果可以应用电脑及打印机，就很容易制作。但缺点是不能用得太多，人数超过400人时不适用。如果有条件可以使用较先进的投影仪(直接与电脑连接，无需透明胶片，直接在电脑上制作PPT即可)。使用投影仪教学的关键要做好课件，使课件图文并茂、生动形象、动静结合，效果会更好一些。例如在课件中插入影视剧剪辑片断或现实问题录像等。

4) 图表。关于教育性的图表或标贴，有一条金科玉律："在教到有关课程以前，不要挂出那些图表或标贴。"因为在整个课程期间长时间悬挂只会分散学员的注意力。应用图表或标贴应该符合下列规定：

（1）应该足够大，以便所有学员都可以清楚看见；

（2）简明易懂；

（3）一张图表不应包括太多的要点，必要时可以用一系列的图表说明一个问题；

（4）如果一张图表的内容比所需要的多，或者多于课程某一阶段的需要，可以用白纸遮住暂时不需要的部分，待需要时再揭开。

5）磁板。磁板是由金属板做成的，上面没有漆，置于板上的物体带有简单的小圆磁铁。模型或图画可以用这个办法附在板上。用这个方法，图片型的资料也可以方便地说明。

6）绒板。绒板的作用与磁板相似。在一块木板上盖上绒布，就做成了绒板。准备放于板上的物体在其后面粘上砂纸条，紧压在绒板上，就可以附着在上面，在需要的时候可以很轻松地取下来或更换。绒板比较便宜且容易制作，运用时较方便。

7）放映设备。利用录像视频教学有很多好处。视频可以使教学生动，并且可以避免学员因距离、时间等因素的妨碍而看不到真实事件、情况或过程；学员可以看到由专家完成的示范过程，可以显示出通常肉眼看来太小的物体；能将在现实生活中发生太快的过程放慢，以便学员可以研究每一个步骤的细节。视频还可以让学员看到一般不可能看到的或用其他任何方法演示太危险的内容。完全适合学习原理的视频并不多，许多视频在一段短暂的时间内牵涉太多的内容。因此，视频教学应注意以下几方面的问题：

（1）做好充分的准备。教师在讲课前应该先把视频看一遍，应该注意自己想要讲的地方，并确定在课程中如何介绍每一点。此外，还要准备一些问题向学员提问。

（2）在放映视频之前，教师应向学员说明期望他们从影片中学到什么，还要说明在看过后要求他们回答的问题。

（3）准备教室和光线时，应该特别注意遮蔽所有外界的光线，同时保证有充分的通风。在开始前要检查电灯、放映机以及全部开关。

（4）一些视频可用做背景资料，或供启发学员之用，它们可以不间断地放映。有些影片可以分为两部分或更多部分放映，这种影片可以停下来加以说明，或在继续放映前向学员提问。

8）录音机。虽然录音机只有听觉效果，有些过时，但适当的使用也可以在培训课程中起到很大的作用。

事实上，任何一种视听教具都会收到良好的教学效果，最好经常准备，以供随时变换使用。教师讲课前应准备好必需的视听教具以及配套资料，讲课时与讲述相配合。在具体使用时还应注意：使用视觉仪器要简单方便；如果可能，应加些颜色，但不要多于3种；每一件讲述一个要点；不要整页写满文字；不要使用啰嗦的句子，而要使用精简的短语；对于一些复杂的地方，应使用图片加以说明；尽可能演示实物和实例；要使用图画、表格和符号。

9）视频会议系统。视频会议系统采用SaaS模式，为中小企业提供即需即用的网络会议服务，它同样适用于培训。系统融合音频、视频、数据的网络通信技术，实现多方远距离的实时沟通和协同工作，对降低企业培训成本、提高培训效益、丰富培训方式具有非常积极的意义。

视频会议系统采用服务器集群架构,在互联网的各个骨干节点均部署了通信服务器,能够在全球范围内,为企业提供几十人甚至上万人的网络培训服务,非常适合大规模、多人数、较分散的培训活动。视频会议系统的特点主要有:

1) 多方音视频交互。先进的 H.264 视频压缩算法、出色的高清画质、多方音视频交互、双显画面排列、云台遥控功能,让学员在互联网中即可体验教室级的逼真效果。

2) 强大的数据协同功能。系统支持电子白板、文档共享、程序共享、协同浏览、屏幕截图、文件传输、影音文件广播等数据协同功能,满足各种网络环境、各种数据格式的需求;PPT、Word 文档甚至任何办公软件都能实时同步到所有学员。

3) 丰富的培训辅助功能。系统支持文字交流、电子举手、投票、语音私聊、远程试听、远程设置、界面同步等辅助功能,网络培训不再枯燥。

4) 完善的培训管理功能。系统具有用户授权、培训日程管理、邮件短信通知、考勤管理等培训管理功能,支持主控及分组讨论模式,能在上课过程中快速切换当前发言人角色,培训的组织过程井然有序。

5) 多种登录模式。支持 IM 登录、Web 登录、邮件登录等培训进入模式;支持注册用户以及匿名用户登录;支持邀请电话登录;培训的加入方式灵活多样,方便快捷。

6) 录像编辑、发布、点播。系统支持培训内容录制、编辑、加密、发布、点播功能;录像以多层流媒体的形式存储,管理员可将培训录像做适当剪辑,上传到 Live UC 平台后,将链接发布到自己的网站进行点播。

7) 低成本、零维护。"零"硬件投资、"零"系统维护,无需购买服务器及带宽,无需技术维护人员,学员或培训班管理人员所需做的只是提供可上网的桌面电脑和耳麦等。

8) 丢包补偿、网络防抖。视频会议系统为用户构建了一个遍及全球的网络多媒体会议平台,将学员、培训管理者和教师从时间、地域的限制中解脱出来。通过互联网络,无论何时何地都可以轻松地进行多方"面对面"的实时教学,为教师和学员提供了一个经济适用的网络培训中心。

传统的培训班需要学员从四面八方聚到一起,吃住行等差旅及培训费用是企业等单位一笔不小的负担,除了时间消耗和舟车劳顿之外,各种旅途安全也是异地培训者所必须面对的一个问题。liveuc 网络培训使学员足不出户便可安享学习的快乐,在经济、效率、安全等方面均提供了保障,是一种物美价廉的理想解决方案。

8 建筑生产安全管理信息系统

20世纪70年代以来，随着各种计算机技术的广泛应用，社会各个领域的现代化、信息化快速发展，生产效率大幅度提高，加强生产安全管理的信息化日益显现出重要性。对于小规模、生产环节简单、安全信息量不大的中小企业来说，人工管理安全信息还可以，但是对于大规模的集团化企业，显然需要更加快速高效的管理办法。信息化、数字化是安全管理方法发展的总体趋势。现代化管理技术的创新将引领安全管理上升到新的层次。

安全管理信息系统将电子计算机硬件、软件系统、数据通讯设备及其他先进的电子信息技术引入安全管理中，采用现代化的科学管理模式和组织架构，利用计算机网络技术将各种安全信息汇总并快速、高效地处理，为安全管理者提供全面、准确、及时的决策依据。同时安全管理信息系统的设计应以人为基础，应用计算机分析、控制，从而形成完整的用户——机器系统，力求将现代安全管理涉及的数理统计、数学建模、运筹学等多学科的复杂交汇变得更加简单、便捷，具有可操作性。

对于建筑行业，由于其自身的特殊性，更需要现代化、信息化的安全管理手段。随着我国经济的持续发展，城市规模不断扩大，相关的基础设施建设也不断增加，如传统的工业与民用建筑，道路、桥梁、铁路、机场建设，以及近年来日益得到重视的地下空间开发、超高层建筑等。工程的规模、数量及施工队伍都随之不断扩大，建筑生产施工安全问题也日益严峻。建筑生产不同于其他行业，其产品相对固定而生产者流动性大的特性使得安全管理工作更加复杂，管理范围大且管理流程多样，相关的安全信息量十分巨大，局限于人工管理的效率低下，安全工作往往不能有效地开展，从而产生安全隐患。同时，由于建筑生产的单一性以及显著的社会性，使得安全管理工作不容马虎，一些热点工程的安全问题甚至有巨大的社会效应。因此建筑行业的生产安全管理工作更需要融入准确高效的电子信息技术和安全管理信息化的理念，现代化的建筑生产安全管理信息系统的建立将会大大提高日常安全管理以及信息共享的效率，从而为安全决策提供丰富的信息资源。

8.1 建筑生产安全管理信息系统概论

8.1.1 建筑生产安全管理信息系统的设计指导思想

建筑生产安全管理是整个建筑管理中重要的一环，其主要涉及的内容包括：相关法律法规的执行、施工现场的安全监督和检查、生产事故的预防和预测、安全信息的共享和安全决策等多种工作。一套功能完善、高效快捷、安全可靠、规范实用并且具有针对性的建筑生产安全管理信息系统，将极大完善安全管理体系，提高安全管理效率。

建筑生产安全管理信息系统的目标是实现对建筑生产安全的有效管理，通过技术创新,把安全工作由传统管理上升到系统管理,由人工管理转变为由计算机信息技术支持的人机管理,由企业个别管理拓展到以网络技术为平台的集成化综合管理,达到消除建筑生产过程中的隐患、预防重大安全事故、促进安全生产从而提高生产效益的最终目的。

基于这样的目标,建筑生产安全管理信息系统的开发应以满足如下工作特点作为设计指导思想:

1) 安全管理系统宏观上的综合性。建筑生产安全管理信息系统应是对建筑生产全过程的综合性管理。此系统应具有完整的施工现场安全检查、数据收集、数据存储与处理和数据共享的信息链。系统应及时录入建筑生产安全数据、检测生产调度信息,实现数据存储管理及输出报表、图像、图形等一体的综合安全管理系统。系统基于计算机技术,将建筑生产各个环节的独立系统,如设备、人员、设施等连为一体。将多个子系统与模块的信息予以整合,从而在宏观上进行建筑生产安全的综合管理。在完成各种安全任务的同时,得到综合安全信息,从而为更高层的整体安全决策提供全面、可靠、及时的决策依据。

2) 具备可操作性强的人机交流系统。建筑生产安全管理信息系统应针对使用者的具体要求,必须具有可操作性。系统作为人与机器的中介,帮助信息从人向机器流动,再从机器传递到人。生产资料、生产队伍、生产过程等各个环节都拥有相应的独立子系统。各个子系统面向不同层次的安全管理人员。各级安全管理人员依据不同的功能需要选择相应的子系统或功能模块。

例如施工现场安全检查功能应满足基层安全员在现场的检测检查工作,通过安全员的人机录入收集第一手现场资料(如施工现场安全评分表)。系统通过对资料进行分析处理,输出安全检查测评结果报表,并将结果进行备份储存或信息共享,同时提供安全预警机制,力求帮助安全人员完成除人工录入外其他全部数据分析工作。经分析处理后的数据即可作为安全信息通过网络传递,为其他安全工作人员提供数据共享。

3) 具有安全信息存储及共享功能的网络交互系统。建筑生产施工材料、设备、工艺的不断革新产生了越来越多的技术细节,而针对这些技术细节的监管规范也不断完善,检测检查的项目日趋繁复,相应的安全信息量巨大,因此需要更大容量的信息储存方式。

建筑生产安全信息管理系统具有存储量大、安全稳定的特点,同时易于安全信息的输入、输出与共享。区别于传统的纸质资料存储,电子化的存储系统占地小、存储量大且方便存取,安全信息本身的安全性也大大提高,无纸化的办公环境也符合当今安全管理的总体趋势。电子信息通过网络系统可以多元流动,从而使得基于网络的存储系统更加高效便捷。

4) 配备针对建筑生产企业的安全检测评估系统。通过应用建筑生产安全管理信息系统,完成针对建筑企业生产安全状态的检查和评估,确保安全生产的可控性,保证国家规定的建筑安全法律法规以及方针政策得到贯彻落实。其中,工伤事故报告和处理子系统按照《企业职工伤亡事故统计报表制度》(劳计字[1992]第74号)对工伤事故进行管理。设备管理、施工人员安全保护、劳动防护用品发放、施工人员安全教育等安全管理子系统,可以提高建筑生产安全管理工作的效率和质量,使各项管理措施的实施情况得到跟踪,并为评估系统提供反馈数据。

5) 实现面向决策者的安全信息系统。建筑安全管理信息系统是一个完善的、科学的安全信息管理体系，可以做到有效地收集处理原始数据，为建筑生产企业及政府职能部门的决策提供准确、及时的安全检测检查管理信息。在安全数据的出发端最大限度地挖掘有效信息，通过网络的共享，将政府安监部门、企业安全负责人、基层安全员连为完整的信息链，节省了信息传递过程的时间、人力、物力的耗费，实现更高效、更准确地提供决策依据。基于计算机技术的数据处理与数理统计、运筹学等多学科的理论知识交叉结合，为复杂的建筑生产提供完备的安全信息支持。从而方便施工企业更好地管理建筑生产安全，从事后管理过渡到事前预防、控制。最终为各级安全管理人员的管理、决策工作实现全方位的信息支持。

8.1.2 建筑生产安全管理信息系统开发应用存在的问题

计算机技术的普及和应用为建筑生产安全管理信息系统提供了良好的平台。从实质上看，建筑生产安全管理信息系统就是基于计算机技术快速发展的安全管理理念创新。系统将对促进建筑生产安全管理工作、提高安全管理水平发挥巨大的作用。但在系统开发和应用过程中也有许多不可忽视的问题。

1) 对于生产安全管理信息系统的不重视。由于某些企业管理人员管理理念陈旧，缺乏现代化管理意识，对基于计算机的安全管理信息系统有很多错误看法。例如认为系统开发周期长、前期投入大并且见效慢等。另外，由于使用建筑生产安全管理信息系统必然带来工作方法、方式的转变，因而在很多企业存在巨大的阻力。然而，频发的建筑生产安全事故告诉我们，只有革新安全管理理念，积极采用先进有效的管理方法，构建安全生产的自我约束、自我完善的长效机制，安全工作才能得以长久有效的推进。建筑生产安全管理信息系统正是这样一种能够保持长效的、先进可行的管理机制。

2) 开发、应用过程的不系统。部分建筑生产单位在开发安全管理信息系统时，缺乏总体规划以及整体目标，对于整个安全管理的信息流程和业务流程分析不透彻，往往仅停留在初步使用计算机辅助办公上，建筑生产安全管理信息系统并没有被系统的、深度地应用于日常安全管理中。有的企业只注重于单个模块的开发，而忽视系统性能的整合，导致兼容问题或者重复开发。因此，对于建筑生产安全管理信息系统，不能只考虑短期效益而忽视长远发展以及整体规划，应最大限度地发挥建筑生产安全管理信息系统在安全管理中的功用。

3) 企业之间信息管理系统发展的不平衡。由于企业或地区差异，建筑生产安全管理信息系统的研发和应用水平存在很大差异。这一问题在系统研发过程中是不可避免的，然而也是不能忽视的。对于整个建筑行业，借助网络系统实现安全信息的跨地域共享将是未来安全管理的发展方向。不同企业、不同省市的建筑生产安全信息组成一个高容量、样本范围广泛的实时安全信息库，更有利于建筑生产安全状况的分析和决策。然而各企业间性能参差不齐的信息管理系统将为建筑生产安全管理整体信息的共享造成障碍。某些企业的相对落后将限制整体安全信息网络的规模，阻碍安全管理信息化的发展。因此，在经过初期分散化的系统研发阶段后，建筑生产安全管理信息系统应面向整个建筑行业，形成统一的体系标准，从而消除企业或地区间安全信息化发展的不平衡。

8.2 建筑生产安全管理信息系统的前期开发

建筑生产安全管理信息系统的前期开发是一项规模庞大、比较复杂的系统工程，开发过程必须符合系统工程的要求，尤其应该注重统一规划、统一目标、统一软硬件环境。任何系统软件开发都应遵循自上而下的模式，系统的可行性分析、总体规划、系统分析都属于系统前期开发的关键阶段。通过可行性分析来判断系统建设的可能性，进而总体规划系统的目标任务以及开发方式，然后进入到分析建设系统的具体部分，运用分解的方法逐一分析各个子模块，确定各个子模块的逻辑关系与联系方式以及子模块之间的优先顺序。前期开发是系统能否顺利进行的关键阶段，应本着科学、细致的态度以正确的方法和顺序进行分析建设。

8.2.1 建筑生产安全管理信息系统可行性分析

可行性分析是建筑生产安全管理信息系统开发过程的起点。通过可行性分析，明确项目能否产生效益、能否运行使用、是否必要，并预测系统实施的经济效益和社会效益。

8.2.1.1 对建筑行业现行安全管理体系的调查分析

目前建筑企业普遍存在安全管理人员整体素质水平不高、缺乏系统的现代化管理理念等现象，管理方式方法的落后阻碍了企业的现代化发展。而针对安全管理人员的安全培训工作虽然开展得比较广泛，但培训效果的检验方式比较单一，甚至流于形式，安全培训方式的效果往往不佳。部分建筑生产安全管理人员不熟悉计算机操作、缺乏软件使用的基础知识。安全管理人员的工作需要适应现代化管理理念，面向网络化和信息化的媒介及方法。

施工企业的安全巡检工作多数采用由巡回检查人员手工记录信息数据，大量繁杂的原始数据需要工作人员在现场进行筛选和处理，数据处理的准确性和效率大大降低。基础安全信息的缺乏导致安全管理工作不到位，统计数据失真。特别是缺乏反应危险源状况的基础安全信息，导致安全决策工作缺乏客观依据。同时，安全管理信息在各相关部门之间的传递也依赖于人工。信息的流通渠道不畅，浪费了宝贵的时间和人力，谎报、瞒报事故等现象直接导致决策部门不能及时得到准确的施工现场安全状态管理信息，从而产生潜在的安全隐患。建筑生产安全管理不规范、安全数据不齐全、安全管理体系不健全，直接导致安全信息流通不畅、安全工作效率低下。

目前的建筑生产安全工作还远未达到信息的标准化、管理的规范化。企业安全信息的原始数据缺乏一致性，使得信息共享困难。建筑生产安全工作的各项标准在配置中还存在矛盾和不明确之处，在执行过程中没有得到统一的实施。各企业间不同的管理方法使得安全管理难以形成一致的连贯性。

8.2.1.2 建筑生产安全管理信息系统开发的作用及必要性

基于上述分析，建立统一、规范、标准的安全管理信息系统，将有助于实现管理信息的标准化、管理流程的规范化、管理数据的共享化、管理决策的科学化，建筑生产安全管理信息系统可以发挥以下作用：

1) 基层安全检查与信息收集处理。建筑生产安全管理信息系统的建设对基层的安全检查和信息收集处理方式进行重大的革新，告别繁重的数据处理和数据储存工作，取而代之的是无纸化的办公和信息化的数据处理，而这也正符合管理方法发展的趋势。

2) 安全信息标准化和安全管理规范化。建筑生产安全管理信息系统的发展有助于推动建筑生产安全管理的规范化和安全信息的标准化。安全管理信息系统作为普遍的平台可以大大提高企业间安全信息的共享，同时使用相同的信息系统所存储的安全信息格式，安全信息处理方式也都可以互相兼容，从而提高整个行业合作的广度和深度。

3) 安全管理工作的评价和决策。建筑生产安全管理信息系统可以用于安全管理工作的评价和安全工作的决策。危险分析和安全评价作为事故预防的基础，其工作是建立在安全管理信息系统对于安全信息的准确掌握和分析的基础上的，也就是采用各种系统科学的手段分析对象足够的安全信息，包括材料信息、设备信息、生产工艺信息和人员信息等内容，安全管理信息系统通过分析收集到的这些信息，分析对象的危险因素，评价其风险水平，并根据得到的信息采取相应的安全措施（即安全决策），以完成安全生产的目标，达到实现安全管理的目的。

4) 专职安全管理人员的安全培训。企业专职安全管理人员的安全培训工作也可以集成到建筑生产安全管理信息系统中，比如在系统中添加安全管理教育功能模块，运用计算机的强大辅助功能，借助网络资源，通过多媒体教育方式对专职安全管理人员进行安全管理方面的相关培训。在计算机内存储安全教育视频或各种规章制度文件，方便安全管理人员查询使用。同时可以进一步深化系统安全教育的功能，把对企业单位所有员工的安全教育工作也整合到安全管理信息系统中。

8.2.2　建筑生产安全管理信息系统总体规划

建筑生产安全管理信息系统的总体规划是制定用户在较长时期内关于信息系统的发展方向和目标的计划。根据用户的目标和发展战略、信息系统建设的客观规律以及系统建设的内外环境，科学地制定安全管理信息系统的总体发展战略和总体开发方案，合理地安排系统建设的进程。系统总体规划应从全局出发，对系统进行调查、分析，在总体上确定安全管理信息系统的体系结构。总体规划的重点是高层的系统分析，它是面向高层的、面向全局的需求分析，系统规划着眼于子系统的划分，对数据的描述限于"数据类"级，对处理过程的描述限于"过程组"级。更进一步的分析则在系统设计实施阶段进行。

由于建筑生产安全管理信息系统比较庞大，不能一次性开发，因此应明确系统开发的顺序，确定系统资源的分配计划和分步实施计划，指导子系统的具体实施，从而在短时间内分步实施，先创造效益。可以先实现单机打分系统，适合基层安全员操作的基于打分表和桌面型数据库的安全管理系统。后续系统建设可以考虑网络建设、安全管理决策支持系统等。本章介绍的子系统正是单机打分表系统部分。

以打分表为基础的安全管理信息系统所需录入的数据大体上可以分为两大类：生产安全基本情况和安全得分。前者包括企业基本情况、检查单位基本情况和项目基本信息等。后者则是根据建筑施工安全管理标准检查所得到的具体分数数据。这些初始安全数据还不能作为安全信息使用，需要安全管理信息系统经过处理运算，得到施工现场安全管理状态的总分数。安全管理状态总得分和生产安全基本情况二者相结合成为安全信息，帮助检查者或决策者进行施工现场的安全状态评估，从而为安全决策提供支持。

两个不同类别的安全数据需要先后录入安全管理信息系统。数据录入功能应先期研发，而将得分数据进行分析处理的功能随后开发，并将其与数据录入系统链接构成完整的数据录入—处理系统。

安全数据经过分析、加工后成为安全信息，而无论是安全信息还是原始安全数据，都需要储存于安全管理信息系统的数据库中。因此需要建立安全信息数据库，数据库建设完成后与数据录入—处理系统链接，最终构成建筑生产安全管理信息系统的基本打分系统。

8.2.3　建筑生产安全管理信息系统软硬件平台

建筑生产安全管理信息系统以基层信息源为基本单位、安全信息处理器作为支持，通过网络平台共享，面向安全管理者和决策者。任何系统的运行都离不开硬件与软件的支持。硬件系统指的是支撑系统运行的物理装置，是实实在在的功能器件；软件系统是指在硬件设备上运行的各种相关的程序和信息资料。硬件和软件系统相互依存，硬件是软件赖以工作的物质基础，软件的正常工作是硬件发挥作用的唯一途径。建筑生产安全管理信息系统必须是完善的软件系统才能正常工作，且充分发挥其硬件的各种功能。

8.2.3.1　系统硬件

计算机作为现代化的电子信息工具，从信息收集到信息分析、使用都具有无与伦比的优越性。当然，现阶段建筑生产的安全信息收集工作大部分由基层安全员依靠现场采集的安全数据人工录入，但是也有部分的建筑安全信息可以由计算机输入设备或检测设备获取。电子化检测或许将成为建筑行业安全检测的总体趋势，而以目前计算机技术的发展速度来看，不久的将来将实现建筑生产安全的计算机实时监控以及数据收集的自动化。

由于建筑生产安全信息的种类繁多、数据量巨大，因此需要大容量的数据存储空间。计算机存储技术的不断发展为数据的安全存放提供了可靠的存储空间，电子化存储的高效便捷也为数据的快速存放和调用提供了方便。

网络信息技术使得安全信息数据能够突破传统的地域和时空限制实现高速传递，为安全信息数据的使用提供了更加广阔的共享平台。

1. 系统硬件的要求

建筑生产安全管理信息系统的硬件设备选型主要取决于基层安全数据处理方式、安全信息存储容量以及在硬件上运行的软件系统要求。其中，软件要求是最主要的决定因素。不同的软件系统的运行环境可能有较大的差别，因而硬件可以有较大的选择范围，但是总体上必须符合一些基本的要求。

1) 满足建筑生产安全管理信息系统的使用需求

硬件系统必须保证软件系统运行的有效性和稳定性。硬件系统必须满足软件所提出的数据处理功能、资料存储容量、信息交互方式等多种要求，能够有效提供软件运算所需要配置的资源，最终完成软件的运行目标。硬件系统的稳定性也是保证软件系统良好运行的基础。因此在选择硬件时尽量选择处理技术成熟并且可靠的设备。

2) 具有良好的使用性能

硬件系统的使用性能包括可实用性、耐久性、可拓展性等。要求计算机硬件系统操作方便、处理速度快、数据存储容量大。由于建筑行业安全人员并非都是专业电气工程师，因此需要硬件系统有良好的可操作性且易于维修，同时需要取得厂家的技术支持。由于建筑行业特殊的工作环境，对硬件系统的耐用性要求较高，以满足建筑生产现场管理的需要。

另外，硬件系统必须具备可拓展性，因为建筑生产安全管理信息系统的开发目前还处于初级阶段，而随着管理目标的扩大、管理理论的完善，软件系统必定会进一步拓展，这就要求硬件系统能够有再扩充的余地，以灵活应对技术的升级换代和安全管理的更新发展，确保不出现硬件设备过快的无形磨损而频繁更新产生的浪费。

3) 与系统软件的兼容性

由于市场上软硬件供应商众多，因此为了支持销售，不同厂家之间的软硬件设备可能会出现兼容问题，个别软件与硬件会发生较大的运行冲突，因此必须注重硬件设备能否兼容软件系统。如果兼容性问题得不到妥善的解决，很有可能导致软件系统不能正常运行而产生重新开发软件或整体更换硬件的成本。

4) 良好的性价比

不同的硬件系统组合价格差距很大，但并不是价钱越高的设备性能就越好，应该避免这一误区，因此应注重在硬件选型时对于性价比的考察，选择那些性能满足使用需求、价格在合理范围之内的设备。同时，一味地追求高性能或低价钱都不是正确的选型原则。就目前来讲，建筑生产安全管理信息系统仍处于起步阶段，系统对于性能的要求并不十分突出，而且随着系统进一步完善，必然需要对前期硬件升级换代，因此采用性价比较高，满足使用需求的硬件系统即可。

2. 系统硬件的分类

系统硬件的配置主要包括计算机、存储设备、网络设备及辅助硬件设备。为满足不同规模建筑施工企业安全管理的需求，以及不同方式数据处理和数据存储的要求，应使用配套的计算机硬件系统。

1) 客户端

客户端是建筑生产安全管理信息系统的用户终端。以个人电脑为主，主要功能是数据的上传、分析以及下载，即基础安全数据收集、安全数据分析处理与安全评价结果显示。客户端硬件应当根据系统软件进行选择，对数据处理要求高的大型项目软件应选用配置高的机型。随着个人电脑技术的发展，PC逐渐小型化。如条件允许，基层安全人员可用掌上电脑（PDA）在施工现场录入安全数据并分析上传，使得安全信息能够第一时间得到流通，为管理者提供更加及时的决策依据。

2) 网络系统及服务器

网络系统与服务器设备是企业或政府部门之间建筑生产安全信息交换共享的关键设备，是经过分析处理后的安全信息流通的平台。网络与互联设备的硬件应根据安全信息的传输流量以及速度要求选型。服务器是安全信息网的硬件中枢，负责统筹所有网络资源。建筑生产安全管理信息系统作为一般性、非应急的系统，效率要求并不需要太高，因此可以选用联机事务处理能力和联机分析能力适中的服务器，或者个人电脑服务器。当然，对于主要面向建筑事故应急管理的安全信息系统，可以选择处理能力与处理效率相对较高的服务器设备。

3）其他附属硬件设备

附属硬件设备应根据不同的系统需要而设置，也与现场安全检测技术的发展息息相关。例如安全网检测装置、安全帽冲击吸收及耐穿透性能试验机、钢管脚手架扣件力学性能试验机等设备的应用，如能将安全检测硬件设备与安全生产管理信息系统串联，从而实现数据的直接采集，将会进一步提升生产安全管理的标准化和规范化。而针对建筑生产安全信息庞杂的特性，可以配备大容量的网络存储设备。同时根据安全信息的输入输出速度要求，可以选择成本不同的存储方式。如经常使用的重要安全信息，可以使用高速存储设备，以利于信息的及时存储和提取；而相对不常用的安全信息或者数据备份，则可以选择成本较低的存储方式，例如光盘存储等。建筑生产安全管理信息系统对于系统运行的稳定性要求较高，因此可以选用其他辅助设备（如不间断电源或备用硬件设施）来提高系统运行的稳定性，降低遇到突发故障而导致系统失效的风险。

8.2.3.2 系统软件

搭载在硬件平台上的软件系统负责向用户传递信息，提供用户所要求的使用功能，完成用户的指令，并最终实现用户所需要的使用目标。软件系统是使用功能的直接支撑，是建筑生产安全管理信息系统的核心部分。

1. 系统软件的要求

1）功能性与可靠性要求

软件系统是建筑生产安全管理信息系统的灵魂，以满足建筑生产安全管理为目标，实现使用要求为准则。软件系统应该尽量做到易于使用，便于建筑企业单位的安全人员学习和操作。事实上，一个软件的好坏往往取决于它的易用与否。

软件系统能否在规定的时间和条件下发挥其功能、维持正常的程序运行，反映了它的可靠程度。由于安全数据的重要性以及安全系统的巨大影响，软件必须具有较高的稳定性和可靠性，能够在每次维护之间保持良好的运行状态，不发生重大的运行错误或数据处理误差，并具有一定的安全保密性能，以防止企业的安全信息泄露。

2）可维护性和再拓展性的要求

软件还需具有良好的可维护性，在需求改变或软件运行发生错误时，都需要对软件进行升级或维护。一个易维护的软件可以节省管理人员大量的时间和物力。随着建筑生产安全管理理论的发展，软件也需要符合时代的发展与技术的进步，因此需要不断地增加新功能。所以良好的再拓展性也是衡量软件好坏的一个重要因素。

3）兼容性和适应性要求

系统软件需要有较强的适应性，可以与多种硬件系统和其他辅助软件兼容。广泛地适应多种计算机和操作系统，可以较容易地从本地计算机移植到其他计算机，在不同的操作系统中能够稳定地运行、发挥功能。

2. 系统软件的选择

建筑生产安全管理信息系统的软件部分涉及操作系统、程序设计语言和存储系统。操作系统是控制其他程序运行、管理系统资源并为用户提供操作界面的系统软件的集合。程序设计语言，通常简称为编程语言，是一组用来定义计算机程序的语法规则，它是一种被标准化的交流技巧，用来向计算机发出指令。合适的程序设计语言能够让程序员准确地定义计算机所需要使用的数据，并精确地定义在不同情况下所应当采取的行动。存储系统是为解决特定的任务，将相关的数据以一定的组织方式存放在一起的记录保存系统。

1) 操作系统

操作系统(Operating System，简称OS)是管理电脑硬件与软件资源的程序，同时也是计算机系统的内核与基石。操作系统身负诸如管理与配置内存、决定系统资源供需的优先次序、控制输入与输出设备、操作网络与管理文件系统等基本事务。操作系统管理计算机系统的全部硬件资源、软件资源及数据资源，控制程序运行，改善人机界面，为其他应用软件提供支持等，使计算机系统所有资源最大限度地发挥作用，为用户提供方便、有效、友善的服务界面。操作系统是一个庞大的管理控制程序，大致包括5个方面的管理功能：进程与处理机管理、作业管理、存储管理、设备管理和文件管理。

每个操作系统间都有不同之处以及适用的工作环境，对于特定的计算机环境，应选择与之相适应的操作系统。Windows个人操作系统适合于桌面计算机，Linux适合应用于小型的网络，而Windows Server系列以及Unix类则可以应用于较大型的服务器。对于不同的网络操作需求，各个企业应该科学地选择合适的网络操作系统。

2) 程序语言

计算机不能直接接受和执行高级语言，须使用一种翻译程序把高级语言编写的源程序翻译成机器语言编写的目标程序。程序设计语言原本是被设计成专门使用在计算机上的，但它们也可以用来定义算法或者数据结构。正因为如此，程序员才会试图使程序代码变得更容易阅读。

程序语言往往使程序员能够比使用机器语言更准确地表达他们所想表达的想法。对那些从事计算机科学的人来说，懂得程序设计语言是十分重要的，因为当今所有的计算机计算都需要程序设计语言才能完成。

作为单机软件，系统可选择简便易用的Visual Basic 2005作为程序编写语言。

3) 存储系统

数据库作为存储系统在建筑生产安全管理信息系统中起到数据保存和调用的作用。广义地讲，数据库系统是一个完整复杂的数据存储系统；狭义地讲，数据库是按照数据结构来组织、存储和管理数据的仓库。在施工管理的日常工作中，常常需要把某些相关的数据放进这样的"仓库"，并根据管理的需要进行相应的处理。

建筑生产安全管理信息系统是建立在数据库系统基础上的，一个功能齐全、性能优越的数据库系统对于建立安全管理信息系统有非常巨大的影响，因此在甄选使用数据库软件时应谨慎选择，基本上应遵循以下原则：首先，数据库必须能够支持先进的处理模式，具有分布式处理数据、多线程查询、优化查询数据以及联机网络处理的能力。其中最主要的是数据处理的能力，因为建筑生产安全管理信息系统涉及一系列的打分计算和建筑生产安全的评价工作，对于数据的运算和处理要求比较高。其次，所选的数据库软件应该具有一定的多媒体输出能力，例如具有良好的图形或图表配套工具，以利于建筑生产安全评估的直观反馈。最后，还应具有良好的厂家技术支持和性价比。

初期开发的建筑生产安全管理信息系统可使用适用于中小型桌面操作系统的 Microsoft Access 数据库系统。后续开发可以升级为处理大量数据的 SQL Server 数据库软件。

8.3 建筑生产安全管理信息系统的设计实施

建筑生产安全管理信息系统的设计工作是系统规划设计及软硬件选择之后的第三个关键阶段。系统的前期规划为系统设立了总体目标及逻辑结构。为了实现这些目标和逻辑功能，系统设计阶段以结构化的分析设计方法（Structured System Design），考虑系统运行环境、系统的经济基础以及系统的技术支持等多方面因素，从而确定应该使用何种方式完成系统目标，开发何种子模块子功能来组成总系统，如何把这些组成部分链接起来，以及如何将系统结果进行输出表达等。

系统设计阶段是系统开发的真正关键环节，此阶段的工作对于总体目标的实现与否有着直接的影响。如果把前期开发比做材料的准备和计划的制订，那么系统设计开发阶段便是使用材料、按照规划来建设安全管理信息系统。系统设计的基础是前期选定的软硬件设备，依据是前期开发中制定的系统目标、总体规划以及系统分析的结构、相关的建筑生产安全管理法律法规和技术标准、用户的需求以及系统的运行环境等。其中，建筑生产安全管理信息系统的设计尤其要注意符合国家安全生产法律、法规和指导方针等安全技术标准。

系统设计要确定新系统在计算机内应该由哪些程序模块组成，各模块用何种方式链接可以更高效地发挥功能、构成更好的系统结构。系统设计的基本任务分为总体设计和详细设计两个阶段。总体设计要完成对系统总体结构和基本框架的设计，即把总任务分解为许多基本的、具体的任务，包括将系统划分为模块、决定每个模块的功能、决定模块的调用关系、决定模块的界面等。总体设计首先应将数据流程图转化为初始结构图，进而对初始结构图进行优化。详细设计阶段的主要任务是，在总体结构设计的基础上，将设计方案进一步详细化、条理化和规范化，进行编码设计、数据库详细设计、输入/输出界面（人机界面）设计以及处理过程设计等。

8.3.1 结构化系统设计

结构化系统设计的基本思路是：将系统模块化，即把一个系统自上而下逐步分解为若干个彼此独立而又有一定联系的组成部分。对于任何一个系统都可以按功能逐步由上而下、由抽象到具体、逐层将其分解为一个多层次的、具有相对独立功能的模块组成的系统。

将模块化设计思想融入建筑生产安全管理信息系统的设计过程中，可以使系统设计过程简单、结构清晰，大幅提升系统的可读性、可维护性，易于除了程序开发人员以外的设计人员升级、改进系统，提高系统的可运行性，并有助于信息系统的开发和管理。

8.3.1.1 建筑生产安全管理信息系统功能模块与结构图

模块是具有输入输出、逻辑功能、运行程序和内部数据四种属性的一组程序语句。模块的输入和输出功能是模块与外部的信息交换,一个模块从输入端得到调用指令,把产生的结果再传递回输入者。输入、逻辑和输出功能构成一个模块的外部特性。通过运行程序完成模块的逻辑功能。为了明确各个模块之间的逻辑关系和调用关系,可使用模块结构图来反映建筑生产安全管理信息系统的层次机构、逻辑关系、调用关系和模块之间数据流的传递关系等特性。划分模块的原则是:模块之间具有较强的独立性;密切相关的子问题划归到同一个模块;不相关的子问题划归到系统的不同模块;尽可能减少模块数量和模块之间的调用关系及数据交换关系。图 8-1 反映了建筑生产安全管理信息系统的模块关系。模块用长方形表示,方框内是模块的名称,模块的名称反映了模块的功能,箭头表示模块之间的调用关系。

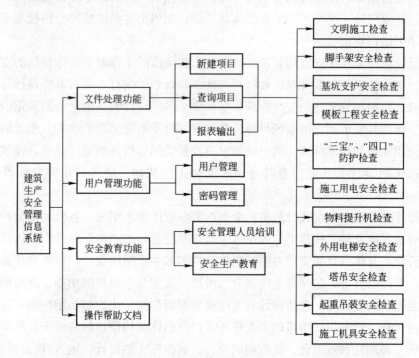

图 8-1　功能模块图

8.3.1.2 文件处理功能模块的建立

系统设计首先应满足用户对于文件处理功能的需求,要求不同用户可以登录系统,设置用户信息。建立建筑施工安全检查的新项目录入功能,即"新建"功能按钮。使用编程软件(如 VB 语言)与数据库连接,将用户建立的项目名称以及项目基本信息储存于数据库(如 Access)中。"新建"功能是安全管理信息系统的基本功能,不同工程保存于不同的项目中,实现各个项目的分开管理是项目存储的前提。项目建立后,在日后检查施工现场的工地打分情况或者重新审阅时需要调出数据库中的内容。因此建立项目查询系统,即"打开"这一文件处理功能,实现对于储存项目的再次调出,在这一模块中,用户可以打开所创立的任意项目,打开后应显示当时的安全管理状态打分记录、施工现场情况、施工单位概况和检查负责人等一系列已储存的信息。为了方便数据的输出，还需建立报表的输出功能，实现安全评估结果的输出。在后续的开发过程中还可以加入对于安全状况的自动评估和安全预警机制。最后设立关闭按钮，能够将建筑生产安全管理信息系统界面关闭。

8.3.1.3 打分表功能模块的实现

建筑生产安全管理信息系统的核心功能是实现对施工现场安全管理状态的打分与评估。软件系统应用《建筑施工安全检查标准》（JGJ 59—1999）中的安全检查评分表建立打分系统。具体包括安全管理检查评分表、文明施工检查评分表、脚手架检查评分表、基坑支护安全检查评分表、模板工程安全检查评分表、"三宝"、"四口"防护检查评分表、施工用电检查评分表、物料提升机（龙门架、井字架）检查评分表、外用电梯（人货两用电梯）检查评分表、塔吊检查评分表、起重吊装安全检查评分表、施工机具检查评分表。评分依据为安全检查标准相应的规范、标准及规定等。每张打分表需要单独成页，每页都设置打分功能，汇总后进入总表，最后与文件功能中的"导出"按钮链接，做到报表汇总情况的输出。每张打分表满分为100分，分为保证项目和一般项目。保证项目占60%，一般项目占40%。其中，保证项目得分必须超过40分，否则此张打分表总分为0分，并且保证项目中任何一项如果得0分，则此张打分表总分为0分。每个项目的打分表在填写结束后，其得分需要按规定权数转换进入总得分表。权数规定见表8-1。

建筑施工安全检查评分权重表 表 8-1

项目	权重	项目	权重
安全管理检查评分表	10%	施工用电检查评分表	10%
文明施工检查评分表	20%	物料提升机（龙门架、井字架）检查评分表	5%
脚手架检查评分表	10%	外用电梯（人货两用电梯）检查评分表	5%
基坑支护安全检查评分表	5%	塔吊检查评分表	10%
模板工程安全检查评分表	5%	起重吊装安全检查评分表	5%
"三宝"、"四口"防护检查评分表	10%	施工机具检查评分表	5%

通过设置"计入总表"按钮将每张表的得分加权后计入总表，在总得分表中显示项目的具体信息和各项得分。

8.3.2 输入/输出及人机界面设计

系统设计的过程和系统实际工作的过程正好相反，并不是从输入设计到输出设计，而是从输出设计到输入设计。安全管理信息系统能否为用户提供准确、及时、适用的信息是评价信息系统优劣的标准之一，输出信息是完成系统目标的关键部分，系统应该做到全面、准确地提供信息支持。因而从系统开发的角度来讲，输出决定输入，因此开发人机界面应根据输出要求决定开发方法和方式。

8.3.2.1 输出设计

明确系统功能目标之后，需要确定输出何种内容。输出内容的确定遵从如下几方面的要求：首先，考虑使用者在使用安全管理信息系统时的目的、需要的输出速度、报告量以及使用的周期、频率、安全与保密等。其次，需要考虑安全管理信息系统输出的安全信息的名称、形式、输出的项目、数据类型。建筑生产安全管理信息系统需要对施工现场的安全评分情况进行结果输出。另外，在结果输出的同时，也应一并显示用户填写的项目基本资料，包括企业名称、企业性质、企业资质等级、施工项目名称、项目建筑面积、检查单位、责任人、受检项目、项目经理等。最后，需要确定输出格式。输出格式指打印输出或显示输出中各数据项的排列情况。输出格式需要突出合理性、实用性、清晰性，要求设计的格式不能造成用户的理解困难或理解错误，同时易于用户了解评分表的得分标准和得分情况，并且尽量做到清晰美观。另外，需要选择输出设备和输出介质，输出结果在有需要的情况下应该能完成与打印机的串联，同时也可输出在显示器或其他辅助设备上。

8.3.2.2 输入设计

输入设计是整个系统设计的关键环节之一，通过输入功能的完善，将数据正确地传递到系统中去，然后由计算机完成各种各样的后续处理工作。输入功能的实质是安全管理数据进入计算机后台处理的接口。正确的输入是确保系统可行的基础，对于整个安全管理信息系统的运行起到决定性的作用。只有输入端准确，系统的精确处理和结果反馈才有意义。所以输入端应该经过谨慎仔细的处理，防止出现漏洞。在输入设计时以如下原则作为输入设计的指导：

1. 最小量原则

即系统的数据输入保持在满足处理要求的前提下，尽量减小输入量，保证信息输入的最低限度。因为输入的信息越少，出错的机会则越少，系统运行的可靠度便越大。基于这一原则，在建筑生产安全管理信息系统中，评分表由于可选项目实在太多，因而放弃"逐条设置扣减分数"按钮，只在"扣分"一栏设置输入文本框，扣分多少由用户输入，这样每张评分表的数据输入控制在 10 个左右，大大降低了发生输入错误的风险。

2. 简洁性原则

输入的准备及输入过程应尽量容易进行，以减少错误的发生。根据此条原则，建筑生产安全管理信息系统的输入数据仅包括扣分项目，每项扣分都保持在两位数以内，录入简洁，防止数据过大造成用户在录入时出现输入错误。

3. 尽早处理检验原则

数据的输入应尽早进行检查、处理和储存，避免长时间大量的输入数据而没有运算。因为离原始数据的发生点越近，错误越容易及时得到改正，短周期的数据录入可以避免出现错误后难以对错误环节进行追索定位和改正。因此，每张评分表都设置"计入总表"按钮，在点击这一按钮后，本张评分表的数据即汇总到总表并保存到数据库中。用户每一个分项打完分后都可以及时地保存数据，如果发现本项数据错误，只需要在单张评分表中寻找输入错误即可。

8.3.2.3 人机界面设计

输入输出界面是人和计算机链接的关键环节，系统操作者通过计算机屏幕显示和计算机对话，通过向计算机输入相关数据和操作指令来控制计算机的处理过程，同时计算机将数据的处理结果反馈给用户，这一过程便是"人机对话"过程。换言之，人机对话过程是"从人到机器，再从机器到人"的信息流动过程。这一过程的有效程度和效率高低都直接决定了建筑生产安全管理信息系统运行状况的好坏。简便易于操作的人机界面将大大节省操作者的输入和操作时间，清晰易读的显示界面可以更高效地将评分结果反馈给用户。人机界面的好坏直接影响到用户对安全管理信息系统的认识，关系到系统应用的有效性和推广性，因此是值得投入精力的研发内容。

人机交流有多种方式，如键盘—屏幕方式、鼠标—屏幕方式、触摸/手写笔—屏幕方式以及声音对话等。建筑生产安全管理信息系统的人机交流设备选择键盘/鼠标—屏幕的交流方式。设计遵循的原则是从用户的角度考虑界面设计，而不以设计人员的设计方便来考虑。在设计中，考虑到计算机的使用环境是在施工现场，操作人员并不是专业的软件开发研究人员，因此对系统的响应时间、操作方便程度和对用户接受状况等方面要求都更加苛刻。在具体的设计过程中，以下几点应是系统着重关注并力求达到的设计标准：

1) 要求屏幕显示清晰直观，贴近使用人员的习惯且操作方便、简单。建筑生产安全管理信息系统设计的用户界面与 Windows 操作系统的基本操作指令相同，适合经常使用 Windows 的用户操作，界面清晰、直观。需要填写的文本框上方都加注文字导航。按钮功能清楚，设置合理，且复合多种功能，实现一键控制分数汇总和分数存储，省略了复杂烦琐的操作过程。

2) 相同的数据一次输入，多次使用，一处输入，多处引用。在进入系统页面并且创建新项目后，弹出项目基本情况填写表格。表格中所填写的信息存入数据库后，在打分汇总表中以及输出表格中都再次引用出现。每个分项评分表的总分数经过计算获得，在总表中再次引用。

3) 数据输入应有检错、纠错和容错功能。建筑生产安全管理评分表，实行的是扣分制，每张表中都有十余个分项，每项满分从 5 分到 20 分不等。检查项目如有不合格则扣去相应分数，直到基础分扣光为止，不设负分。因此数据的录入应加入限制条件，即分项分数一旦扣光则计 0 分。对于输入错误的表格都可以重新评分、重新汇总，如果某项得分偏差较大，则返回该项评分表即可重新评分。

4) 具有完善的帮助文档。帮助文档中应录入完整的软件使用说明以及系统应用的规范或行业标准。

建筑生产安全管理信息系统的人机界面可以具体划分为两种设计方式，即菜单式和填表式。菜单式应用于系统初始界面中的文件处理功能模块、用户管理功能模块、安全教育功能模块和帮助功能模块。通过下拉菜单显示各种可选择的操作，用户则通过点击相应位置操作计算机运行。填表式应用于施工情况的录入和评分表扣分情况的录入。将要输入的项目显示在相应位置，用户根据项目输入相应的数据。系统中的评分表与操作人员手中的原始记录表格格式完全一致，方便安全管理人员熟悉使用评分系统。

8.4 建筑生产安全管理信息系统的运行管理和评价

在系统开发设计工作完成后，新系统进入运行阶段。在这一阶段，建筑生产安全管理信息系统发挥作用、创造效益。开发与运行都是影响信息系统质量与效果的关键环节，两者有着同等的重要性。对系统运行情况的考察和评估，是为了使系统在一个预期的时间内能够正常发挥应有的功能、产生预期的效益。

8.4.1 系统的运行管理

系统的运行需要进行日常管理，只有在运行管理规章制度的监督下，才能保证系统正常运行、发挥系统功能。同时系统运行情况也应该得到相应的记录，作为系统维护和系统评价的依据。

建筑生产安全管理信息系统投入正式运行之后，安全数据就会不断地输入系统，经过系统运算之后输送给输出模块，任何的疏忽都会造成信息的流失或偏差，产生意想不到的严重后果。所以必须建立严格的系统运行人员岗位责任制和其他规章制度，包括安全生产责任制度、系统安全运行管理制度、系统定期维护制度、系统运行操作规程、用户使用规程、系统信息的安全保密制度、系统运行日志及填写规定等。在信息系统的运行中，应该对系统的工作情况进行详细记录。经常要收集和积累下列资料：

1）工作数量。例如每天的开关机时间、系统运行的时间、一个时间周期内新提供的报表数量、录入数据的数量、系统中已保存数据的数量、修改程序的数量、数据使用的频率、满足用户临时要求的数量等。这些数据反映出系统的工作负荷、工作强度和工作状态的好坏以及所提供信息服务的规模，这是反映信息系统功能的最基本数据。

2）信息系统的工作效率和服务质量。应该详细记录系统为了完成所规定的工作，占用了多少人力、物力和时间。例如一个项目安全管理信息系统完成一次安全大检查所需要的时间和人力等。同时还应记录建筑生产安全管理信息系统的用户对系统所提供的服务和数据处理方式是否满意、系统所提供的信息精确度是否符合要求、信息的提供是否及时、是否满足需求等内容。

3）系统修改升级情况。系统中的数据、软硬件的更新、维护和检修等工作都应该有详细的及时记载。这不仅仅是为了保证系统的安全和正常运行，而且有利于系统的进一步扩充和完善。

4）系统故障情况。无论故障大小，都应及时地记录故障发生的时间、故障现象、故障发生的工作环境、处理方法、处理结果、处理人员、原因分析、故障排除时间等。这些记录下来的数据对于整个系统的扩充和发展有借鉴意义。

8.4.2 系统的维护

建筑生产安全管理信息系统的维护是为了应对信息系统环境和其他因素的各种变化，以及保证系统正常工作而采取的一切活动，包括系统功能改进及解决系统运行期间发生的一切问题和错误。系统维护的内容包括硬件设备的维护、应用软件的维护和数据的维护，可以划分为以下几个项目：

1）硬件系统的维护。系统运行的基础是硬件设施，其维护需要由专职的硬件管理人员承担。一是定期的预防性维护，例如定期进行设备的检查和保养，易耗品的更换和安装等；二是突发性故障的维修，即当硬件设备出现突发性故障时，由专职人员来排除故障。

2）软件系统的维护。软件维护就是使程序数据始终保持最新的、正确的状态。软件的维护是系统维护中最重要的、也是工作量最大的一项维护工作。软件维护通常由于系统环境的变化、操作人员在系统运行中发现缺点或错误，以及用户要求提高系统的某些功能等原因而进行的维护。其内容包括软件正确性维护、适应性维护、完善性维护和预防性维护等。

3) 数据系统的维护。数据维护工作应由数据库管理员来负责，主要对数据库的安全性、完整性、一致性进行控制。数据管理员负责审核用户身份，定义其操作权限，并依此负责监督用户的各项操作；负责维护数据库中新数据的录入和存储数据的更新；负责代码的维护，代码变更后要通知相关使用者；负责数据或信息的安全保密、软件的安全；应当定期备份数据库，当硬件设备出现故障并排除后，要负责数据库的恢复工作。

4) 数据安全的维护。数据安全已成为各种信息系统的焦点问题。由于建筑生产安全管理信息系统的数据安全问题涉及事故处理、责任赔偿等各种利益关系，因此系统数据的安全维护应当得到充分重视，保证储存的数据不能丢失、不能被破坏、篡改或被盗用。系统的数据应当由专人进行备份，科学管理软件和数据，应尽量使用复制的程序，以避免由于一时疏忽造成不可弥补的损失。因为系统是依赖计算机运行的，所以还应注意计算机病毒的预防和消除。

8.4.3 系统的评价

建筑生产安全管理信息系统，属于复杂大型的安全管理信息系统，其开发过程是一项系统的工程项目，需要花费大量的资金、人力、物力和时间，因而无论是对于开发者还是使用者来说，系统建成后都需要了解系统的效益如何，是否能够发挥功能作用、完成预定的目标。包括系统性能、运行效果、各种运行参数在内的系统运行指标是对系统进行评价的主要依据。系统评价可以对开发完成的系统进行全面的评估，找出不足和错误之处，以进行后续的改进升级工作。

系统评价可以根据不同重点、不同指标来评价安全管理信息系统的性能。而在系统运行周期的不同阶段，评价的侧重点也不同，系统的某些情况甚至无法用简单的指标来反映。但总的来说，评价一个建筑生产安全管理信息系统，可以根据性能指标、管理指标和经济指标三个方面来进行。性能指标指系统各个功能模块和组成部分有机地结合在一起作为一个整体所表现出来的技术特性，比如系统的可靠性、系统运算的效率、系统的有效性和实用性、系统的可扩充性、移植性和适应性等。管理指标主要反映系统用户对系统的意见，包括用户对信息系统操作、管理和运行状况的满意程度，外部环境对系统的评价，领导、管理人员对系统使用的态度等。经济指标包括系统的费用、系统收益。其中系统费用是指系统的前期开发费用、运行费用以及系统后续投入和升级维护费用。系统收益并不单纯指直接的经济收益，还应包括系统投入使用后施工企业工作效率提高、事故减少、管理费用节约和管理成本下降等其他效益。经济指标是系统评价中最重要的一部分，系统经济指标能够最直接地反映安全管理信息系统的使用效果。

系统评价的本身不是目的，评价的最终目的是完善安全管理信息系统。通过确定系统的价值来衡量系统达到或完成目标的能力。系统的评价有如下具体措施：检查系统目标、功能及各项指标是否达到了设计要求以及满足用户要求的程度；检查系统的质量是否达到要求；检查系统中各项资源的利用程度，包括人力资源、物资资源、硬件、软件资源等的使用情况；检查系统的使用效果；检查评审和分析的结果，找出系统的薄弱环节，提出修改意见等。

8.5 安全生产现场监控系统的设计与运行

随着我国经济发展水平的提高，建筑行业飞速发展，建筑施工作业安全问题一直比较严峻，建筑行业的事故发生频率已高居全国各行业的前几位。现场施工安全尤其重要，一旦出现事故隐患就可能造成重大人员伤亡事故，给国家财产带来巨大的损失。党的十六届六中全会坚持把"安全第一、预防为主、综合治理"作为构建社会主义和谐社会的重要措施。因此，在建筑施工现场作业过程中，安全管理是保证施工安全的一个非常重要的因素。如何提高建筑施工现场的安全管理水平，保证施工人员的人身安全，杜绝重大伤亡事故，是每个安全工作人员应该考虑的问题。随着近年来智能化行业的飞速发展，远程监控系统已打破过去"闭路电视系统"的模拟方式结构，实现了一体化、网络化、数字化、集成化和远程视频监控，其应用逐渐普及各行各业。近年来，远程监控系统已开始应用于建筑施工现场，辅助日常的安全管理工作，虽然在全国建筑施工现场并没有完全应用和普及，但其应用于建筑施工安全管理的优点已经充分表现出来，具体表现为可以提升安全生产信息化管理水平，加强施工现场安全防护管理，实时监测施工现场安全生产措施的落实情况，确保施工全过程处于受控状态，从而可以及时消除安全隐患。

8.5.1 必要性

建筑施工现场的基坑、边坡支护安全，模板工程安全，脚手架搭设安全以及安全文明施工等是安全生产的基本要求。但在部分施工现场中，施工单位为了赶工期或降低成本而忽视了安全生产，不顾设计规范要求降低安全标准的问题时有发生，留下了安全隐患。为了确保建筑工程的施工安全，传统的监督方法是依靠安全管理人员深入施工现场检查，但由于人力有限，效率不高，已经不能适应近年来城市建设力度日益加大的新形势。因此，加强建筑施工现场的安全监管，提高安全生产监管水平，已是摆在建设安全监督部门面前的首要任务。采用视频远程监控，通过计算机屏幕实时监管分布在全国各地的多个施工现场，既减轻了监管人员的工作强度，又加强了建设行政主管部门以及监管机构的调控监管力度，提高了工作效率。

8.5.2 必然性

建筑施工现场视频监控系统由前端监控设备、传输系统、本地监控中心组成。就是通过 ADSL 或宽带接入互联网，在建筑施工现场重点监控部位分别架设全方位操作平台、室外防护罩及带自动光圈镜头的一体化摄像机，摄像头采集的信号通过视频服务器连接到宽带路由器上或交换机上，通过监控中心的键盘、鼠标操作，可实现操作平台的上下左右、镜头的远近、自动长短焦、光圈大小等操作，实现对施工现场及人员的全方位监控。监控中心可实现对画面的任意切换、定时切换、顺序切换及对前端设备的控制。监控中心设数字硬盘录像机 1 台，满足长时间录取监控图像的需要。监控人员可以通过互联网访问各施工企业数字监控主机，随时观察到工地的动态，进行过程跟踪监控。施工企业可对本企业安装监控系统的建筑施工现场实施远程操控和实时查看。施工现场项目经理部、项目建设单位、监理单位可操控和使用本项目安装的监控设备进行现场实时监管。可见，安全生产现场监控系统运用于建筑施工现场是必然的，是对我们目前安全工作传统管理模式的有效补充。

8.5.3 有效性

为了加强建筑施工现场远程监控系统的使用管理，结合施工现场的实际情况充分发挥监控系统的效能，有针对性地提出布置方案将有效地提升安全监管效率。施工现场监控点的布置安装可根据施工现场的实际情况确定，视频监控系统应在开工前安装不少于2个摄像头监控点，且能监控四分之三工地范围，其他监控点可以随着施工进度进行相应地增加。一般监控点主要安装在以下位置：施工现场进出口大门处(室外型红外摄像机或室外枪型摄像机)、工地最高点(塔机顶端、使用智能高速球型摄像机)、存在重大危险源的分部分项工程处，开挖深度超过5m的深基坑、高度超过8m或施工总荷载超过15kN/m²的模板支撑系统、30m以上高处作业等危险性较大工程，以及施工现场文明施工的重点监控部位。通过对施工现场的合理布点，努力提高系统在实施远程监控时的实用性、适应性和灵活性，最大限度地满足安全监督工作的不同需求，实现对施工现场及人员的全方位监视，做好平面管理立体监控。同时，对监控系统中摄像机、录像设备、传输线缆、不间断电源等设备提出具体技术参数的要求，制定施工现场监控管理规定及有关责任，都是对监控效果的有效保证。

针对我国目前安全状况，施工现场可采用巡检速度快、运行可靠的全总线式安全监测监控系统进行安全监控，结构图如图8-2所示。

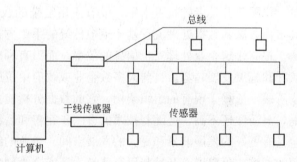

图8-2 安全监测监控系统结构图

现场总线采用数字通讯方式，可采用多种传输介质进行双向对点通信，根据不同的使用地点可选用多种拓扑结构。另外，现场总线采用统一的协议标准，是开放式的互联网络，对用户是透明的，不同厂家的设备可以方便地接入同一网络，而传统的DCS中，不同厂家的产品是不能互相访问的。通信协议采用国际标准IP寻址，可与管理信息网进行无缝连接。在多个子系统互连、互为约束时采用对等通信协议，而集中控制时无关联子系统采用主从通信协议。现场总线可最大限度地使办公实现自动化。

此安全系统不需要分站，传感器可方便地挂接在总线上，随着干线的延伸可加干线扩展器，在传感器比较集中的地方，可加分站以实现就地集中控制，具有安装维护方便的优点。

总之，安全生产现场监控系统将计算机网络和通信技术、视频压缩技术、决策支持系统等现代高技术融为一体，帮助安全监管部门、监理单位和施工单位及时掌握安全管理、文明施工及治安管理状况，有效促进了施工现场安全文明施工水平，从而极大地提高了建筑工程安全生产的监督水平和工作效率。

8.6 建筑生产安全管理信息系统的发展展望

随着理论和方法上的不断成熟、计算机技术的不断发展，建筑生产安全管理信息系统正在逐步完善。新一代计算机技术的出现，使数据处理速度更快，也使大规模的信息存储问题得到解决。数据库技术和远程通信技术以及网络技术的发展，使企业安全管理系统的电子化、网络化成为趋势。信息论和控制论同时逐渐成熟，这些都为安全管理信息系统的发展提供了坚实的理论基础和物质基础，使安全信息管理的理论和方法能够运用于实际安全管理工作。

建筑生产安全管理工作采用电子化的安全管理信息系统，是建筑行业安全管理方面未来的趋势和发展方向。对于建筑生产安全管理，尤其应注意安全管理信息系统的规划分析和设计方法的开发，以及安全管理信息系统建设过程中工程化、系统化、结构化的特点。

建筑生产安全管理信息系统着眼于实际的安全检查和安全状态评估工作，相比普通的办公室自动化系统和目标、事物处理系统都有相当大的发展。系统对于建筑生产过程中安全信息的收集、输入、储存、加工和分析等过程都经过了详细的设计，融入了系统分析方法和现代安全管理思想。系统大幅度提高了信息的处理速度和质量，增强了安全管理的能力，且对于安全管理数据的深层次开发利用和建筑生产过程的监控都起到了推动作用。

本章所介绍的建筑生产安全管理信息系统只是全部系统中的一个子系统，程序相对简单。局限于开发者的技术水平，没有应用复杂的数学模型和统计技术，功能也相对单一。其工作方法和数据处理流程基于模拟传统的手工方式，因此在计算机系统中的应用还只局限于提高建筑企业处理安全信息的效率，而没有利用所取得的安全数据反映建筑企业安全状况和施工发展趋势。目前大多数企业或政府单位所应用的安全管理信息系统都还处于起步阶段，依赖于现有的组织架构，它的数据分析能力和决策支持系统仅仅是现有模式的辅助，灵活性还不高，但随着技术的进一步完善和后续的开发，建筑生产安全管理信息系统应具有更好的发展前景和更大的发展空间。企业的组织架构甚至也会为适应新系统而作大幅的调整。可以说，开发与研究建筑生产安全管理新系统是与目前建筑业的发展趋势相适应的。

当今世界，计算机技术一直在持续高速发展之中。正如目前已经广泛投入使用的政府安全管理电子政务系统、城市地下管道管理信息系统、交通安全管理信息系统等，建筑生产安全管理信息系统在建筑生产安全领域的应用也将会迅速推广，并广泛地集成先进的信息管理技术，融入现代安全管理思想、运筹学和系统方法。

未来建筑生产安全管理信息系统的功能也不会仅仅局限于安全数据的处理，而是将逐渐结合数理统计、数学建模等学科知识，在系统设计开发过程中建立大量的数学模型对安全数据进行综合分析判断。将事故的统计、查询、分析、预测功能提高到适度的随机、定性与定量的组合、模糊和动态的制约状态。模糊数学、灰色系统理论和安全系统工程理论也将会加入到系统的开发理论中，帮助计算机程序更加客观地反映现实安全状况或事故特征，不仅可以实现建筑生产安全的被动评估功能，更能延伸至实时监控和危险事故预测等主动防御功能。

建筑生产安全管理信息系统会扩展到综合信息分析、安全决策支持系统、安全预警系统等多个子系统高度整合的综合性安全管理系统。预计未来几年安全信息管理将会在人工智能、实时控制、多媒体及网络技术等方面取得突破性的发展。随着建筑生产安全管理机制的电子化和网络化，安全信息管理技术将会在建筑行业的安全管理工作中发挥更多更大的作用，实现真正的科学化、数字化的建筑生产安全管理。

9 建筑工程项目安全管理的应用创新
——安全保险机制

9.1 保险

对保险的定义非常多,从不同的角度出发有不同的定义。从金融学的角度出发,保险是对不可预计损失重新分配的融资活动。从法律的角度出发,保险是一方同意补偿另一方损失的契约性的约定。从一般对保险的理解来看,保险是指保险人向投保人收取保险费,建立专门用途的保险基金,并对投保人负有法律或合同规定范围内的赔偿和给付责任的一种经济保障制度。

保险是迄今采用最普遍,也是最有效的风险管理手段之一。通过保险,企业或个人可将许多威胁企业或个人利益的风险因素转移给保险公司,从而可通过取得损失赔偿以保证企业或个人的财产免受损失。

9.1.1 保险的分类

从宏观的角度看,保险可以分为社会保险、政策保险和商业保险三类。其中,只有商业保险同时拥有不同的标的,可以细分为财产保险、人身保险、责任保险和信用保证保险等四类。

1) 财产保险,其保险对象是被保险人的财产。
2) 人身保险,其保险对象是被保险人的身体或生命。
3) 责任保险,是以被保险人的民事损害赔偿责任为保险标的的保险。
4) 信用保证保险,是指被保险人根据权利人的要求以自己的信用作为保险标的的保险。

按照保险的实施方式分类,保险又可以分为强制保险和自愿保险。所谓强制保险,是指根据国家或政府的法律、法令或行政命令,在投保人和保险人之间强制建立起保险关系。自愿保险是指投保人和保险人在平等自愿的基础上,通过订立保险合同或者自愿组合,建立起保险关系。

9.1.2 保险的基本原则

在保险的长期发展过程中,逐渐形成了一些特殊的规范保险行为的基本原则,主要包括以下四个原则:

1) 损失补偿原则。损失补偿原则是保险合同最重要的原则。大多数财产保险合同是补偿性合同。补偿性合同具体规定了被保险人不应该取得超过损失的实际现金价值的赔偿。规定补偿原则有两个基本目的:一是防止被保险人从保险中盈利。二是减少道德危险因素。如果被保险人从损失中盈利,他们就会以骗取保险赔偿为目的故意制造损失。因此,如果损失赔偿不超过实际现金价值,道德危险因素就会减少。

2) 可保利益原则。保险利益原则规定，投保人对保险标的要具有法律上承认的利益，否则保险合同无效。换言之，如果损失发生，被保险人必须在经济上遭受损失，或者必须遭受其他种类的损害。例如，你已投保医疗保险，如果你生病就需要交付一定的医疗费用，在经济上你就遭受了一定损失。

3) 最大诚信原则。保险合同是建立在最大诚信原则的基础之上的。保险合同双方应向对方提供影响双方做出签约决定的全部真实情况。与其他合同相比，保险合同必须表现出高度的诚实，任何虚报、隐瞒、欺骗都将导致保险合同失效。

4) 近因原则。近因是指存在多个损失原因，而且损失的因果关系在不曾中断的情况下。对造成损失起支配作用的损失原因，不一定是时间上或空间上与损失结果最近的原因。这可用一个案例解释：在第一次世界大战时期，一艘轮船被敌潜艇用鱼雷击中之后拼力驶向哈佛港。由于船伤势十分严重，该港担心它会沉在码头泊位上，而且当时起了大风，遂命令该船驶向外港。在那里，船体触礁沉没。这条船只保了一般危险，没保战争险。法庭判损失的近因是被鱼雷击中。虽然在时间上最近的原因是海上风险，但船在中了鱼雷之后，始终没有脱离危险，因此，被鱼雷击中是处于支配地位和起决定作用的损失原因。近因原则是国际保险市场所遵循的重要原则之一。

9.2 工程保险

工程保险是指以各种工程项目、机器设备为主要承保对象，以工程的建设、安装、机器的安装、调试、运行过程中出现的意外损失和对第三者造成人身伤亡、财产损失的赔偿责任为保险责任的一系列保险业务的统称。其主要险种有建筑工程保险、安装工程保险、高科技工程保险、船舶工程保险等，其中以建筑工程保险和安装工程保险最为常见。

建筑工程保险以土木建筑工程项目为保险标的，适用于工业、民用及公共事业等所有建筑工程项目，为这些项目在建设过程中提供自然灾害和意外事故的风险保障。该险种通常也同时承保建筑工程第三者责任与特种危险赔偿责任。

建筑工程保险的保险责任包括工程物质损失和第三者责任两部分。

安装工程保险为各种大型机器设备、建筑工程的安装提供保障，负责在机器设备的安装、调试以及建筑工程的安装、装修过程中，因自然灾害和意外事故造成的物质损失以及对第三者造成的损害赔偿。由于工程建设中通常都是将建筑和大型设备的安装统一策划，因此，安装工程保险是同建筑工程保险一起发展起来的一种综合性保险业务，它与建筑工程保险相辅相成、相互补充，为客户提供较为全面的风险保障。

安装工程保险在承保形式和内容上与建筑工程保险基本一致，也分为物质损失和第三者责任两部分，只是安装工程针对机器设备的特点在除外责任方面与建筑工程保险有所区别，具体表现在以下两个方面：

1) 因设计错误、铸造或原材料缺陷或工艺不完善引起的被保险财产本身的损失以及为校正这些缺点、错误所支付的费用。

2) 由于超负荷、超电压、碰线、电弧、漏电、断路、大气放电及其他电气原因造成电气设备或电气用具本身的损失。

9.2.1 工程保险的特点

工程本身的特殊性使得工程保险也具有一些明显区别于其他财产保险的特征。可以说，工程保险的特点是工程本身的特点在保险领域的反映。工程保险为了适应建筑工程的需要，演化出了一些与其他险种不同的特征。

9.2.1.1 承保风险的特殊性

工程保险所承保风险的特殊性主要体现在以下几个方面。

1）承保风险错综复杂。工程保险的保险标的多是在建工程或原材料，大部分处于暴露状态，且工程施工过程中发生大量物资和人员的流动，使得保险标的难于管理，使其抵抗风险的能力较差，所面临的风险问题较为突出。一旦发生工程安全事故，施工方不能得到及时有效的赔付。工程施工中的风险因素既有自然因素又有人为因素，施工环境的复杂性使得保险标的面临的风险复杂化。

2）风险可能集中暴露。在普通财产保险中，风险事故的发生可能是随着时间均匀分布的，而在工程保险中，试运行有可能成为全部工程进展中潜在风险一并发生的阶段。诸如材料缺陷等各种隐藏的风险有可能在试运行期间集中暴露出来。

3）承保风险范围的特殊性。普通财产保险一般对财产本身缺陷引起的损失不予承保，而工程保险则需对因原材料缺陷、设计缺陷或工艺不善而引起的损失承保。普通财产保险一般对操作失误和恶意行为不予承保，而工程保险则将操作人员或技术人员因缺乏经验、疏忽、过失及恶意行为等人为因素所造成的损失引入承保范围。

9.2.1.2 保障具有综合性、广泛性

工程保险保障的综合性和广泛性体现在其所保障的工程损失和被保险人两个方面：

1）就工程本身来说，工程建设过程中面临着各种各样的风险，风险的多样性要求工程保险的保障具有全面性、综合性。工程建设是一个动态的过程，其连续性和不可分割性使得工程保险的各种业务相互交错，也要求保险公司对其进行综合承保。工程保险的保险责任通常包括物质损失和第三者责任两部分，还可以根据工程的实际情况提供运输、工地外存储、保修期等相关阶段的"一揽子"风险保障。

2）工程建设过程中参与人众多，涉及较多当事人和关系方，工程保险要全面保障参与各方的可保利益，就需要将其全部纳入被保险人的范围。被保险人的范围可以是工程项目所有人、承包商、分承包商、设备供应商、技术顾问、工程监理等各方参与人，是一个庞大而广泛的群体。工程风险和被保险人的广泛性也必然要求工程保险的保障具有广泛性。保障的综合性和广泛性使得工程保险业务复杂化、风险多样化，信息不对称等现象在工程保险领域也更加严重。这就向保险人提出了更高的要求，工程保险业务的开展需要掌握多学科知识、综合素质较高的工程保险人才。

9.2.1.3 保险金额高且具有渐增性

随着科技的进步，新工艺、新材料的应用，工程本身的造价越来越高，使得工程保险的保险金额也随之不断增长，巨大的投资和巨额的保险利益导致了巨大的保险金额。巨大的保险金额使得单个保险人难以单独承保，为了分散风险，再保险或共同保险在大型工程保险中极为常见，甚至是不可或缺的。这使得保险人之间既竞争又合作，使得保险人之间

的联系越发紧密。

同时，工程项目中的各种费用、价值是随着工程进度的不断推进而逐渐转移到工程项目当中的，当工程完工时，工程价值及其可保利益达到最大值。这使得工程保险的保险价值在工程建设过程中也随着保险利益的增加而不断增大。

9.2.1.4 关键条款具有个性化的特点

由于工程保险的保险标的范围广泛，承保项目各不相同，各个被保险人的保险利益也各不相同，不同的投保人对其投保的工程项目也有不同的保险需求。因此，保险人通常会为投保人量身定做符合其自身实际情况的保险产品，往往在保险单中加入满足投保人个性化需求的条款，这使得保险条款具有个性化的特点。

保险期限的不确定性是工程保险具有个性化的一个重要体现：与普通财产保险不同，工程保险的保险期限往往随着工程期限的变动而变动，短则几个月，长则十几年，具体的保险期限起止时间要视工程的具体情况而定。另外，工程保险通常没有固定的保险费率，要根据被保险人的具体情况具体确定。这些都是工程保险具有个性化的体现。

9.2.2　工程保险的实施流程

投保人在投保建筑安装工程保险之前必须先向保险人提供相关资料（工程合同、承包金额等）。保险人在收到被保险人的投保申请之后须先进行风险评估，然后签订保险合同，具体的保险投保流程见图9-1。

工程出险后被保险人应尽快向承保公司报案，并填写《出险通知书》；出险后被保险人应维护好事故现场，并积极进行施救，防止损失进一步扩大；接到报案后，保险人应尽快赶赴事故现场，同时查阅受损部位的工程进度表，查清受损部位是否按计划进度施工。保险人应根据勘查情况，明确划分保险责任和除外责任，只承担保险责任范围内的损失；被保险人在事故发生后，应向保险人提供损失清单、各种工程文件及证明材料；赔款计算应按承保时确定的方法进行；损失一经确定后，保险人应尽快做出赔偿，将赔款付给被保险人。工程保险理赔流程见图9-2。

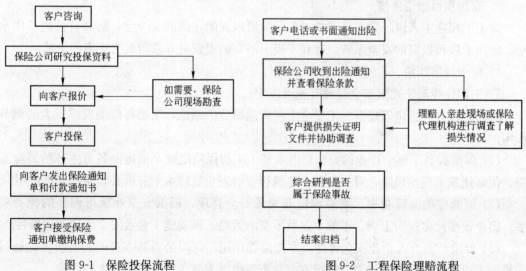

图9-1　保险投保流程　　　　　图9-2　工程保险理赔流程

9.2.3 工程保险的意义与作用

1) 保障项目财务的稳定性、发挥补偿职能、促进经济发展。

由于工程建设过程中风险高度集中，很容易发生风险事故，加上投资规模巨大，一旦发生风险事故必然给工程建设的有关方面带来巨额损失和财务困难，甚至有破产倒闭的危险。此外还有可能产生连锁反应，引起诸如贷款银行、原材料供应商、建筑工人等各方的损失。工程保险作为工程风险转移的重要手段之一，可以使业主或承包商将工程风险转嫁给保险公司，在发生风险损失的情况下及时从保险公司处得到补偿，帮助被保险人抵御风险损失所带来的经济冲击，减少其年利润和企业现金流的波动，增强财务稳定性，从而增强其生存能力和竞争能力，保障生产建设的顺利进行。

工程保险对经济的促进作用还体现在推动工程技术的创新。由于技术创新的风险性使得众多投资人因无力承担风险事故造成的损失而放弃投资，通过对工程项目进行投保就可以达到化解风险、鼓励投资的目的，从而支持工程技术创新，推动工程建设发展。

2) 加强工程风险的防范和控制。

保险公司在进行工程保险时，首先会对申请人的资信、施工能力、管理水平、索赔记录等进行全面审核，并实行差额费率；其次还会增加对工程施工的防灾减损要求，在保险服务中，保险公司可以凭借多年的经验，积极参与保险工程的防灾减损工作，在大型工程设计施工和安装工程试运行阶段派出自己的监督管理人员监督工程的实施，提出安全管理意见，指导和促进被保险人加强安全管理措施，通过与投保人的通力合作，达到防范、控制、降低风险的目的。

在发生保险事故以后，保险公司会对风险事故科学、客观地进行分析和调查，查明事故原因、研究预防对策，对项目建设的风险防范知识和技能的进步起到了积极的推动作用。当保险公司将研究成果用于社会实践，指导客户的风险管理时，就增强了全社会风险防范的能力，减少了事故再次发生的可能性。

3) 改善项目融资条件。

对于工程业主来说，购买足够的工程保险可以保障还款的安全性，提高自己的信用水平，增加了项目投资的安全系数，有利于吸引潜在的投资者并获得较为优惠的贷款。

4) 减少经济纠纷。

5) 工程保险对于建筑安全管理有积极作用。

根据对西方发达国家建筑施工安全生产管理研究的结论，工程保险能发挥巨大的调节作用：

(1) 保险提高了整个行业的安全管理水平。工程保险能够全面提高各方主体的风险意识，化解建筑工程的风险，对提高整个建筑行业的安全管理水平有极其重要的促进作用。

(2) 可调整的保险费率，刺激承包商加强安全管理。根据安全业绩可调整的保费费率，即企业事故多保费上调、事故少保费下调的策略，调动施工企业安全管理的积极性。

(3) 保险公司介入企业安全管理，发挥监管作用。保险公司从本身的利益出发，通过向投保人提供安全教育和培训，进行安全检查等措施来减少安全事故发生的风险。

9.2.4 工程保险的发展历史

工程保险作为一个相对独立的险种起源于20世纪初，第一张工程保险单是1929年在英国签发的，承保泰晤士河上的Lambeth大桥建筑工程。1934年，由于德国对建筑承包商遭受损害建立储备金的可能性实施严格限制，建筑工程一切险在德国也开始走向市场。其主要保险条款和条件来自于安装工程一切险，许多保险公司当时对运作安装工程一切险已有10年的经验。由于工程保险针对的是具有规模宏大、技术复杂、造价昂贵和风险期较长特点的现代工程，其风险从根本上有别于普通财产保险标的风险。所以，工程保险是在传统财产保险的基础上有针对性地设计风险保障方案，并逐步发展形成自己独立的体系。

工程保险的迅速发展是在20世纪40年代末。一方面，第二次世界大战中，欧洲饱受战争创伤，战争结束后的大规模重建需要各类工程保险的服务。另一方面，随着大规模工程的展开，业主和承包商要承受巨大风险，为转嫁这些风险，他们完善了承包合同条款，在承包合同中引进了投保工程保险的义务，这些都对工程保险的迅速发展起了重大作用。

1945年英国土木建筑业者联盟、工程技术者协会以及土木技术者协会共同研究，并经若干次修改，制定了承包合同标准化条款。尔后，欧洲各国纷纷活跃起来，1957年，在此条款基础上，又制定了以用于海外工程为目的的国际标准合同条款。后来这种合同条款逐渐普及到亚洲、中南美洲和非洲等地。此条款中，也引进了投保工程保险的义务。

随着现代工业和现代技术的迅速发展，世界各国都在集中人力、物力和财力，大兴土木工程，兴建新工厂、改造旧工厂，使许许多多的具有现代水平的体育、娱乐设施和桥梁、隧道高速公路等市政工程，以及写字楼、宾馆、住宅等摩天大厦相继出现。为转嫁土木工程在建设期间的各种风险。所有人与承包人均需要保险人提供保险保障。在这种情况下，建筑工程保险和安装工程保险也就应运而生了。

9.2.5 我国工程保险的发展历程

1979年中国人民保险公司拟定了建筑工程一切险和安装工程一切险条款，开始办理工程保险业务，但仅限于在外资工程中办理保险，因此内资工程保险业务并没有很好地开展。随着改革开放和经济建设国际合作的深入发展，20世纪80年代初，在利用世界银行贷款的建设项目中工程保险作为工程建设项目管理的国际惯例之一在我国开始缓慢起步。到了90年代，工程保险有了一定的发展，但主要仍然集中在少数发达地区的重点工程和外资项目上。

1994年建设部、中国人民建设银行印发了《关于调整建筑安装工程费用项目组成的若干规定》，将保险费项目计入建筑安装工程费用当中，为工程保险的发展初步奠定了基础。该《规定》指出："建筑安装工程费由直接工程费、间接费、计划利润、税金等四个部分组成。"其中，"间接费，由企业管理费、财务费和其他费用组成"。"企业管理费是指施工企业为组织施工生产经营活动所发生的管理费用。"企业管理费中的第十项就是保险费，即"企业财产保险、管理用车辆等保险费用"。

1997年在上海、浙江、山东三省市开展了建筑工程意外伤害保险的试点工作，同年

11月1日公布1998年3月1日起实施的《建筑法》，其中第5章第48条规定："建筑施工企业必须为从事危险作业的职工办理意外伤害保险，支付保险费。"首次将从事危险作业的员工人身意外伤害保险纳入法定保险，初步为将工程建设中部分保险的法制化推行做了有益探索。

中国工商银行于1998年7月24日印发并执行的《中国工商银行关于印发商品房开发贷款管理暂行办法》第6章第16条规定："借款人取得贷款之前，借款人应为贷款项目办理有效的建筑工程保险；以房屋作为贷款抵押的，借款人在偿还全部贷款本息之前，应当逐年按不低于抵押金额的投保金额向保险公司办理房屋意外灾害保险，投保期至少要长于借款期半年。保险合同中要明确贷款人为保险的第一受益人。"该办法对商品房开发过程中的工程保险提出了要求。

1999年建设部和国家工商行政管理局制定了《建设工程施工合同示范文本》（GF-1999-0201），该示范文本沿用至今。其第二部分通用条款的第11节第40条涉及了工程保险的有关内容。该合同示范文本要求发包人在工程开工前为建设工程和施工场地内的自有人员及第三方人员生命财产、运至施工场地内用于工程建设的材料和待安装设备办理保险，并支付保险费用。发包人也可以在支付费用的情况下将有关保险事项委托承包人办理，合同示范文本还要求承包人必须为从事危险作业的员工办理意外伤害保险，并为施工场地内自有人员生命财产和施工机械设备办理保险。该合同还要求在保险事故发生时，发包人及承包人必须尽力采取必要的措施，防止或者减少损失。合同示范文本中第三部分专用条款第40条也有与保险相关的约定事项，包括发包人投保内容、发包人委托承包人办理的保险事项、承包人投保内容等。从其内容可以看出，合同范本明确了相关险种保险费的支出方，并且为合同当事人之间的与保险相关的特别约定事项留出了余地。与同时废止的《建筑工程施工合同》（GF-91-0201）相比，该示范文本细化了工程保险的相关内容，但是由于合同文本仅仅是示范文本，对工程中所签订的具体合同只有指导作用，没有强制力。

1999年10月25日颁布并生效的国家开发银行制定的《贷款项目工程保险管理暂行规定》中第2条规定："开发银行人民币贷款的国家大中型建设项目以及贷款额在3000万元（含3000万元）以上的其他建设项目，借款人或工程承包方、原材料（设备）的制造方、运输方、供货方（以上关系人均由借款人督促）原则上应当根据风险情况投保本规定第3条的相应险种"。其第3条投保的险种主要有：建筑工程一切险、安装工程一切险、综合财产险以及"借款人使用开发银行的贷款自行采购原材料、设备的，应要求制造方、运输方、供货方办理产品制造、运输等履约环节的保险"。该规定以贷款人对借款人强制要求的形式将工程保险引入到贷款建设项目中，并做出了较为细致的操作要求。

1999年12月9日，建设部发出《关于同意北京市、上海市、深圳市开展工程设计保险试点工作的通知》，开始了工程设计保险的试点工作。2003年11月14日，建设部发出《关于积极推进工程设计责任保险工作的指导意见》指出："各地建设行政主管部门要充分认识建立工程设计责任保险制度的重要性，结合本地区的实际，积极、稳妥地推进此项工作，力争于2004年年底前，在全国范围内建立工程设计责任保险制度。"这为工程设计责任保险在全国范围内全面推广提供了政策依据。

2005年8月5日建设部、保监会共同发布的建质〔2005〕133号文《关于推进建设工程质量保险工作的意见》中指出：我国"需要进一步改革和完善工程质量保证机制，在工程建设领域引入工程质量保险制度"。并要求"各地建设行政主管部门和保险监管部门要加强对工程质量保险工作的指导，有关单位也要高度重视，积极参与，主动配合，共同推进工程质量保险工作健康发展"，"要在不断总结和改进试点工作的基础上，积极稳妥地全面推进实施建设工程质量保险制度"。《意见》还要求"各地建设行政主管部门和保险监管部门应共同推动工程技术风险评估体系的建立，并充分发挥各行业协会在制定工程质量保险合同示范文本、教育培训等方面的作用，加强有关工程损失案例和数据的搜集与共享"。可以说，该《意见》将工程保险具体工作推向了实质性操作的深入阶段。

2003年5月23日建制〔2003〕107号文关于《加强建筑意外伤害保险工作的指导意见》要求建筑行业全面推行建筑意外伤害保险工作。确定建筑员工意外伤害保险是法定的强制保险，也是保护建筑从业人员合法权益，转移企业安全管理风险，增强企业预防和控制事故能力，促进企业安全生产的手段。《意见》要求在全国各地全面推行建筑意外伤害保险制度，除具体规定了建筑意外伤害保险的范围、保险期限、保险金额、保险费以外，还具体规定了建筑意外伤害保险的投保、理赔和关于建筑意外伤害保险的安全服务。

《意见》规定施工企业在工程项目开工之前，必须办理完投保手续。鉴于工程建设项目施工工艺流程中各工种调动频繁、用工流动性大，投保应实行不记名和不记人数的方式，但要保证所有施工人员都纳入保险范围。工程项目中有分包单位的由总包施工企业统一办理，分包单位合理承担投保费用。业主直接发包的工程项目由承包企业直接办理。

建筑意外伤害保险应规范和简化程序，搞好理赔服务。各地建设行政主管部门要积极创造条件，引导投保企业在发生意外事故后立即向保险公司提出索赔，使施工伤亡人员能及时得到赔付。各级建设行政主管部门应设置专门电话接受举报，凡被保险人发生意外伤害事故，企业和工程项目负责人隐瞒不报、不索赔的，要严肃查处。

施工企业应当选择能提供建筑安全生产风险管理、事故防范等安全服务和有保险能力的保险公司，以保证事故发生后能及时得到补偿与事故发生前能主动防范。目前还不能提供安全风险管理和事故预防的保险公司，应通过建筑安全服务中介组织向施工企业提供与建筑意外伤害保险相关的安全服务。建筑安全服务中介组织必须拥有一定数量、专业配套、具备建筑安全知识和管理经验的专业技术人员。

安全服务内容可以包括施工现场风险评估、安全技术咨询、人员培训、防灾防损设备配置、安全技术研究等。施工企业在投保时可与保险机构商定具体服务内容。

2006年6月15日，国务院下发了《国务院关于保险业改革发展的若干意见》，该《意见》作为在新的历史时期促进保险业发展的纲领性文件提出了要"大力发展责任保险，健全安全生产保障和突发事件应急机制"，"采取市场运作、政策引导、政府推动、立法强制等方式，发展安全生产责任、建筑工程责任、产品责任、公众责任、执业责任、董事责任、环境污染责任等保险业务"，还要"积极推进建筑工程、项目融资等领域的保险业务"，为工程建设中各种风险的承保及工程保险的总体建设提供了发展指引和政策支持。事实上，毋庸讳言，直到今天我国的工程保险市场也没有很好地发展起来，工程的投保率较低，工程保险的市场份额较小，具体业务中还存在着这样或那样的问题，这其中有保险公司的原因，也有其他方面的因素。

9.2.6 制约我国工程保险制度发展的主要因素

9.2.6.1 有关工程保险的法律法规体系有待完善

1. 有关规定不详，缺乏强制性

从我国《建筑法》来看，第 48 条规定了"施工企业必须为从事危险作业的员工办理意外伤害保险，支付保险费"的内容。该条仅要求对施工企业中从事危险作业的员工办理意外伤害保险，但从施工现场的实际情况来看，可能发生意外伤害的人员远超出这一范围，因此从增强广大员工在工作中的安全保障出发，应当扩大投保范围，以施工现场可能发生意外伤害的与工程建设有关的人员为投保对象，包括建设勘察、设计、施工、监理企业的员工。

虽然我国颁布了《保险法》、《担保法》、《建筑法》、《合同法》、《招标投标法》、《建设工程质量管理条例》、《建设工程施工合同示范文本》等一系列法律法规和示范性文本，但在条款方面针对保险的专门条款较少或缺乏，责任不清，操作性不强。在有关建设工程保险的规定中，除建筑意外伤害保险以外，投保与否未作强制性约定，实行的是自愿投保，约束性不强。同时对于工程建设过程中的风险承担主体未明确界定，致使各责任主体所承担的风险责任不明确，在实践中，很大程度上是依靠各责任主体之间不平等的合同约定转移自身承担的风险，直接结果就是业主、承包商等风险责任主体为了节省费用，能不投保就不投保，客观上给工程项目留下了风险隐患，不能很好地对工程项目的建设进行风险保障。另外，健全的法律制度是责任保险的基础，而国内对于职业责任的认定尚缺乏具体的规定，如设计师和监理师工作失误应承担什么样的责任，由什么机构来认定其是否失职等，这就影响了责任保险产品的供给。

另外，尽管近年来建筑施工企业的安全意识有所提高，比以前更加关注安全问题，但还是有很多企业心存侥幸心理，加上激烈的市场竞争，为降低成本通常不投保。同时，当出现事故时，向保险公司索赔困难。这些和工程保险法制不健全有很大关系。

2. 缺乏对工程保险费来源的规定

在工程保险费的来源方面，纳入工程成本中的有员工意外伤害保险，施工管理用财产、车辆保险，高空、井下、海上作业等特殊工种安全保险等保险费费用，以及企业财产保险、管理用车辆等保险费费用。但对其他保险险种的费用厘定、支出都未有明确的规定，建设单位与承包单位立足自身成本控制角度都不愿意增加这部分开支。

9.2.6.2 工程保险需求者对工程保险认识不足，风险意识淡薄

1. 业主方面

业主更注重的是如何节约，风险管理意识淡薄，对工程保险这一有效的风险转移手段认识不足，对风险的发生存有侥幸心理。或是通过苛刻的合同条件将风险不合理地转移给承包商。

2. 承包商方面

由于我国工程保险基本上实行的是自愿投保，承包商无投保的压力，如果报价中加上保险费，势必影响中标，所以承包商一般不愿投保工程险。

9 建筑工程项目安全管理的应用创新——安全保险机制

图 9-3 是一份 2003 年全国的抽样调查数据，从中可以看出，有大部分的建筑承包项目并没有为施工人员购买意外伤害保险。通过实际调查显示只有不足 30% 的建筑承包项目购买了意外伤害保险。而且购买的意外伤害保险性质也不同：有 51.43% 的企业在人寿保险公司购买建筑工程团体人身意外伤害保险；有 45.7% 的企业把施工人员意外伤害保险作为建筑工程一切险的一项附加险，不单独投保意外伤害保险；剩下的 2.87% 是在财产保险公司购买雇主责任险。可见，建筑意外伤害保险还没有形成一个大家共同认知的市场，买方和卖方都认为管理比较混乱。

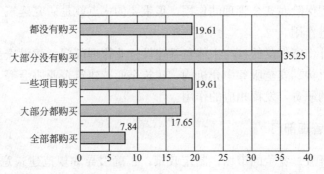

图 9-3　建筑承包企业所承包项目购买意外伤害保险的状况

9.2.6.3　保险公司的经营水平不高

保险公司业务能力不强，缺少技术支撑，需要引进培养既懂工程技术又懂保险业务的复合型人才，竞争体制有待完善，承保能力需要加强，并引入现代化的运营管理机制。

9.2.6.4　保险中介机构发展滞后

属于独立第三方的服务机构，主要从事工程保险的中介机构，为投保人提供选择险种的咨询服务，并代理其工程出险后的索赔业务。

在我国，保险中介市场刚刚起步，中介机构的开业时间普遍较短，经验还不丰富，一些中介机构虽然在工程风险管理领域提供了一些服务，但其专业技术水平、服务质量及规模等都有待提高。另外，还缺少专业化的工程保险经纪人和公估人、工程风险管理顾问。投保人寻求不到合适的中介人，由于信息的非对称性，使其在投保与索赔的博弈中处于不利地位。保险人寻求不到合适的中介人，也使其在评估项目的风险、确定保险条件和处理索赔活动中处于不利地位。所以，中介的缺乏会造成保险人与被保险人之间缺乏必要的了解，造成双方在博弈中均有可能处于不利地位。

另外，由于保险市场竞争混乱，国家对保险市场管制相对国外较为严格，工程保险费率还没实现自由浮动，以及市场化也需要进一步加深等原因，造成工程保险对于建筑工程安全所起的作用还不够明显。工程保险与安全管理存在的问题也较多。

总体来说我国保险业目前仍处在初级阶段，承保经验还不足、保险公司实力较弱。工程保险由于其自身的专业复杂性、展业条件的特殊性以及工程建筑技术的快速发展，使得我国保险公司面临着诸多挑战。

只有很好地解决以上问题，努力创新工程保险制度，使建设主管部门、业主、监理单位、施工单位、保险公司以及安全服务中介机构等建设主体之间能相互制约、相互促进，才能有效地推动建设项目的安全建设,这是工程建设的需要,更是建设服务型政府的一种有益尝试。

9.3 建筑工程意外伤害保险参与主体及相关关系

建筑工程意外伤害保险是工程保险的一个方面,它主要是对参与工程建设的人员人身安全的保险,属于人保范畴。建筑工程意外伤害保险是工程保险与工程安全的结合点。因此,探索建筑工程保险对安全管理的作用,很重要的一点就是研究建筑工程意外伤害保险对安全管理的促进作用。

建筑工程意外伤害保险的参与主体包括建设行业管理部门、建设安全管理部门、保险公司、保险中介机构、安全服务中介机构、建筑企业、建筑企业协会等。它们在保险模式中各自承担相应的职责,发挥相应的作用。

9.3.1 建设行业管理部门

建立统一、开放、竞争的市场;制定政策,正确引导和规范建筑意外伤害保险工作;监督和指导行业安全监督机构贯彻执行建筑意外伤害保险工作;审查和批准当地建筑意外伤害保险承保公司的选择方案;审查当地建筑意外伤害保险中用于事故预防的资金比例和使用情况;审查由地方制定的保险事故赔偿标准;组织开展工程保险调研及相关课题研究;协调和沟通不同地区之间在意外伤害保险工作中的经验教训。

9.3.2 建设安全管理部门

各级建设安全管理部门直接对建筑工程意外伤害保险实施行业管理,应严格贯彻管理与保险业务经营相分离的原则。在办理安全监督手续时,审查施工企业的有效投保证明;督促和检查施工企业参加建筑工程意外伤害保险的情况;监督和管理建筑安全服务中介机构和安全服务人员工作实施情况;制定建筑工程意外伤害保险承保公司的选择方案;监督保险公司保险服务和建筑安全服务的情况;监督和管理当地建筑工程意外伤害保险中事故预防资金落实和使用情况。

9.3.3 保险公司

针对建筑工程意外伤害保险本身的特殊要求调整服务的内容和侧重点,即保险公司的作用不仅仅是根据保险合同承担给付保险金的义务,还应承担协助投保企业改善施工安全生产条件、加强安全教育与培训以及完善安全防护设施等义务。完全依靠商业行为和市场竞争难以保证保险人在事故预防方面发挥应有作用,建筑工程意外伤害保险合同双方的行为必须在建设行政管理部门的指导和监督下进行。同时,提供符合建筑施工企业实际需要的保险产品;按照保险合同履行保险金给付的义务,做到快速、及时理赔;在建设行业管理部门指导下,与相关中介组织建立建筑工程意外伤害保险合作关系,建立安全事故预防服务体系;从资金、组织等方面积极帮助投保企业改善施工安全生产条件、加强安全教育与培训以及完善安全防护设施;在保险服务中始终贯彻预防为主的原则,充分发挥保险的预防作用。

9.3.4 保险中介机构

　　工程保险中介机构是负责将被保险人和保险人联系在一起，最终达成工程保险契约的媒介。保险中介机构为工程保险买方或卖方提供有关可能获得的保险价格、保险特性以及所要承保的危险性质方面的知识，为投保人代办投保手续、代收保费；协助投保人和被保险人进行索赔，协助保险公司为投保的施工企业提供事故预防咨询服务；协助保险公司使用、管理、结算用于安全事故预防的专项费用。一般意义上的保险中介机构包括工程保险代理人、工程保险经纪人和工程保险公估人。

　　工程保险代理人是指根据保险人的委托，向保险人收取手续费，并在保险人授权范围内代为办理工程保险业务的单位或个人。

　　工程保险经纪人是基于投保人的利益，为投保人与保险人订立工程保险合同提供中介服务，并依法收取佣金的单位。

　　工程保险公估人是指专门从事工程保险标的的查验、评估及保险事故的认定、估损、理算等业务，并据此向当事人委托方收取合理费用的机构或个人。

　　工程保险代理人和工程保险经纪人是推销工程保险产品的中介人，而工程保险公估人则是工程保险理赔环节的中介人。

9.3.5 安全服务中介机构

　　接受保险公司委托，为投保的施工企业提供安全服务，包括现场踏勘、安全措施建议、定期现场检查、安全宣传和教育等；使用、管理和结算安全事故预防费用；提供施工企业和施工现场安全状况信息，为保险公司确定收取保险费用的费率浮动比例提供依据；分担建设安全微观管理职能。

9.3.6 建筑企业

　　履行投保义务，接受安全管理部门的监督；积极配合安全服务机构的工作，对施工现场作业状况、管理方式等方面的不安全因素予以改进；严格按照安全操作规程安全施工，一旦发生事故，及时向保险公司提出索赔；向建设安全管理部门及时反馈对保险公司、保险中介机构、安全服务中介机构工作的意见和建议。

9.3.7 建筑行业协会

　　受行业管理部门的委托，从事相关研究工作；协助安全监督机构开展建筑工程意外伤害保险的宣传工作；协助安全监督机构开展安全服务人员的培训和认证工作；组织经验总结、技术开发工作；组织施工企业安全经验的交流、参观、学习；组织安全先进企业的评比、表彰。

　　分析参与主体的职能和作用，建筑工程意外伤害保险参与主体形成相互依赖、相互监督、相互补充、共同运行的管理运行模式。各方及相互关系如图9-4所示，其中既有现存组织也有尚未成立的组织。

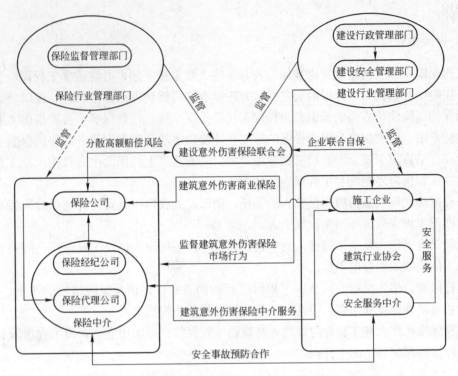

图 9-4 建筑工程意外伤害保险参与主体相互关系示意图

9.4 国外政府对工程保险行业的管理

为了推进工程保险制度的健康顺利发展，许多国家制定了相应的保险法规。世界各国的保险立法通常都由两个方面构成。一方面为保险业的企业法，是关于保险业的组织、经营、管理的法律。另一方面为保险合同法，或者称为保险契约法，是关于保险合同的订立、变更、转让、终止及投保人和保险人双方各自权利、义务等规定的法律。

9.4.1 英国的保险制度

英国是世界上最早开办工程保险的国家，工程保险业务开展得非常普遍，参建各方都有很强的风险及风险转移意识，建设项目无论大小，均通过投保工程保险来降低工程建设中的各种风险。英国的工程建设大都是私人出资或商业银行担保融资的，如果工程建设没有全面的风险保障，一旦遇到事故，造成的损失是相当严重的。因此，对保险的需求也非常迫切。贷款人通常都要求业主提供关于项目保险投保的细则来确保他们的利益得到保障，未提供这些保险的项目将不予融资支持。所以，一般在贷款合同中都规定：贷款人完善的投保保障是启动资金的先决条件。因此，为了保证工程保险的顺利实施，国家政府需对施工企业进行有效地监管。为此，英国制定了许多相关的法律法规，使工程保险中的不少险种被立法明文规定加以提倡，甚至强制推行。英国的工程保险制度有以下特点：

1. 险种齐全，涵盖工程建设的全过程

英国的工程保险基本上覆盖工程项目涉及的各个领域、各个阶段。基本上到了只要工程需要，保险公司就能够提供相应工程保险的地步。相比之下，我国的工程保险创新能力较低，险种的设计能力不强，险种单一，也不能根据工程实际需要设计相应险种。

2. 工程项目本身的保险以项目业主投保为主

英国的工程项目投保工程险，一般有两种方式，一种是由业主投保，另一种是由承包商投保。一个工程项目是由业主投保还是由承包商投保，其保险保障是不一样的。传统上，承包商都习惯自主安排保险，自主地控制保险条件、免赔额、赔款进程，选择自己信任的保险公司。总承包商都会选择分包商，同时也会将风险、保险分解。但是，由承包商安排投保，他只会投保合同中要求其投保的项目，不会考虑业主的风险和利益，每个承包商只会投保自己参与工程那段期间的保险，由于各个承包商完工的时间可能不一样，整个工程项目的风险保险就难以得到保障。由业主投保工程险，则可保障工程全过程，投保终止期可至工程全部竣工时，甚至到保修期结束，不用考虑每一个承包商完成时的截止时间，并有能力安排交工延期和利润损失保险。因为许多大工程都是银行融资，投资方都希望投保交工延期和利润损失保险。业主控制工程保险，可以控制风险的保障范围和合适的免赔额；选择有信誉的保险公司，使贷款人对项目更为放心，使购买预期利润损失险更为方便；控制投保额，以确保对损失恢复的控制；对生效的保险进行审查，确保无不足额保险，减少需被核查的保单数量，减少管理费用。此外，业主投保是为了控制整个工程项目的风险，因此会考虑通过保险保障承包商及相关方的利益。当然，在业主投保的情况下，一般免赔额较大，如果承包商难以承受，可以通过额外的保险将免赔额降下来。承包商如果认为业主的保障安排不全面，也可以自己出资购买额外的保险，对自己承包的这一部分工程的风险进行转移。

3. 工程保险业务开展普遍

在英国，工程保险业务开展非常普遍，建设项目无论大小，均通过投保工程保险来降低工程建设中的各种风险。英国土木工程协会(ICE)发布的新工程合同(New Engineering Contract，简称NEC)将风险与保险列入了核心条款。在NEC合同条件下，参建各方都有很强的风险及风险转移意识，这与我国的施工企业能不投保就不投保形成鲜明对比，其中的原因是我国的大多数建设项目都是政府项目或合资项目，相关的管理人员不用为可能的风险承担责任，即使造成损失，后果也是由政府承担。而英国工程建设大都是私人出资或商业银行担保融资，即使是政府项目，也多是通过私人融资建设的。如果工程建设没有全面的风险保障，一旦遇到事故，造成的损失是相当严重的，因此业主对保险的需求也非常迫切。另一方面，银行对建筑工程项目的约束。我国的银行除了国家开发银行对工程造价额在3000万元以上的项目有规定外，其他均未对投保建筑工程项目做出任何规定。

4. 健全的监管体系

英国工程保险监管体系健全，能够对保险公司从设立审批到营业过程中的保单条件、保险费率、偿付能力等各方面进行到位的监管。1997年成立的英国金融监管服务局负责统一监管英国金融、保险、证券行业，制定金融、保险、证券监管规则。在对保险业监管方面，其主要职能包括：对保险公司的成立进行授权，对保险公司的经营管理者资格进行审核，监管保险公司的偿付能力，并有强制干预的权力。

为了保护被保险人的利益英国还设立了中央赔款基金，所有金融机构必须参加中央赔款基金（通过政府对被保险人进行保护）。如果一家保险公司倒闭，其保单业务可以移交其他公司，没有公司愿意接收的业务，则由全体保险公司负责赔偿。每家公司每年的出资以其保费收入的1％为限，如果不够赔偿，转入以后年度，中央赔款基金连续收取。以此实现保险联营，有效地保护被保险人利益。

5. 保险中介市场发达

保险经纪人、保险公估人积极活跃于工程保险市场。从工程保险的复杂要求来看，经纪人的介入使得投保人得到更专业、更全面的服务，也使保险的安排更加有效。由于所有承保人都希望了解所承保工程每一阶段的成本、进度、安全状态，以便对每一项风险进行评估，经纪人会定期收集工程所有技术信息并进行整理，将其制作成一份文件提供给保险公司，文件将对项目各方面情况作出清楚的解释，以便保险公司了解工程的有关情况，决定是否继续承保该项工程。经纪人还可以指导客户如何处理保费，尽快得到保险补偿等。保险公估人站在客观、公正的立场上为投保人、保险人提供风险评估、公平鉴定、理算保险损失等，保证保险市场运行的效率。英国公估人的标准很高，必须熟悉保险知识，了解法律，了解工程项目的合同，掌握承包商之间的合同关系，熟悉工程建设等相关专业知识。相比英国，在我国，既熟悉保险业务又了解有关法律，并有一定工程技术知识，对工程项目的流程有一定了解的人才还有待逐步培养。

9.4.2 美国工程保险制度

在美国，无论承包商、分包商，还是咨询设计单位，如果没有购买相应的工程保险，就无法取得工程合同，购买工程保险是建设主体各方普遍遵循的惯例准则。在美国，已经形成了包括业主、承包商、保险公司、中介咨询服务机构、行业协会和政府的完善的工程保险运行制度和风险管理体系。美国建筑工程保险制度的特点是：

1）与保险相配套的法律体系健全完善，很好地实现了政府机构对保险公司的监管。

2）建筑工程风险中介咨询机构在工程保险业务中充当重要角色。

保险代理人是保险公司的代理机构，除了销售保险单、收取代理费之外，还代表保险公司提供保险和风险管理咨询，代理保险人进行损失的勘察和理赔。工程保险经纪人是受被保险人（业主或承包商）的委托，基于被保险人的利益，代表被保险人与保险公司洽谈保险合同并索取赔偿的法人或自然人。工程保险经纪人对被保险人的服务贯穿于风险管理的整个过程，从识别、评估风险到保险计划的设计和投保，从保险签约到协助处理索赔，保险中介机构能够提供保险市场上客户所需的大部分服务，在保险市场上有着举足轻重的地位。通过中介，保险公司和施工企业、业主可以降低由于保险市场信息不对称引起的保险交易中的逆选择和道德风险，实现相互制约，共同参与安全与风险管理。

3）保险公司协助业主、承包商进行工程风险管理。

美国的工程保险是建立在诚信和信用的基础上的，保险公司和投保人的通力合作是控制意外损失的有效途径。把工程损失降到最低程度，是业主、承包商、咨询工程师、保险经纪人、保险公司的共同目的，他们往往一起工作，共同为控制工程风险而做出努力。一方面，保险公司可以发挥自己的专业技能，帮助业主和承包商指出潜在的风险及改进措施，并监督保险合同的实施。通过这种合作，一是可以避免意外损失的发生，减少保险公司的赔偿损失；二是可以防止保险公司由于对保险合同履行情况的失查而造成索赔时的扯皮现象。另一方面，保险公司提供有效的风险管理咨询服务，也是保险公司的重要竞争手段之一。

美国的保险公司也会协助承包商进行风险管理，减少风险事故的发生和保险公司的赔付，从而进一步降低保险费费率、提高公司竞争力，也使客户更加满意。由于外部的竞争压力，美国保险公司的赔付率高、利润率低、服务全面。美国保险公司的大部分保费收入都用于赔偿，利润率较低，保险公司不是从保险业务中盈利，而是充分利用工程保险的巨额保费进行投资，通过投资收益来获得利润。这点值得我们国家借鉴，长期以来国家出于保障资金安全的需要限制保险公司的资金运用渠道，在很大程度上减少了保险公司的利润来源，不利于保险公司的长远发展。由于保险投资渠道狭窄，资本市场又不稳定，保险公司的投资收益不断走低。为维持运营，很多保险公司不顾风险，通过低费率、高返还、高手续费、高保障范围和协议性承保等手段在市场上揽业务，超出自己的承担能力，发生工程事故后往往不能给予及时足额的赔付。

另外，美国的行业协会层次繁多且十分发达，在工程保险市场中发挥着重要作用。很多行业协会都可以为工程保险提供咨询、建立风险信息管理中心、加强信息交流和协会内外的联络、进行风险管理技术的研究开发，并为企业提供风险管理技术培训等多项服务。美国的行业协会为工程保险的发展提供了一个较好的平台。

9.4.3 日本工程保险制度

日本法律规定，各行各业必须投保劳动灾害综合险，建筑业当然也不例外。虽然日本的工程保险险种并不太多，但却能够为客户提供全面的服务，其主要靠的就是相关技术人员根据客户的具体情况对相关主险种进行修缮和补充，灵活地附加承保客户所面临的特定风险，使保单具有内容个性化、保障全面化的特点，从而满足客户的特殊需要。

日本的建筑企业投保各种相关险种已经成为承包商自愿的行为，因为市场机制起着重要作用。也就是说，承包商如果不投保，发包商就不愿意将工程发包给他。

日本的工程保险具有较完善的市场运作机制。在日本，投保人一般不直接同保险公司签订保单，而主要通过保险代理机构进行投保。保险公司则将保单总金额的10%～20%作为付给保险代理机构的代理手续费，保险公司为保障安全、化解风险，一般向再保险公司再投保。

在日本，政府对工程保险市场实行一定的干预。1998年以前政府规定保险业务范围和保险费率，目前仍然实行的干预方式是日本建筑省每年对工程承包公司打分评级，分为A、B、C、D四个等级，级别越高，需支付的保险费越少，如A级公司所支付的保险费只相当于其应付保险费的30%。这种干预方式有利于调动承包商或业主进行风险管理的积极性。

9.4.4 国外工程保险的制度对我国工程保险业的启示

通过分析典型国家的工程保险制度，我们可以得到以下几方面的启示：

1) 投保意识和意愿非常强烈，工程投保率极高，在国外一项工程如果业主不投保工程保险就很难得到银行的贷款，如果承包商不安排保险，业主就不会把工程发包给他。社会各界的风险管理和保险意识都非常强烈，再加之法律对某些险种投保的强制性，使得工程保险的投保率接近百分之百。而在我国工程建筑业和相关部门保险意识不强，对工程保险知之甚少，阻碍了工程保险的发展。我国建筑业由于竞争激烈，施工单位为了压低成本、提升竞争力，往往压缩开支，特别是工程间接费的开支，加之没有相关法律的强制约束，工程保险往往成为第一个被省略开支的项目。建设过程中强制投保的险种少，工程各方缺乏投保意识，使得工程保险的市场难以扩大。因此，我们应该在发展工程市场的同时，加强对工程各方的风险管理和工程保险的宣传教育工作，提高广大准投保人的风险意识。

2) 中介组织十分发达，在工程保险业务中占有一定地位的中介组织作为保险市场当中的润滑剂有着不可替代的作用。一方面由于工程保险的专业性和复杂性，加之投保人对保险知识的缺乏，保险人可能会利用自己的专业优势来制定有利于自己的保险条款，从而使投保人处于不利地位。另一方面由于工程施工的复杂性，建设周期长、风险大量高度集中、出险原因复杂致使理赔困难等特点，保险公司很难对每个投保人都做到详尽了解，这就使得工程保险当中的信息不对称问题比较突出，很容易在保险实务当中产生纠纷。保险中介的介入可以使投保人得到更专业、更全面的服务，争取到更合理的费率和保险条件，使保险的安排更加合理有效。同时，保险中介也会将投保人的情况向保险公司做出客观的评述，减少保险关系双方的信息不对称，降低双方搜寻信息的成本。在理赔过程中，保险中介机构可以利用其专业知识协助理赔。保险经纪人会指导被保险人合理准备理赔材料，协助或代办理赔手续，使得理赔过程专业而高效，不仅提高保险公司的理赔速度，还让被保险人及时得到了补偿。保险公估人以中立地位为保险公司或被保险人进行现场查勘、事故定损等服务，由于其中立地位和专业权威性，保险公估人撰写的报告或开出的证明容易被保险双方当事人所接受和认可，作为保险理赔过程中的重要证据，可以避免因双方意见不一致所带来的纠纷。由此可见，保险中介机构不仅可以弥补保险人或投保人专业知识的不足，还可以利用其自身的特殊地位调整保险双方当事人的关系，平衡两者的利益，做到科学投保、规范运作、依法办事、减少摩擦、快速理赔。西方发达国家保险市场的高度发展与保险中介机构的发达是分不开的，保险中介机构对完善保险市场、监督保险合同双方的行为有着重要意义。因此，为了推进我国工程保险的发展，也应该大力发展保险中介组织。

3) 注重偿付能力的监管，有宽松监管的趋势。政府监管要恰到好处，为工程保险的发展提供了良好的市场环境。市场作为一种资源配置方式在快速高效的同时也有其片面性、逐利性、盲目性的一面。为了实现公平公正、有序竞争、全面发展的市场环境，政府有必要对工程保险市场进行必要的干预，以弥补市场的不足、保证工程保险业更快更好发展。国外保险监管当局一般都具有丰富的监管经验，既能够为保险经营提供良好的市场环境，又能够准确把握保险经营当中的风险点，并进行严格监管。工程保险的保费规模巨大，为资金运作增值提供了方便，也提出了要求，这就使得政府对保险资金运用的监管显得尤为重要，一方面要保障资金运用的安全，另一方面又要提高资金运用的收益率。这不仅给保险公司带来了挑战，也给保险资金运用的监管工作带来了挑战。如果监管过于宽松，必然给资金安全带来更多的风险；如果监管过于严格，又必然会限制资金运用的收益率。国外对保险资金运用科学合理的监管，尽量达到投资收益和资金安全最佳平衡点的监管技巧是我国保险资金监管工作的重要参考点。

4) 法制健全。健全的法制是市场经济健康发展的必然要求，这一点在工程保险领域表现得尤为突出。西方各国都针对工程保险设立了详尽的法律：英国的《保险公司法》、《保险公司管理条例》、《保单持有人保护法》等许多法律从各个方面对工程保险做出了限定；法国的《建筑职责与保险》是实行强制性工程保险制度的法律依据；在美国除了联邦法，各州也有关于工程保险的法律；日本的《保险契约法》、《保险业管理法》、《新保险业法》等也对工程保险作了详尽规定。总体来看，西方各国对保险公司及工程保险都有详尽的约定，不仅有原则性大法，也有具体的行政法规和管理办法，不仅有政府颁布的相关法令，还有行业协会等组织设立的各种规章制度，这为工程保险的发展铺平了法制道路。而且，其中很多法律规定了工程保险投保的强制性，为工程保险的高投保率提供了法制保障。

5) 行业协会在工程保险的发展中起着积极的推动作用。行业协会在条款标准化、行业交流、行业自律、信息共享等方面对推动工程保险业的发展发挥着重要作用，其制定的标准化条款可以为工程保险的发展提供基本指引，弥补法律法规中的相关空白或不足。不论是国际咨询工程师联合会颁布的《土木工程施工合同条件》，还是英国土木工程师协会制定的《新工程合同条件》，还有美国建筑师协会制定的《建筑工程标准合同》等，都针对工程项目当中的保险制度做出了具体规定，为指导和推动工程保险业的发展起到了积极作用。

6) 工程保险的资金运作增加了保险公司竞争力，也促进了金融发展，资金运作对于工程保险来说有着至关重要的意义，工程保险保费规模巨大，因而保险资金规模也很大，这部分资金的投资运作对增加保险公司收益、降低保险费率有着重要意义。国外工程保险费率之所以很低，就是因为工程保险赔付资金的运作增值弥补了保险赔款的亏空，从而增强了保险公司的竞争力，以较低的费率赢得市场。而我们国家出于对资金安全的考虑，限制了保险资金的使用范围。

同时，工程保险资金的投资运作对推动货币市场和资本市场的发展也有着重要意义，与寿险基金不同，工程建设的周期相对较短，工程保险的资金投资更要保持充分的流动性，不仅要注重在资本市场上的投资，更要注重在短期货币市场的投资。保险资金在资本市场上的投资有利于股市等的稳定和发展，在货币市场的投资有利于促进短期资金市场的活跃，保持资金充裕，促进市场稳定繁荣。由此可见，工程保险的资金运作不仅影响着工程保险市场的发展，也影响着整个金融市场的发展，对整个金融经济的稳定有着一定的维护作用。大力发展工程保险赔付资金的投资运作，不仅有利于保险公司自身的发展，而且有利于整个金融界的发展与稳定。

9.5 基于工程保险的安全风险管理模式

国外的工程保险分强制保险和自愿保险。强制保险主要包括工程一切险、第三者责任险、雇主责任险和人身意外伤害保险、10年责任险和2年责任险、职业责任险、机动车辆险等。其中，与人员伤害直接相关的是雇主责任险和人身意外伤害保险。雇主责任险是雇主为其雇员办理的保险，若雇员在受雇期间因工作原因遭受意外，导致伤残、死亡或患有与工作有关的职业病，将获得医疗费用、伤亡赔偿、工伤休假期间工资、康复费用以及必要的诉讼费。人身意外伤害险是以被保险人因遭受意外伤害而造成伤残、死亡、支出医疗费用、暂时丧失劳动能力作为赔付条件的人身保险业务。雇主责任险与人身意外伤害险的保险标的相同，但两者在险种、投保主体、赔付事由、保险范围等方面存在着明显的区别。国际惯例是不论受害人本身是否有过错，建筑承包企业（雇主）通常对受害人都有不可推卸的赔偿责任。如英国的《劳工赔偿法》规定，雇主对其雇员遭受的工伤承担绝对责任，不论雇主有无过失；德国民法规定，所有雇主都必须承担保护本企业所有雇员的安全健康的责任。

我国工程保险也分强制保险和自愿保险。强制保险只有建筑意外伤害险，因此，本节将以意外伤害保险为基础，介绍建筑工程主体如何通过保险来促进工程的安全管理。

9.5.1 意外伤害保险实施模式

目前在建筑工程意外伤害保险的办理过程中，保险公司、施工企业、保险代理公司、经纪公司、建筑工程安全监督机构、建设行政主管部门等之间的关系复杂，存在政企不分的一些操作，法律依据不足，具体方法还有待完善。所以，建筑工程意外伤害保险的实施模式在全国都处于百花齐放的起步阶段，任重而道远。目前实施的主要有以下几种建筑工程意外伤害保险实施模式。

9.5.1.1 引入建筑安全咨询公司的建筑工程意外伤害保险实施模式

引入建筑安全咨询公司后的建筑意外伤害保险实施模式中，有关主体包括保险人（保险公司）、投保人和被保险人、安全服务中介组织（建筑安全咨询公司）、行业安全管理部门等，其合同关系和工作关系如图 9-5 所示。

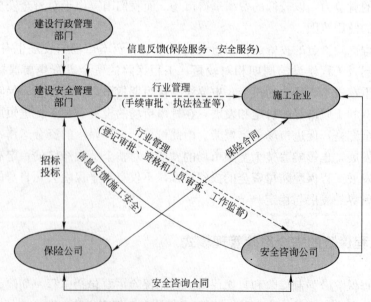

图 9-5　引入建筑安全咨询公司的意外伤害保险实施模式图

在建筑意外伤害保险单位的招标中,发包方不是单独的施工企业,而是行业管理部门,例如建设安全管理部门代表施工企业以本地区几年之内的所有应参保的工程项目为单位安排招标。由中标单位为在约定期间内承接工程项目的施工企业办理意外伤害保险,约定期间可为两年,两年之后通过招标方式重新选择保险公司。通过招标形式选择保险公司,将当地几年之内的建筑意外伤害保险业务全部委托中标公司承保,相当于是将原本零散的业务打包成了整体,保额大大提高;这就增加了在保险市场上招标人与保险人讨价还价的余地。此外,为保证安全服务的质量,应该引导保险公司与专业化的安全咨询公司合作。这种模式存在的问题是很明显的,比如一旦两年期限结束时有些项目还没有建成,而该保险公司却失去在该地区的参保资格,已投保的投保人的业务该如何处理?该模式实行的是行业管理部门代施工企业选择建筑意外伤害保险的保险人,这其中难以避免幕后操作,而且选择条件不能针对项目和企业特点,不够具体。

9.5.1.2 引入保险中介组织的建筑工程意外伤害保险实施模式

保险中介组织的形式很多,其中保险兼业代理机构和保险经纪公司两种形式比较符合建筑意外伤害保险的实际需要。

1. 引入保险兼业代理公司

引入保险兼业代理机构后,工作关系如图 9-6 所示。

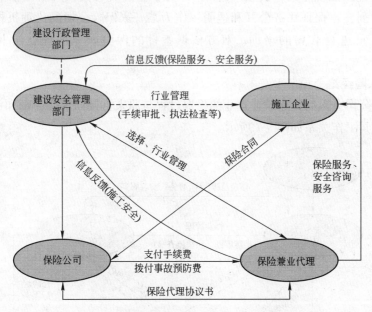

图 9-6 引入保险兼业代理公司的意外伤害保险实施图

1)机构的组成

保险兼业代理机构有自身的主营业务,是受保险人委托后,在从事自身业务的同时,为保险人代办保险业务的单位。保险兼业代理的代理资格须经中国保监会批准,并颁发保险兼业代理许可证。保险兼业代理人只能为一家保险公司代理保险业务,代理业务范围以保险兼业代理许可证核定的代理险种为限。

2)服务职能

保险兼业代理机构除具有与安全咨询公司相同的安全服务职能外，还具有以下职能：协助保险公司进行展业，在施工企业中开展保险知识的宣传；向投保企业解释保险条款；为施工企业办理保险，代收保费；协助理赔；接受保险公司委托并经行业管理部门同意后，对保险公司拨付的安全事故预防费用进行结算、支付、使用和管理；向保险公司及时反映客户需求。

3) 管理

由于主营业务是建筑行业的安全服务，从事建筑意外伤害保险兼业代理业务的机构必须接受建设行业管理部门的监督和管理，从业人员的资格必须满足安全管理部门的要求，应有相应措施保证安全服务的质量。代理机构在事故预防资金的使用上应受到安全管理部门的直接监督，保证资金切实用于改善建筑施工企业的安全状况。代理机构还应在安全管理部门指导下协助管理部门和行业协会开展一系列的科研和宣传教育活动，为推动整个建筑行业的职业安全与健康发挥应有的作用。

作为保险中介组织之一，兼业代理机构须接受保险监督机构的监管，满足有关规定对经营主体资质的要求，以合法方式运作，杜绝保险兼业市场中违规操作、商业贿赂等不正当竞争行为的发生，也不得同时代理多家保险公司的业务。严格控制保险代理费的比例，不得超过国家规定的保费收入的8%，对于保险公司拨付的安全事故预防专项费用设专门账户列支，保证账务公开和透明。作为某一家保险公司的代理机构，保险公司需要对从业人员进行必要的培训。双方依据签订的保险兼业代理委托书履行各自的义务。

2. 引入保险经纪公司

保险经纪公司介入后，建筑业企业的投保过程与原来直接向保险公司和保险代理人办理有所不同，其工作关系如图9-7所示。

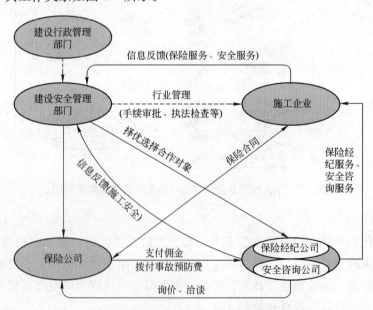

图 9-7　引入保险经纪公司的意外伤害保险实施图

1) 作用

对于投保人来说,保险代理机构代表的是保险公司的利益,而保险经纪公司才是代表投保人和被保险人利益的保险中介机构,保险经纪公司的参与能够有助于保护投保人和被保险人的利益。保险经纪公司有义务利用所有的知识和技能为其委托人以最少的费用获得最大的保障。此外,与企业自己安排保险相比,保险经纪人熟悉保险市场和保险业务,可以避免投保人投保行为的盲目性。与保险代理人相比,保险经纪人可以与多家保险公司接洽,就保险条件和价格进行磋商,帮助投保人签订保险合同,保护被保险人利益。同时保险经纪公司还可以提供风险管理咨询服务。如果因保险经纪公司的过错致使被保险人利益受损,被保险人可以要求保险经纪公司赔偿。因此,应该使保险经纪公司在建筑意外伤害保险中发挥应有的作用。

2) 工作程序

投保手续的程序略有不同。施工企业办理安全报监手续时只需填写投保申请书,保险经纪公司收到投保申请后,分别与保险公司和投保人接洽,安排保险,然后收取保费,由保险公司出保单。在英美等国中,由保险经纪人为企业安排保险是常见的做法,保险经纪业比较发达,保险经纪公司的数量大大超过保险公司的数量。我国的保险经纪行业刚刚起步,目前正式开业的保险经纪公司仅有8家。

3) 选择方式

建筑意外伤害保险中引入保险经纪公司有两种选择形式。

一种形式是与现有的保险经纪公司合作。这一形式易操作,准备工作耗时短,能够较快地解决问题,但不足之处在于:

(1) 存在无法找到满意的合作对象的风险;

(2) 目前的保险经纪公司较难满足建筑意外伤害保险对风险预防的要求;

(3) 且保险经纪公司佣金比例较高,一般在15%左右,可能导致合作成本较高,经济性不好。

另一种形式是建筑业企业自行成立一家保险经纪公司,从成立之初就注重强化发展保险经纪公司在安全事故风险防范方面的经营特色,利用保险经纪公司自身力量或与安全服务中介机构建立合作关系开展意外伤害保险的事故预防。除建筑意外伤害保险业务外,此保险经纪公司还能够利用自身优势开展建筑工程领域其他保险项目的咨询服务工作,从而扩大业务来源,满足经营需要。

保险经纪公司可在全国范围内开展业务,在注册地以外从事保险经纪业务的常驻人员需到当地保监办备案,并接受当地保监办监督。保险经纪公司可以通过在各地派驻分支机构,为当地建筑企业提供建筑意外伤害保险的服务。

实际上这两种模式结合起来一起实行效果可能更好,因为保险代理人为保险公司推销保险产品,并维护保险公司利益;而保险经纪人则为投保人服务,接受委托后为投保人提供保险咨询、设计最有利的保险方案、选择保险人、代理投保人谈判以争取最有利于投保人的承保条件、办理投保手续、出险后协助索赔等,而且投保经纪人又同保险人建立良好的关系,为其提供广泛的业务渠道。由于利益的双方均有自己的代理人,保险人与被保险人之间可以有效地消除保险交易过程中可能发生的道德风险,并避免出现逆选择。

9.5.1.3 引入建筑安全事故预防专项基金会的建筑工程意外伤害保险实施模式

建筑安全事故预防基金会的工作关系如图 9-8 所示。

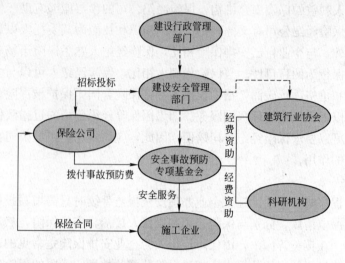

图 9-8 引入建筑安全事故预防专项基金会的建筑工程意外伤害保险实施模式图

9.5.1.4 施工企业联合自保下的建筑工程意外伤害保险实施模式

施工企业联合自保下的建筑工程意外伤害保险实施模式由建设行业管理部门、施工企业、建筑意外伤害保险联合会组成，其组成结构和运作模式如图 9-9 所示。

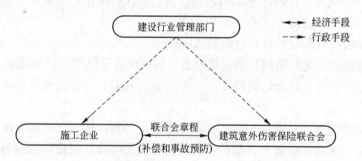

图 9-9 施工企业联合自保下建筑意外伤害保险实施模式图

以上分析的前三种实施模式都是围绕商业保险展开的，建设行政管理部门和建设安全管理部门是建筑意外伤害保险运作过程中的"裁判员"。为适应市场经济的需要，政府职能将逐步转向宏观管理为主，主要在规划、监督、协调和服务上，强化政府的宏观调控、社会管理和社会服务职能，保证市场在资源配置中更好地发挥基础作用，保证微观经济活动的有序进行。建设行业管理部门将通过经济手段，主要是引入竞争机制，辅以适当的行政手段，引导建筑意外伤害保险市场参与主体的经济活动向有利于行业发展的方向倾斜。一部分安全管理职能从政府职能中分离出来，以咨询服务的形式由社会中介组织承担。同时具有安全服务职能的中介组织可以帮助保险公司满足建筑施工企业对建筑意外伤害保险中事故预防服务的要求，弥补了原本因保险公司人员、精力和经验等方面的限制而无法落实的安全服务工作。然而，第四种模式不再依赖于商业保险，为非商业保险，是通过成立建筑意外伤害保险联合会走行业自保的道路,这与建筑意外伤害保险的社会保险属性一致。

建筑意外伤害保险联合会的实施模式由建设行业管理部门、施工企业、建筑意外伤害保险联合会组成,见图 9-10。

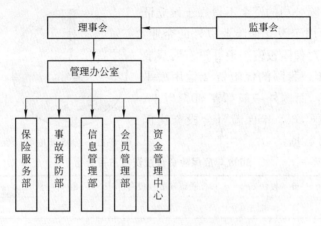

图 9-10 建筑意外伤害保险联合会的组织结构图

9.5.2 发展安全风险保险制度的措施

工程保险的顺利实施离不开各种制度的帮助。尽管我们逐步开发了许多适合工程实际需要的险种,却得不到运用,建筑施工企业的投保积极性也不高,造成这种局面的一个重要原因就是没有有效的配套制度。一方面,国家对保险市场控制严格,中小保险公司,保险经纪公司的进入审批严格,保险业在我国实际上处于垄断地位,而且国家出于保障资金安全的需要限制保险公司的资金运用渠道,在很大程度上减少了保险公司的利润来源,不利于保险公司的生存发展。同时我国保险业相关法律制度不够健全,对保险资金的运用形式及比例、偿付能力额度、保险合同订立、保险条款通俗化、保险纠纷等微观经营方面的法规严重缺失。另一方面,保险公司自身也存在公司管理缺陷、交易缺少规则甚至恶性竞争、新险种开发少、盲目调低保险费率、业务质量、风险管理水平等方面有待提高。同时我国的保险业还面临信任危机,一方面保险公司的业务人员利用被保险人对保险条款的不了解,在交易中隐瞒与保险合同有关的重要情况,欺骗投保人,或者不及时履行赔付义务。另一方面,被保险人投保时不如实告知保险人风险情况,使保险人无法根据投保标的风险状况确定是否承保,应该以什么条件承保;在赔付时,伪造、变造与保险有关的证明、资料和其他证据,编造事故夸大损失程度,造成理赔纠纷。

保险制度的创新应该是以建立现代市场型保险制度为目标,也就是以市场为导向,以发展为主线,以创新为动力,以诚信建设为基础,以防范化解风险为核心,引导保险资源的合理、有效配置,使我国保险业走上交易信用化、企业集团化、中介产业化、市场国际化和监管宽松化的发展模式。具体措施应从以下几方面展开。

1. 努力消除阻碍保险业发展的政策约束

政府政策,即一定时期政府的社会经济发展目标及相关政策,如社会保障政策、税收政策、投资政策等。目前我国对保险业征税过宽、过高。我国对保险业除征收营业税和所得税外，还征收城市维护建设税、教育附加费和印花税等。所得税税率为26%，营业税税率为5%。另外，国家还限制了保险公司资金的运用渠道。新《保险法》第105条规定：保险公司的资金运用，限于在银行存款、买卖政府债券、金融债券和国务院规定的其他资金的运用形式。保险公司的资金不得用于设立证券经营机构，不得用于设立保险业以外的企业。显然新《保险法》对保险投资渠道并没有明显放宽。1999～2003年，我国的保险资金运用率平均为38.87%左右，而国外一般都在90%以上。图9-11显示了我国2008年保险资金投资比例（表9-1给出了统计数据）。

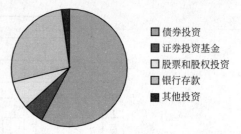

图9-11　2008年底我国保险资金投资比例图

2008年底保险资金投资所占百分比　　　　　　　　　　表9-1

债券投资	证券投资基金	股票和股权投资	银行存款	其他投资
57.9	5.39	7.94	26.5	2.27

由于保险投资渠道狭窄，资本市场又不稳定，2000～2003年保险公司的投资收益率不断走低，远低于英美等保险业发达国家的投资收益率。从表9-2可以看出西方5国在2000年以前保险资金投资收益率都在15%以上，最高的英国达到24.6%。同时由于缺少股指期货、债券期货等衍生金融工具，国内的保险企业难以科学组合投资，不能规避系统风险，造成保险资金投资收益率的波动性较大。因此，保险公司能够用于工程项目安全管理的资金就较少，甚至很多保险公司根本都不过问工程项目的安全状况，其工作仅仅局限于每年年末登门收取保费或者平时的理赔处理。

西方五国的保险承保和投资业绩指标（%）　　　　　　　　　　表9-2

指标项	美国	英国	法国	意大利	加拿大
赔付率	77.5	75.4	84.5	85.7	73.4
费用率	27.4	32.5	22.5	27.1	32.0
承保结果	−6.5	−7.9	−8.3	−14.4	−5.7
净投资	18.8	24.6	15.4	15.8	16.5

2. 完善保险中介制度促进保险中介的发展

保险中介人是保险市场上连接保险人和投保人的纽带，保险中介制度的建立与完善对维护保险当事人的利益，促进保险业的发展有着重要的作用。一方面由于工程保险的专业性和复杂性，加之投保人对保险知识的缺乏，保险人可能会利用自己的专业优势来制定有利于自己的保险条款，从而使投保人处于不利地位；另一方面由于工程施工具有复杂性、建设周期长、风险大量高度集中、出险原因复杂致使理赔困难等特点，保险公司很难对每个投保人都做到详尽了解，这就使得工程保险当中的信息不对称问题比较突出，很容易在保险实务当中产生纠纷。保险中介的介入可以使投保人得到更专业、更全面的服务，争取到更合理的费率和保险条件，使保险的安排更加合理有效；同时保险中介也会将投保人的情况向保险公司做出客观的评述，减少保险关系双方的信息不对称，降低双方搜寻信息的成本。

由此可见，保险中介机构不仅可以弥补保险人或投保人专业知识的不足，还可以利用其自身的特殊地位调节保险双方当事人的关系，平衡两者的利益。因此，为了推进我国工程保险的发展，使保险公司在建筑工程安全管理中发挥重要作用，实现保险公司和施工企业相互制约以提高工程建设的安全管理水平，也应该大力发展保险中介组织。尽快确立保险中介制度的发展模式。保险中介机构的生存和发展需要市场上有较多的保险公司，并且公众和施工企业要有较高的保险意识。单纯的移植国外的中介发展模式不可行，与此同时还要健全对保险中介市场的监管。此外，还要加快培育保险中介市场主体，特别是要大量培养既精通保险业务知识，又了解工程技术的复合型人才。现代企业的竞争归根到底是人才之间的竞争，作为知识密集型产业的工程保险业更是离不开既懂工程又懂保险、既懂理论又能实践的复合型人才，人才是工程保险业发展的重要动力，只有拥有大量的高端人才才能迅速推动工程保险业的发展。

3. 完善现行法律法规体系

自从1995年《中华人民共和国保险法》颁布以来，虽然陆续颁布了一些相关法律，但目前的保险法律法规还偏重于宏观和中观方面，对保险资金的运用比例、市场推出机制、保险合同订立、偿付能力、偿付能力额度等微观经营方面的法规严重缺失。由于保险法规缺失，从而导致保险监管明显不到位。目前的问题是：偏重市场行为的监管，忽视偿付能力的监管；偏重传统业务的监管，忽视编制指标体系。这一切都不利于我国保险业的健康有序发展，也不利于实现政府、保险公司、施工企业或业主三重制约的保证。因此，制定颁布切实可行的配套管理法规制度，做到有法可依，有据可查，促进工程保险对建筑工程安全管理作用的发挥。

4. 健全对工程保险市场的监管

保险监管是指国家监管机关依据现行法律、法规对保险人和保险市场进行强制性的监督和管理。在西方存在以美国为代表的严格监管模式和以英国为代表的宽松监管模式，但进入20世纪90年代以来，以银行业、保险业为主导的金融并购浪潮席卷全球，金融混业经营日渐深入，不仅导致了西方各国的保险市场运行格局发生了重大变化，同时也推动了保险监管模式的变革。首先，由于全球金融业务日益向混业经营方向转变，主要表现为集银行业、保险业、证券业于一体，成立统一的金融监管部门。其次，从市场行为监管向偿付能力监管转变。再次，从机构监管向功能监管转变。最后，从严格监管向宽松监管转变。而我国的监管模式与上述两个国家的监管模式都不同，主要表现在：强调分业监管，忽视混业监管；重视市场行为监管，忽视偿付能力监管；追求稳定性目标，忽视效率目标。

建筑工程的风险发生频率高、发生事故后造成的损失巨大并具有关联性，若保险公司的偿付能力出现问题，一旦事故发生，被保险人将不能得到及时的赔付使其尽快恢复生产，影响到工程建设相关的群体利益。目前，由于资金存在较大缺口、准备金提留不足、保险投资收益率偏低等原因，我国保险企业偿付能力不足已是不争的事实。因此，加强对保险公司的偿付能力监管显得尤为重要。对保险企业进行有效监管是作为工程保险主体的建设主管单位和安全管理单位的职责之一，也是实现三重制约的重要一环。

美英两国均强调对偿付能力的监管，以保护被保险人的利益为目的。通过这种监管可以及时了解保险公司的财务信息，及时提醒偿付能力不足的保险公司采取积极而且有效的措施，切实保证被保险人的利益。现阶段我国的监管模式应该是以偿付能力监管为核心，兼顾市场行为监管的折中监管模式。为此，我们需要创新监管思路。

1）建立健全的保险信息披露和数据收集系统

中国保监会已经参考 IRIS（保险监管信息系统）和 FAST（财务分析系统）指标体系制定了相关的偿付能力监管指标，这就更依赖保险公司的财务信息数据。应要求保险公司定期上报并公布工程保险的财务信息数据，通过招标分析确定其偿付能力状态。

2）进一步完善偿付能力评价指标体系

目前我国对偿付能力额度的计算侧重对负债方面的考虑，而没有充分考虑资产方面的状况，没有充分考虑市场风险、信用风险、利率风险和流动性风险等对保险公司资产价值的影响，由于保险公司的偿付能力风险是资产负债综合风险，是各种经营风险在公司整体层面上的综合风险，是各种经营风险在公司整体层面上的最终体现。因此，对偿付能力仅从负债方面去评价是不够的，而应从资产负债综合风险角度去进行偿付能力额度计算和指标体系设计。

3）建立保险资产和负债的认可与评估机制

偿付能力额度＝认可资产－认可负债，对资产和负债的认可与评估直接关系到偿付能力额度的大小。建立一套监管会计制度，明确认可资产和认可负债的定义、分类及确认标准，对规范偿付能力监管，填制监管报表是非常必要的。

4）尽快建立保险信用评级制度

所谓信用评级就是通过一定的方法和标准对受评对象的偿债能力或偿债程度进行综合评价与区分的过程。目的在于揭示受评对象的风险水平。建立保险信用评级制度有利于增加保险市场的信息透明度。有关的研究结果显示，信用等级以及等级变化是保险公司偿付能力状况的有效识别变量。

国际上常用的标准普尔《信用评级》的评估方法主要有两种：定量分析和定性分析。

定量分析：也称评估模型法，即以反映企业经营活动的实际数据为分析基础，通过数学模型来测定信用风险的大小，主要是通过企业的财务报表来进行分析。

定性分析：主要是通过对企业的内部及外部的经营环境进行分析。也就是评估人员根据其自身的知识、经验和综合分析判断能力，在对评价对象进行深入调查、了解的基础上，对照评价参考标准，对各项评价指标的内容进行分析判断，形成定性评价结论。

保险信用评级的核心功能是降低保险市场中的信息不对称，达到保险交易的帕累托改进。保险信用评级制度的有效实施，对于加强保险信用产权界定、完善政府监管保险市场的手段、拓宽保险信息需求者获得有效信息的渠道、优化保险公司竞争策略以及降低我国较高的保险交易成本等，都有着重要的现实意义。因此，我国要加强政府对保险信用评级的支持，健全保险财务制度和保险会计信息披露制度，加强对信用评级机构的监管，建立起与国际接轨的保险信用评级制度。

5) 工程保险费率的市场化

保险费率亦称"毛费率",是指每单位的保险金额所收取的保险费。单位保险金额可以用千元单位或百元单位计算,用千元单位计算即为千分率(‰),用百元单位计算即为百分率(%),则:

$$G_1 = \frac{G_f}{G_j} \times 100\% \tag{9-1}$$

式中 G_1——保险费率;
G_f——保险费;
G_j——保险金额。

由于工程风险的复杂性,对工程保险费率的计算各国有不同的方法。目前,我国采用最大可能损失法(Probable maximum loss,简称 PML)计算工程保险费率,它是指运用概率理论,对风险单位在通常情况下因一次致损事件可能导致的最大损失进行估计的值。一般将发生可能性极小的巧合和巨灾风险忽略不计。最大可能损失观念是美国学者阿兰·费里德兰德(Alan Friedlander)提出的,衡量每一建筑物在每一事件发生时,由于火灾蔓延至防火墙或直至燃烧尽,或直至公共消防队到现场为止的情况下,发生的最大损失。

PML 的计算方法在保险界没有统一的标准,以致造成评估上的偏差,其计算的基本原则是:将承保标的按一定方式划分为多个风险单位,估计出各风险单位在发生事故时的损失值,其中最大的单位损失即该标的 PML 值。其中风险单位是指发生一次保险事故可能造成风险标的的损失范围,它是保险人确定其能够承担的最高保险责任的计算基础。风险单位在不同的场合有不同的含义。例如,在车辆保险中,以每一辆车为一个风险单位;在火险中,PML 的确定包括危险单位的划分和危险单位损失程度的估算两部分。将承保标的划分为多个危险单位后,计算各危险单位在发生火灾时的损失值,其最大的损失值即火灾的 PML 值。

实行保险费率市场化需要具备以下三个条件:建立以偿付能力为核心的竞争型监管体系;有一套完善的监管法律系统;有较高的市场信息化程度。这三方面在前述内容中均有详细说明,从上述内容我们可以看出,这三个条件我国目前还都不完全具备,但保险企业不能坐等条件成熟,而应利用现有基础加紧创新,制定符合目前建筑工程市场需要的险种;建设主管部门加快完善法律法规以及符合我国国情的保险监管体系;施工企业和业主一方面要注意提高安全管理水平,另一方面在发生事故后要积极上报,并协助调查,收集整理数据报建设主管部门、安全管理部门和保险公司,为监管部门建设项目信息资源平台提供充分的原始数据。

实行费率市场化有利于保险公司实行差别费率和浮动费率,在建筑安全保险中实行差别费率和浮动费率,能够充分发挥市场经济的调节杠杆作用。建筑施工企业和保险公司双方本着平等协商的原则,根据各类风险因素商定建筑意外伤害保险费率,提倡差别费率和浮动费率。差别费率可与工程规模、类型、工程项目风险程度和施工现场环境等因素挂钩。浮动费率可与施工企业安全生产业绩、安全生产管理状况等因素挂钩。通过浮动费率机制,激励投保企业提高安全生产的积极性。良好的安全业绩和信誉,使承包商交纳低廉的安全保费;反之保费昂贵,甚至出现保险公司拒保,使承包商无法获得施工资格。

实行费率市场化有利于保险公司根据自身的经营状况、经营能力、资金储备以及对市场的把握能力和对投保单位的了解程度量身制定保险费率；有利于中小保险企业进入保险市场、引入竞争、降低保险费率；有利于保险公司提高服务水平，实现投资渠道的多元化；有利于增加保险公司的收益和资金使用率，使保险公司有更多的资金用于对投保人的安全管理。实行费率市场化也是政府、保险公司、施工企业或业主三重制约中的又一重要环节。

9.6 我国工程保险制度健全与完善的配套建设

在建筑工程安全保险制度的管理模式下，除了参与安全管理主体自身的要求外，社会应营造良好的配套实施环境。工程保险制度的健全与完善离不开以下几方面的配套设施建设。

9.6.1 加强法律、法规、合同条件保证

1) 完善法律制度的相关规定。现行的《建筑工程施工合同示范文本》中有关保险的条款仅有两条，即第40、41条。建议有关部门拟定专门的建筑工程保险合同示范文本，并增加以下内容：可控风险的范围、业主和承包商的责任划分、保险险种、保险金额的确定方式及投保人。为了降低成本，减轻业主的负担，待建筑工程保险市场形成之后，把工程质量的监督权交给保险公司，适时取消工程质量监督费和施工安全监督费，同时对管理水平高、事故少的企业，可以采取保险费按比例返还或降低保险费率等奖励机制。

2) 强制保险的实施范围及险种。例如，在涉及国家利益、社会公共利益、社会公众安全的工程建设项目中，强制实行建筑工程一切险、安装工程一切险和雇员意外伤害保险。

3) 在银行的建筑工程项目贷款合同中规定对保险的具体要求。例如国家开发银行的项目贷款合同中包含了关于保险业务的具体条款，原则上要求3000万元以上的贷款建设项目必须要有保险措施，同时银行还要参与对保险人的承保能力评估。使保险公司作为项目风险重要的分担者，在项目开发中起到更大的作用。

9.6.2 加大对工程保险重要性的宣传，增强建设参与各方的保险意识

工程保险是业主和承包商转移重大风险事件，保证工程顺利实施、国有资产保值和增值的重大举措。通过有关部门和新闻媒介加大宣传力度，总结正面经验和反面教训，增强承发包双方当事人尤其是发包方（即业主）的工程保险意识。同时，在建设领域普及工程保险知识，使业主、承包商、设计师、监理师等认识到，工程保险是着眼于可能发生的各种不利情况和意外不测，从若干方面消除或补偿遭受风险造成的损失的一种措施。其重大意义在于能以极小的代价换取最大的安全，进而促使建设参与主体自觉地参加建筑工程保险，推动保险制度在建设工程中逐步实施。建设参与各方的风险意识和保险意识不强是制约工程保险制度推行的一个主要因素，要对其宣传工程保险对于工程项目顺利实施的重要性，提高业主和承包商对在建筑工程中推行保险制度的认识，减除其侥幸心理，使业主和

承包商懂得参加工程保险是一项社会性的补偿制度，是业主和承包商确保工程顺利实施的重要保证。

9.6.3 加强工程保险人才培养

保险公司和保险中介机构服务水平的提高，工程保险市场的发展都有赖于专门的工程保险人才，加强工程保险人才培养是推行和完善建筑工程保险制度的重要保证。加强工程保险人才培养可以采取如下途径：

1）在现行的各种工程咨询认证考试中加入工程保险的相关内容。我国建筑工程咨询认证考试包括：注册建筑师、注册结构工程师、注册监理工程师、注册造价师、注册咨询工程师等。他们都具有工程技术背景知识，对于工程保险知识比较容易掌握。在现行的各种工程咨询认证考试中加入工程保险的相关内容，能够对工程保险知识进行普及，也可以培养高素质的掌握工程保险知识的专业人员。

2）在高校设置专门的工程保险专业。在高校中设置专门的工程保险专业，开设工程技术、工程项目管理、风险管理、保险、工程造价管理等课程，对有关知识进行系统的教学，培养高素质、多学科的专门人才。

9.6.4 推进工程造价管理体制改革

推进工程造价管理体制改革，解决工程保险费来源问题，与法律规定配套。长期以来，我国实行的是按统一定额、规定的取费程序来确定工程造价，而在各种费用的计取上，包含的建筑工程相关保险的保险费很少，通常对风险损失的防备采用预留不可预见费的形式，缺少能以确定的金额转移部分工程风险的保险费来源，而且基本上都是实行有标底招标，即建设单位通过定额、按规定的取费程序计算标底。而实际上，加快保险业的发展，促进保险市场化，可以通过向保险业引入竞争的方式，以最少的成本将风险转移出去。承包商也是按照工程类别与本企业的取费级别，根据定额来进行投标报价，体现的只是工程造价人员编制标价的水平，并未真正反映承包商的实力。为了克服按定额计价的弊端，要在工程计价上实行工程量清单报价，进行无标底招投标，这样承包商在投标中就可以将保费纳入投标报价中，消除承包商认为工程保险增加成本的疑虑。实力强、信誉好的承包商自然能争取到保险和担保公司较低的费率，其报价自然也就会低些，而那些实力弱、信誉差的承包商只能承受较高的费率，在招标中也就很难中标，从而有利于建筑企业的优胜劣汰。

我国已颁布《建设工程工程量清单计价规范》（GB 50500—2008），并于 2008 年 12 月 1 日起在全国正式实施，这是改革我国工程造价管理体制的重大举措，有利于完善工程造价的市场化形成机制。建设工程按工程量清单进行计价，简言之，就是按确定的工程量与单价的乘积，再加上必要的计费项目组成工程造价，不同的承包商根据工程的实际情况和自身的施工能力形成不同的报价参与竞争，破除了按统一定额计价的传统，在费用项目的增减上操作方便，为工程保险费纳入投标报价参与竞争提供了条件。然而由于《建设工程工程量清单计价规范》刚开始在我国实行，在贯彻该规范的过程中，还需在各个方面进行改进。施工企业为适应新的计价模式应构建本企业的投标、报价系统，建立自己的企业定额，这不仅是适应工程量清单计价模式的需要，也是加入 WTO 以后企业逐步走向国际化所迫切需要解决的问题。施工企业针对市场的变化建立自己的企业定额，针对项目特点报出包括保险费用在内的分项工程综合报价，适应市场竞争机制的新要求。

9.6.5 建立精算制度，确定科学的保险费率

工程保险费率的厘定是一项非常复杂的工作，要考虑诸多因素，如承保范围的大小，承保工程本身的危险程度，承包人及其他工程参与方的资信情况、经营管理水平和经验，保险公司以往的赔付记录等。目前，我国工程保险费率的厘定基本采用初估或向再保险公司询价的方法，缺乏数据统计资料和科学的工程精算方法的支持，不利于保险公司合理制定费率、分散风险。建立精算制度，由精算师主导数据统计资料库的建立，建立起承保工程项目的相关数据统计资料，尤其是与赔付率计算相关的数据资料，使得将来设计新产品时，能够提供科学的工程保险费率，提供"量身定制"的工程保险产品，满足客户的需求，为客户提供良好的保险服务。

9.6.6 设计免赔额条款和共保条款

免赔额条款规定，保险公司从损失赔偿金中扣减预定的固定金额，由保险人自己承担，其余作为保险赔款。保险合同的共保条款规定，从损失赔偿金中扣减预定的百分比，保险人只承担一部分赔偿责任，其余由被保险人自己承担。这两种规定都要求一部分损失费用由被保险人自己承担，从而使不谨慎形式的边际成本为正，这样就为被保险人减少损失提供了经济上的动力。免赔额和共保条款对工程安全事故的效应在于：

1）有了免赔额和共保条款之后，如果损失真的发生，被保险人自己也要承担部分损失，就促使被保险人出于对自己利益的考虑，加强安全监督管理，以降低事故发生的可能性。

2）保险人可以运用免赔额条款，促使高期望损失的投保人选择一种高免赔额保单，以高定价反映他们的高期望索赔成本。同时，促使低期望损失的投保人选择一种低免赔额保单，以低定价反映他们较低的期望索赔成本。将两类风险不同的投保人区分开来。

3）保险合同中包括的免赔额条款有助于降低发生频率较高的小额索赔的处理成本。

9.6.7 注重理赔服务

理赔质量的好坏直接影响到保险公司的企业形象和商业信誉，要重视理赔服务，对于出险标的，要本着"主动、迅速、准确、合理"的保险理赔原则进行赔付，保证理赔信誉。不能只重视业务的承接而忽视业务的理赔，应使保险理赔服务真正落到实处。

9.6.8 组建工程保险人协会

保险公司可发起组建工程保险人协会，为促进经验交流和理论研究，加强金融界、工程界、学术界等各界人士的联系提供一个平台。积累工程风险、工程风险管理和工程保险经验数据，深入分析有关资料，为保险公司拟定工程保险合同、厘定费率、参与工程风险管理提供参考。组建工作小组，进行不同课题的研究，通过定期召开会议发布工程保险相

关信息数据。

9.7 建筑工程意外伤害保险案例分析

9.7.1 推行建筑意外伤害保险的历史回顾

自2003年7月起,扬州市建设局正式启动建筑意外伤害保险工作。为保证这项工作的顺利开展,避免无序竞争和不规范行为,维护建筑业从业人员的合法权益,建设局主要做了以下几方面工作:一是坚持公开、公平、公正的原则,通过招标择优确定保险公司,制定了一套可操作性强、透明公开的招标程序。经过招标,2003年确定了2家保险公司,2004年、2005年分别确定了4家保险公司,作为意外伤害保险的承保企业。二是与保险公司协商,共同制定《建筑工程团体人身意外伤害保险条款》,对保险责任、保险费率、保险金额、索赔等进行了统一。三是在招投标交易中心设置窗口,集中办理意外伤害保险。四是安全监督、招标投标、建设局行政办事中心窗口等部门相互配合,形成齐抓共管的局面,规范各方主体行为。五是及时调查处理工伤事故,使工伤事故能得到及时赔付。六是明确了各级建筑安全监督机构负责对意外伤害保险工作进行监督、检查和指导。应该说,通过初始阶段的行政推动,有力地促进了扬州市建筑意外伤害保险工作健康有序的开展。

通过广泛宣传和大力推行,这项工作得到了全社会的支持和广大施工企业的重视,在维护建筑业从业人员的合法权益、转移企业事故风险、增强企业预防和控制事故能力、促进建筑业安全生产等方面起到了积极作用。应该说,建筑意外伤害保险工作取得了初步成效。但随着市场经济的不断完善、政府职能的转变、行政审批制度改革的不断深入,原来的实施办法逐渐显露出一些弊端,影响了意外伤害保险制度的实施和效果,这些弊端主要表现在以下几方面:

1) 企业不能自主选择保险公司。由于是建设局通过招标确定的保险公司,建筑企业只能在确定的几家保险公司投保,这与市场经济公平竞争机制相违背。实际上,这种做法不但人为限制了保险公司之间在费率、服务等方面的竞争,而且严重阻碍了企业投保的积极性。另外,已介入的保险公司也缺少改进工作的动力,并且出现了理赔服务不到位的现象。

2) 保险费率不能浮动。按照发达国家的做法,涉及整个行业利益的商业谈判,应该由最能代表行业利益的协会来组织。但扬州市建筑意外伤害保险的费率是由扬州市建设局与保险公司谈判商定,作为承担保险合同权益义务一方主体的施工企业并不直接参与,因此施工企业意见很大。另外,保险费率的固定,也不利于调动施工企业加强安全管理、积极开展争先创优工作的积极性。

3) 安全服务不能到位。按照建设部《关于加强建筑意外伤害保险工作的指导意见》,保险公司应当为投保企业提供建筑安全生产风险管理、事故防范等安全服务,而实际上绝大多数保险公司只做两件事:一是收取保费,二是伤害理赔,意外伤害保险应附带的安全服务不能实现。虽然安全监督机构做了大量的工作,但是政府部门的安全监管职能与中介机构的安全服务不同,不能互相代替,相关安全服务应该由保险公司或保险公司委托的安全服务中介组织来提供。

9.7.2 建筑意外伤害保险工作的运作机制

为进一步加强和规范建筑意外伤害保险工作，推动意外伤害保险工作的健康发展，2006年上半年，扬州市建设局出台了《扬州市建设工程意外保险工作实施意见》，进一步明确建筑意外伤害保险工作各方主体责任，确定了施工企业负责、保险机构介入、社会中介参与、政府部门监督的建筑意外伤害保险运行机制。

1) 保险对象。在施工现场从事施工的所有从业人员（包括合同工、农民工、临时工和管理人员）。投保人办理投保手续后，应将投保有关信息以布告的形式张贴于施工现场，告之被保险人。

2) 保险范围。凡在本市行政区域内的房屋建筑、市政基础设施、设备与线路管道安装、装饰装修、房屋拆除等工程项目，均属投保范围。

3) 投保方式。建设工程意外伤害保险以工程项目为单位进行投保，施工企业应当在工程项目开工前办理完投保手续。投保实行不计名和不计人数的方式。工程项目中有分包单位的，由总承包施工企业统一办理投保手续，分包单位合理承担投保费用。业主直接发包的工程项目由承包企业直接办理。

4) 保险期限。意外伤害保险的期限自建设工程开工之日起至竣工验收合格之日止。提前竣工的，保险责任自行终止；因故延期的，应当办理顺延手续。

5) 保险金额。根据扬州市安全管理状况和近几年建筑意外伤害保险工作实际，确定最低赔付标准为：被保险人因意外事故死亡的，每人赔付15万元；被保险人因意外事故致残的，按国家规定的伤残标准，一级伤残赔付10万元，二至十级伤残每等级递减1万元赔付。被保险人一次受伤造成多处伤残，按所核定的最高伤残等级标准进行赔付，不累计。在保险期内，被保险人多次受伤，每次均按鉴定的伤残等级标准进行赔付，累计最高赔付10万元。建筑意外伤害保险附加险标准为：被保险人因意外事故致伤，医疗费按实际发生理赔，每人次最高赔付1万元。

6) 保险费率。意外伤害保险应贯彻预防为主和奖优罚劣的原则，采用差别费率和浮动费率，激励投保企业安全生产的积极性。

（1）差别费率。差别费率即根据工程规模、类型、工程项目风险程度和施工现场环境等因素确定的费率。

（2）浮动费率。浮动费率可与施工企业安全生产业绩，安全生产管理状况等因素挂钩。对重视安全生产管理、安全业绩好的企业采用下浮费率。对安全生产业绩差、安全管理不善的企业采用上浮费率。

① 下浮费率标准。被各级人民政府（或安全生产委员会）评为安全生产先进单位的企业，在发文之日起一年内：市级先进企业下浮10%，省级先进企业下浮20%，国家级先进企业下浮30%。被建设行政主管部门评为"建筑安全生产先进单位"的企业，在发文之日起一年内：市级先进企业下浮5%，省级先进企业下浮10%，部级先进企业下浮15%。凡取得"文明工地"称号的工程项目经理部，自发文之日起一年内，该项目经理承担项目负责人的工程项目：市级文明工地下浮10%，省级以上（含省级）文明工地下浮20%。

以上下浮费率按最高计取，不得累加。施工企业项目经理部若发生伤残以上（含伤残）事故，该项目经理承担项目负责人的工程项目保险费率各项优惠即行终止。

② 凡发生四级以上（含四级）重大安全事故的施工企业，自事故发生之日起一年内，施工企业保险费率按基本费率的115%征收。

7) 保险公司选择。施工企业自主选择有保险能力并能提供建筑安全生产风险管理、事故防范等安全服务的保险公司，以保证事故后能及时补偿与事故前能主动防范。

8) 安全服务。保险公司应当为投保人提供建筑安全生产风险管理、事故防范等安全服务。安全服务内容应包括施工现场风险评估、安全技术咨询、人员培训、防灾防损设备配置、安全技术研究等。目前不能提供安全风险管理和事故预防的保险公司，应委托建筑安全服务中介组织向施工企业提供与建筑意外伤害保险相关的安全服务。

9) 中介组织。从事建筑意外伤害保险安全服务的中介组织应规范管理，服务及时到位，认真做好保险公司委托的建筑意外伤害保险安全服务工作，对自己的行为和技术咨询服务等工作成果承担相应的法律责任。

10) 监督管理。各级建设行政主管部门负责对辖区内建筑意外伤害保险工作进行监督、管理和指导：一是加强施工企业办理意外伤害保险的监督，把工程项目开工前是否办理建筑意外伤害保险作为审查企业安全生产条件的一项重要内容，未投保的工程项目，不办理安全报监、不颁发施工许可证。二是加强意外伤害保险协议的管理。对未达到最低赔偿标准、未明确提供安全服务的保险协议，建设行政主管部门不予认可，并责令施工企业按照要求重新投保。三是加强对保险公司开展建筑意外伤害保险业务情况的监督管理，对存在违规操作、服务质量差、不及时按合同赔付保险金、不按规定提供安全服务等不良行为的保险公司，一经发现应立即制止，要求整改，并在全市予以通报。

9.7.3　建筑安全中介组织参与安全服务的实施

建设工程安全咨询服务公司的主要业务就是接受保险公司的委托，为施工企业提供安全技术服务，向保险公司收取一定的服务费。由安全服务公司负责施工现场的事故预防工作，变"事后赔付"为"超前预防"，初步形成了"政府部门监管、保险机构投入、中介现场服务"的安全预控监督新格局。

根据建设部《关于加强建筑意外伤害保险工作的指导意见》，结合当前施工企业安全管理存在的薄弱环节，建设局规定了保险公司应为投保企业提供九项安全服务。为进一步提高安全服务水平，规范安全服务行为，力争使安全服务工作格式化、程序化、规范化，圆满地完成保险公司委托的安全服务工作，安全服务公司结合九项服务内容，编制了安全服务大纲。九项服务内容如下：

1) 对施工企业的现场人员在本工程施工期间进行不低于6学时的安全教育。根据工程进度分三次对项目经理部人员进行安全教育，每次安全教育的时间不低于2个小时。为提高教育质量，安全服务公司组织人员编写《扬州市建筑施工人员安全生产知识简明教程》，免费发放给项目经理部施工人员。

2) 配合项目经理部对建筑施工中存在的危险源、重大危险源进行辨识、评价，提出针对性的防范措施。在工程项目开工之前，安全服务公司积极指导、帮助施工企业、项目经理部，在认真分析工程项目施工组织设计及各专项施工方案的基础上，根据工程项目的类型、特征、规模及企业管理水平等情况，依据《危险源辨识、评价办法》辨识出危险源，采用科学的风险评价方法评价出重大危险源，针对重大危险源制定出严格的安全技术控制措施和组织措施，并提醒施工企业及项目经理部按规定将重大危险源及控制方案报市安监站备案，进一步加强重大危险源的安全管理。

3) 对项目经理部进行不少于一次的图片、影像等方式的警示教育。安全服务公司制作安全教育图片、购置警示教育碟片，采用安全教育图片展览、影像播放等方式，对项目经理部人员进行警示教育，增强施工人员的安全意识，提高员工的安全防范能力。

4) 配合项目经理部举行不少于一次的生产安全事故应急救援预案演练。安全服务公司与施工企业、项目经理部联合成立应急演练策划小组，策划小组根据项目经理部生产安全事故应急救援预案，编制演练计划及实施方案，协助项目经理部组织实施应急演练。现阶段演练可分为：触电急救、火灾应急救援、员工受伤救护等类型，演练可一个项目经理部单独进行，亦可分片多个项目经理部联合进行。通过应急救援预案的演练，提高现场应急救援能力和水平。

5) 对项目经理部进行不少于一次的安全生产条件评价。在工程项目主体施工阶段，安全服务公司依据《江苏省建筑施工安全生产条件评价规范》(试行)对项目经理部安全生产条件进行评价，形成安全生产条件评价报告，将评价报告递交项目经理部，并抄送市安监站，市安监站将评价结果作为工程项目安全生产竣工评价的重要依据。通过施工现场安全生产条件评价，进一步促进工程项目部安全生产管理水平的提高。

6) 为项目经理部提供科学、准确、及时的安全生产管理、技术方面的咨询服务。安全服务公司公布咨询电话，采用电话咨询或现场咨询的方式，依据安全生产法律、法规、国家标准、行业标准及相关管理规定等，为项目经理部提供咨询服务，帮助施工企业解决有关安全生产管理、技术方面的问题。

7) 配合项目经理部对工程相关安全技术进行研究。根据工程项目的特点，安全服务公司积极配合项目经理部对工程相关安全施工技术及主管部门有关管理制度进行研究，明确落实手段和措施。当前主要是建筑施工安全质量标准化的实施、施工现场电子监控系统的建立等，保证工程项目的安全生产和各项管理制度的落实。

8) 对工程项目组织不少于一次的安全生产检查指导工作。安全服务公司根据工程施工进度编制安全生产检查计划，并按计划实施对工程项目的安全生产检查指导工作，依据《建筑施工安全检查标准》(JGJ 59—1999)现场进行评分，评分结果经项目经理签字确认后交项目经理部。安全服务公司每月将工程项目的检查结果汇总，抄送市安监站，市安监站将该评分结果作为工程项目阶段性核验的重要依据。通过安全服务公司的安全生产检查指导，预防和减少生产安全事故的发生，进一步提高项目经理部安全生产管理水平。

9) 对工程项目施工人员不定期地组织安全生产知识竞赛、演讲比赛等活动，安全服务公司准备好安全生产知识竞赛试题库、演讲比赛题库及相关宣传资料，分片、分季节组织项目经理部施工人员进行安全生产知识竞赛、演讲比赛活动，对优胜单位和个人由安全服务公司给予一定的物质经济奖励。通过安全生产知识竞赛、演讲比赛活动，发扬企业安全管理文化，增强施工人员的安全意识，丰富其安全生产知识。

9.7.4 工程意外伤害保险实施案例总结

从扬州市的做法可以看出，通过经济手段，运用市场运行机制来制约和促进建设主体利益各方加强安全生产管理是有效的。

1）建立起有效的安全生产保障机制。建筑意外伤害保险是法定的强制性保险，是安全管理的一项基本制度，我国是一个发展中的国家，现在正面临繁重的建设任务，建筑业的从业人员也非常多，实行建筑意外伤害保险制度，能够建立起一个有效的安全生产保障机制。

2）切实维护建筑业从业人员的合法权益。建筑业从业人员的绝大部分是农民工，属于弱势群体，为切实维护其合法权益，政府通过加强意外伤害保险制度建设，使他们在发生意外伤害的情况下，合法权益能得到有效保障。

3）充分发挥浮动费率机制的激励作用。通过实行浮动费率机制，将施工企业的投保费率与安全绩效全面挂钩，促使企业安全管理由被动接受监督向主动自我防范转变，进一步提高企业安全管理争先创优工作的积极性。

4）增加了施工现场安全管理的力量。建筑安全中介组织受保险公司委托，为项目经理部提供建筑意外伤害保险相关安全服务，收取一定的服务费，保险公司的预防成本得到合理的开发和使用。建筑安全中介组织负责施工现场的事故预防工作，强化施工过程的安全管理，为建筑安全管理增添了一股力量，增加了一道防护。

5）提高施工企业安全生产管理水平。目前，扬州市安全服务中介组织受保险公司委托，为项目经理部提供的九项服务内容，应该说是当前建筑施工安全管理存在的薄弱环节，是有关法律、法规、规章要求施工企业应该做，而施工企业没有做或做得不到位的方面。通过安全服务中介组织配合、协助、帮助施工企业做好相关安全管理工作，使施工企业安全管理主体责任得到有效落实，安全管理水平得到进一步提高。

6）增强了建筑施工安全监管的能力。建筑安全中介组织参与现场安全服务，在业务上接受安监站的指导，并定期报告施工现场安全生产状况，起到了安全监管信息员、报告员、服务员的作用，成为政府安全监管的协同力量，能够有效地解决政府安全监管部门人员、经费不到位而造成的监管不到位、存在监管真空的矛盾。安监站向安全服务公司抽调工作人员充实到监管岗位，并调用部分设备满足了监管工作的需要。另外安监站还可根据建筑安全中介服务组织定期的安全报告，有的放矢地对问题严重的工程项目进行集中的执法整治，提高了监管效能。

9.7.5 总结

建筑意外伤害保险的运行实现了以下几个目标：完善了运行模式，较好地实现了三重制约，但在具体的实施细节和运行机制方面还有待加强。为此，还需要大力培育建筑安全中介服务市场，规范安全服务行为，采用"业绩"、"效益"两挂钩的激励机制，促进中介服务更加到位有效；积极探索建筑意外伤害保险行业自保，进一步完善建筑意外伤害保险运行机制；建立建设工程的保险信息数据库，并定期对外公布相关数据，为保险公司制定保险费率提供有益参考；加强对施工企业和保险公司的管理，完善监管制度，进一步推动建筑意外伤害保险工作的健康发展，提高我国建筑施工安全管理的整体水平。

10 建筑工程项目安全管理的发展展望

改革开放三十多年以来,我国国民经济一直保持快速增长的势头。国民经济的快速增长必然带动固定资产投资的扩大,基础设施建设将得到进一步加强,建筑工程项目的安全管理将越来越被全社会所关注。据国家安全生产监督管理总局的全国安全生产各类伤亡事故统计表显示,2008年全国建筑业(包括铁路、交通、水利等专业工程)共发生事故2288起、死亡2607人。其中,房屋建筑和市政工程共发生建筑施工事故1015起、死亡1193人;其中共发生建筑施工一次死亡3人以上重大事故43起、死亡170人。从全球范围来看,建筑业的安全事故率也远远高于其他行业的平均水平。而建筑工程是一项极其复杂的工程,从设计图纸、建筑材料到施工活动等环节存在很多不确定性因素,任何一个安全隐患犹如蝴蝶效应般随时可能导致重大伤亡事故的发生。因此,建筑工程的事故预测预防机制是极其重要的,隐患说到底就是人的不安全行为和物的不安全状态两方面相互作用的结果。建筑工程项目的安全管理是一项系统工程,应以预防为主,利用信息技术、保险机制、监控技术等新技术不断提高建筑工程的安全管理水平,为建筑施工人员提供一个实实在在的安全文明工作环境。

10.1 总结

本书从四个方面对建筑工程项目安全管理进行了系统性的阐述,根据国内建筑工程项目安全管理的现状及做法,突破常规,因地制宜地提出可操作性的思路,推动建筑工程项目安全管理的创新发展。

10.1.1 加强建筑施工人员的安全责任意识,建立班组安全员聘任制度

俗话说得好:"上边千条线、下面一根针。"每一项专业管理工作和具体管理工作都要落实到班组,就如同用千条线要穿入班组这根针一样。班组是施工企业的最基层管理组织,是加强企业安全管理的基础所在,企业的一切生产活动都要通过班组来实现。有关统计数据显示,90%以上的事故发生在班组,80%以上的事故的直接原因是班组违章、对隐患没有及时发现或消除而造成的。因此,建立班组安全员聘任制度是建筑工程项目安全管理的一项基本制度,是落实建筑工程项目安全管理责任的重要举措,是新形势下加强建筑工程项目安全管理的迫切需要。

同时,聘任合格的班组长和班组安全员是班组安全建设的重要组成部分。班组成员是进行生产活动和施工活动的具体执行者,班组安全员作为班组安全工作的骨干力量,必须由能忠于职守、坚持原则、密切联系群众、热心劳动保护工作、具有一定安全生产和职业健康知识的同志担任,充分发挥他们在发现隐患、报告险情、制止违章等方面的"哨兵"

和"报警"作用，协助班组长搞好班组安全管理，开展群众性的"查隐患、堵漏洞、保安全"的活动。此外，还要协助班组长做好员工的思想政治工作，防止操作人员的不安全行为或因情绪波动、精力分散造成操作失误而导致事故的发生。班组安全员是建筑工程项目安全管理制度的组织者和执行者，是企业安全生产工作的一线守卫者，班组安全员的工作直接影响企业安全生产工作的全局，从巡回检查制度、交接班制度、安全技术岗位练兵制度、设备维护保养制度、劳动保护用品使用制度到检查验收制度，必须做到"四勤"、"四会"、"六多"和"六要"，依靠班组集体力量，克服个人行为的不安全因素，实现"个人无违章、岗位无隐患、班组无事故"。

为了激励班组安全员的工作积极性，在班组安全建设工作的基础上，建立安全激励机制，实行责权利相结合的工作制度。各班组安全员应根据自身的工作性质，制定班组安全生产的目标，提出不同时期、不同任务的防范重点和措施，项目经理部与班组安全员应以合同的形式明确各方的责任，定期考核班组安全管理情况，促进班组安全建设的健康发展。

生产班组是企业各项工作的基础和落脚点，是企业组织生产经营活动的最基层组织，处于事故发生的前沿阵地。由此可见，建筑行业实施班组安全员聘任制，加强班组安全建设，依靠班组集体力量，克服个人行为的不安全因素，能动地实现"个人无违章、岗位无隐患、班组无事故"，是做好安全生产工作的关键。

10.1.2 充分利用信息技术，打造安全管理信息系统，全面提升安全防控水平

建筑行业不同于其他行业，其产品相对固定而施工人员流动性大的特性使安全管理工作变得更加复杂，管理范围大，管理流程多样，安全信息量十分巨大。对于小规模、生产环节简单、安全信息量不大的项目安全管理来说，人工管理安全信息还可以，但是对于大规模的集团化作业，显然需要更加快速高效的安全管理办法，引入计算机网络技术进行安全信息管理成为一种趋势，现代化管理技术的创新将引领安全管理上升到新的层次。同时，由于建筑生产的单一性以及显著的社会性使安全管理工作不容马虎，一些重点工程的安全问题甚至有巨大的社会效应。

因此，必须将电子计算机硬件和软件系统、数据通讯设备及其他先进的电子信息技术引入建筑工程项目安全管理中，采用现代化的科学管理模式和组织架构，利用计算机网络技术将各种安全信息汇总并快速、高效地处理，建立建筑工程安全管理信息系统，为安全管理者提供全面、准确、及时的决策依据。

正如目前已经广泛投入使用的政府安全管理电子政务系统、城市地下管道管理信息系统、交通安全管理信息系统等，安全管理信息系统在建筑生产安全领域的应用也将会迅速推广，其优点是可以广泛地集成先进的信息管理技术、融入现代安全管理思想、运筹学和系统方法。建筑工程安全管理信息系统可有效地预测安全隐患，可实现对建筑生产安全的有效管理，通过技术创新，把安全工作由传统管理上升到系统管理，由人工管理转变为由计算机信息技术支持的人机管理，由企业个别管理拓展到以网络技术为平台的集成化综合管理，达到消除建筑生产过程中的隐患、预防重大安全事故、促进生产、提高生产效益的目标。

随着理论和方法上的不断成熟、计算机技术的不断发展，安全管理信息系统正在逐步完善。新一代计算机技术的出现，使数据处理速度更快，大规模信息存储问题得到解决。数据库技术和远程通信技术以及网络技术的发展，使企业安全管理系统的电子化、网络化成为趋势。未来的建筑生产安全管理信息系统的功能也不会仅仅局限于安全数据处理，而是将逐渐结合数理统计、数学建模等学科知识，在系统设计开发过程中建立大量的数学模型对安全数据进行综合分析判断，将事故的统计、查询、分析、预测功能提高到适度的随机、定性与定量的组合、模糊和动态的制约状态。模糊数学、灰色系统理论和安全系统工程理论也将会加入到系统的开发理论中，帮助计算机程序更加客观的反映现实安全状况或事故特征。这不仅可以实现建筑生产安全的被动评估功能，更能延伸至实时监控和危险预测等主动防御功能。建筑生产安全管理信息系统会扩展到综合信息分析、安全决策支持系统及安全预警系统等多个子系统高度整合的综合性安全管理系统。在未来，安全管理将会在人工智能、实时控制、多媒体及网络技术等方面取得突破性的发展。随着建筑生产安全管理机制的电子化和网络化，安全管理信息技术将会在建筑行业的安全管理工作中发挥更多、更大的作用，实现真正的数字化建筑生产安全管理。

10.1.3 提高建筑从业人员的安全意识，建立安全培训机制，实施平安卡制度

近十几年来，建筑施工新技术、新材料、新工艺和新设备不断出现，对一线操作人员的文化技术素质要求不断提高，但现实却与之严重不相适应。据住建部统计，我国建筑业从业人员中，专业技术人员仅占 4%，而一线操作人员中 80% 以上是初中以下文化程度，其中不乏文盲和半文盲，受过专业培训取得职业资格证书或岗位技能证书的人员不到总人数的 7%。而且我国大多数建筑从业人员来自于农村，从学徒到熟练工期间没有经过正规的培训和继续教育，农民工技能水平参差不齐，安全保护意识不足，这直接制约了我国建筑业整体发展水平的提高。因此，加强建筑从业人员的培训教育是提高我国建筑业整体水平的迫切需要，是将建筑业由粗放式发展转变为集约化发展的要求。

建立安全培训机制是推动建筑从业人员职业化、专业化的必经之路，具有重要而深远的意义。就操作人员而言，建立安全培训机制是增强建筑从业人员的适应能力、提高操作水平的一条重要途径；从行业来看，建立安全培训机制可提高建筑从业人员的安全意识和职业技能，降低安全事故发生率，保证工程质量，同时开拓国际市场，进行劳务输出；从国家战略角度考虑，建立安全培训机制是转变经济增长方式、加快城镇化进程、促进人力资源要素流动、促进城乡以及区域协调发展、构建和谐社会的客观要求。正如温家宝总理所强调的，对于把巨大的人口压力转化为人力资源优势，使我国经济建设切实转到依靠科技进步和提高劳动者素质的轨道上来，具有重大意义。

但建筑行业作为吸纳农村劳动力的主要行业之一，有着独特的特点，培训难度大，培训范围广，培训的针对性要求高。首先，建筑从业人员流动性强，劳动关系不固定，从业人员参与培训的积极性不高。其次，培训经费难以落实。最后，建筑行业生产操作人员就业准入和建筑企业市场准入工作还没有完全落实，导致促进农民工培训的外部动力不足。这些特点制约了建筑从业人员技术水平和综合素质的提高，如何对建筑从业人员进行教育和培训成为政府和施工企业亟须解决的问题。

因此，在建筑劳务分包制度的基础上，建立以劳务企业为核心的新型培训组织机制，实施平安卡制度，通过计算机网络系统建立一个庞大的数据库，将建筑业的所有从业人员进行注册编号，记录其经考试所评定的技术水平，定期对建筑从业人员进行考核、评价和继续教育，提高建筑从业人员的操作技能和安全意识。平安卡是一张储存持卡人身份资料的 IC 卡，包括姓名、性别、身份证号码、相片、安全培训记录、考勤记录、意外伤害保险记录等信息。平安卡制度以个人信息 IC 卡为依托，以建设管理部门为牵头单位，联合安全培训单位、建设施工单位、劳动保障部门，通过信息化管理的手段，建立统一的标准化信息系统，由各级安监部门和建筑安全协会负责平安卡的发放与管理以及信息的录入，并汇集到中心，形成互通的信息网。只有拥有平安卡的建筑从业人员方可从事建筑行业，才能出入施工现场，才能参与继续教育，让平安卡成为建筑从业人员的另一"身份证"，真正保护建筑从业人员的合法权益，切实实现对建筑从业人员的安全管理。

10.1.4 引入安全保险，创造性地分散建筑工程的风险，提高安全管理水平

建筑工程施工大多是在露天的环境中进行的，所进行的活动必然受到施工现场的地理条件和气象条件的影响。例如，在现场气温极高或极低、照明不足（如夜间施工）、下雨或者大风等条件下施工时，容易造成施工人员生理或者心理的疲劳，导致注意力不集中，从而造成事故。特别是房屋建筑工程高处作业较多，施工人员常年在室外操作。一幢建筑物从基础、主体结构到屋面工程、室外装修等，露天作业约占整个工程的70%。绝大部分施工人员都在十几米或几十米的高处从事露天作业，工作条件差，易受到气候条件多变的影响。建筑工程存在很多不确定的风险因素，易发生安全事故。因此，风险管理成为建筑工程安全管理的一项重要内容。而保险是迄今采用最普遍也是最有效的风险管理手段之一。通过保险，企业或个人可将许多威胁企业或个人利益的风险因素转移给保险公司，从而可通过取得损失赔偿以保证企业或个人的财产免受损失。

因此，建筑工程项目引入安全保险机制，可提高建筑工程的抗风险能力，可提高建筑工程安全管理水平。保险公司在提供工程保险时，首先会对申请人的资信、施工能力、管理水平、索赔记录等进行全面审核，并实行差额费率。其次，保险公司还会增加对工程施工的防灾防损要求，在保险服务中，保险公司可以凭借多年的经验，积极参与保险工程的防灾减损工作，在大型工程设计、施工、安装和试运行阶段派出自己的监督管理人员监督工程的实施，提出安全管理意见，指导和促进被保险人加强安全管理措施，通过与投保人的通力合作，达到防范、控制、降低风险的目的。

目前，国内建筑工程意外伤害保险的实施模式处于发展阶段，又先后引入建筑安全咨询公司的建筑意外伤害保险模式、保险中介组织的建筑意外伤害保险模式、建筑安全事故预防专项基金会的建筑意外伤害保险模式和施工企业联合自保下的建筑意外伤害保险模式，使工程保险业得到快速的发展，并积累了不少的经验。但其背后也隐藏着许多危机，如配套制度不健全、保险各方的信任危机等。工程保险的顺利实施离不开社会环境的支持。

参考国外在工程保险领域的先进经验与做法，结合我国建筑业、保险业实际情况，努力消除阻碍保险业发展的政策约束，建立现代化市场型工程保险，也就是以市场为导向、以发展为主线、以创新为动力、以诚信建设为基础、以防范化解风险为核心、引导保险资源的合理配置，使我国保险业走上交易信用化、企业集团化、中介产业化、市场国际化和监管宽松化的发展模式。首先，降低保费所得税税率，减轻保险公司负担。其次，进一步完善保险中介制度，促进保险中介的发展。最后，继续完善相关的法律法规，健全对工程保险的市场监管，创建以偿付能力监管为核心、兼顾市场行为的折中监管模式。同时努力提高市场信息的透明程度，实现工程保险费率的市场化。通过制度的创新和完善相关配套设施，使我国工程保险业得到极大的发展，充分发挥工程保险在安全管理上的作用，逐步缩小与发达国家的差距。

10.2　安全管理的发展展望

建筑企业的安全问题是我国目前经济运行中面临的一个突出问题，不仅关系到建筑行业的发展，而且关系到社会的和谐与进步。尽管在实践中已开始重视安全管理，相关部门也采取了相应对策和措施，但建筑安全事故仍然频繁发生，工程建设中安全事故的发生率一直位于非煤矿业之首。因此，建筑工程的安全管理不是一蹴而就的，是一项长期而艰巨的工程，是从策划、设计、实施到反馈的全过程管理，涉及建设单位、保险公司、施工单位、监理单位、设计单位、政府监管部门等不同的责任主体。对于参与工程各方，应明确各自的角色，充分利用信息技术和保险制度，用发展的眼光、创新的思路提出安全管理手段和方法，不断探索，推动建筑工程的安全管理更上一层楼。

10.2.1　安全管理从定性研究向定量研究转变，科学度量安全管理指标，使安全成为企业经营的另一个引擎

安全问题贯穿于工程项目管理的始终，安全管理是项目顺利进行的重要保证。但当安全与工期、质量和费用等发生矛盾时，安全要求往往处于不利地位。尽管诸多成功的工程实践证明安全已经成为企业发展的引擎之一，安全的投入、绩效和损失仍然不能像工期和质量等一样被企业看做是经营的驱动力。因为安全的投入、绩效和损失还不能像质量和工期一样被科学地度量，因此也就很难进行定量的管理与控制。只有这个问题得到解决，安全管理才可能真正成为项目管理中不可或缺的一部分。

对安全的管理和控制要消耗一定的资源，如何有效地利用这些资源是提高安全管理水平的关键。对施工现场影响安全的因素进行定量与定性相结合的系统研究，对事故发生的规律进行大规模统计研究，探索安全管理和安全控制的关键环节，量化安全管理和安全控制的指标，定量分析安全管理的投入与效益比，是安全管理研究的新要求。

对建筑工程来说，解决安全的首要问题就是要对建筑工程和企业所面临的风险，包括这些风险可能带来的安全威胁与影响的程度，进行最充分的分析与评估。只有遵照安全管理标准，采用科学有效的模型和方法进行全面的安全评估，才能真正掌握建筑工程的整体安全状况，分析各种存在的威胁，以便针对高风险的威胁采取有效的安全措施，提高整体安全水平，逐步建成坚固的安全管理体系。安全风险评估作为安全管理的前提和基础，其作用已经得到了广泛的重视。而安全风险评估计算模型是安全风险评估中最重要的部分，

是安全风险评估过程中进行风险分析和计算的工具，通过它来计算所评估的系统中风险值的大小，来确定系统的安全性和急需解决的风险，衡量系统的整体安全性。借助安全风险评估计算模型，可以计算出各风险因素的风险程度，判断建筑工程安全管理系统的重要风险因素，提前采取风险控制措施，有效地降低系统风险，提高建筑工程的整体安全状况，让建筑从业人员安心、放心地工作。

10.2.2 建立安全预警控制系统，及时获知和消除安全隐患，实现建筑现场"零事故"目标

建筑安全生产是建筑业持续、健康、稳定发展的需要，也是国家政治稳定、社会安定和人民安居乐业的必要保证。为了保证建筑安全管理的长期化、标准化，在出现安全事故隐患时能够迅速有效地采取应对措施，提高安全管理水平，建立建筑安全预警控制系统是十分必要的，而且要把建筑安全预警控制管理上升到一个行业或企业发展战略的高度来认识。建筑安全预警控制管理，就是根据建筑企业日常安全管理活动的过程与结果是否满足安全管理目标的预期要求，来确定建筑企业的运行处于"事故状态"或"正常状态"，并由此做出对策的管理活动。它是对建筑企业的生产运行进行分析、监控、预测和评价，在事故隐患发生的情况下，采取既定的组织、管理方法干涉和调控其运行过程，并使之恢复正常状态的活动。

对建筑企业而言，建筑安全生产预警管理技术的本质在于预先控制、事前管理，其目的就是要在建筑安全工作中实现预警管理，变原来的跟踪调节为预期调节，实现管理思想和管理方式的根本转变。建筑安全预警控制管理需要从事故危险源出发，重视对危险源和隐患进行监控预警，采用高新技术手段实施各种监控预警措施，变事故处理为事故预防，及时发现隐患，及时进行排除，把事故消灭在萌芽状态，牢牢掌握安全管理的主动权，从而把安全管理工作的水平提高到一个新层次。

通过建筑工程安全预警管理系统，可以对建设项目的安全状态进行实时监控，并及时反馈给安全预警部门，项目安全管理人员根据安全预警部门的信息采取相应的预控措施，可以有效防止事故的发生或降低事故发生的概率。该预警系统由计算机编程人员编写成程序软件后，可以对建筑施工现场的危险因素定量化管理，设定简单的操作界面和有效的报警机制，实现预控目标。

10.2.3 加强安全管理文化建设，打造全方位的安全管理体系，使安全管理"两条腿"走路

由于建筑业有个体性强、工作面广、工作分散、安全控制难等特点，建筑安全文化的培育与发展对安全管理非常重要。同时，项目安全管理中不同企业的分工合作也要求企业间安全文化的沟通与融合，当然也包括不同国家和地区的企业安全文化。对不同的安全文化进行比较研究，可以为项目各方的合作特别是安全管理方面的合作提供指导性意见，从而提高整个行业的安全管理水平。

建筑安全文化是服务于企业的安全管理工作的，是建筑安全管理的基础和补充。建筑施工企业安全工作就是要解决人的不安全行为、物的不安全状态、环境的不安全条件和管理的不合适方法等问题。物的不安全状态和环境的不安全条件主要是依靠安全科学技术和工程技术来实现的。但是，科学技术和工程技术是有局限性的，并不能解决所有的问题，

其原因一方面是科技水平发展不够，另一方面是经济上不合算。正因为如此，控制、改善人的不安全行为就显得十分重要。控制人的不安全行为就是采用安全管理的方法，即用管理的强制手段约束被管理者的个性行为，使其符合管理者的需要。建筑施工企业安全管理应该是在安全科学技术与安全工程技术的基础上，通过制定法律、法规、制度、规程等，约束建筑施工企业员工的不安全行为，同时通过宣传教育等手段，使员工的生产行为安全规范，以保证安全生产目标的实现。基于这些原理，企业安全文化的概念应运而生，以此弥补安全管理手段的不足。安全文化之所以能弥补安全管理的不足，是因为安全文化注重人的观念、道德、伦理、态度、情感、品行等深层次的人文因素，通过教育、宣传、惩罚、创建群体氛围等手段，不断提高建筑施工企业员工的安全修养，改进其安全意识和行为，从而使员工从不得不服从管理制度的被动执行状态转变成主动自觉地按安全要求采取行动，即"要我遵章守纪"转变为"我要遵章守纪"。建筑施工企业安全文化的推行，必须建立在完善的安全技术措施和良好的安全管理基础之上。

建设安全管理文化，必将改善企业内部的安全管理水平，提高企业全体成员的综合素质，提升企业全体成员的行为水准，是企业走内涵式发展道路、搞好生产安全与创出企业特色以及创造更佳经济效益的一个重要环节。

10.2.4 将智能技术引入安全管理，给安全管理插上"腾飞的翅膀"

随着人类社会进入信息化时代，机器人技术、人工智能技术、虚拟现实技术、数据库管理系统、网络技术以及多媒体技术等一系列新技术在工程建设管理领域同样得到了广泛的应用，并且在不断改变着施工现场安全管理的面貌。

随着自动化技术的发展，建筑工地上逐渐出现了一些半自动化或自动化的机器人，如焊接石油管线的机器人、进行屋顶防漏处理的机器人等。这些机器人的使用主要有两个原因：其一是它们能够比人类更加高效、准确地完成某些工作任务；其二是它们可以被派往某些高危险区域(如海洋、高空和核辐射区等)代替人类工作。其结果是：在高危现场作业的施工人员数量减少，从业人员的知识水平提高了，这样发生安全事故的可能性必然会极大地降低。

新的计算机软件和硬件系统不断应用于建筑业，使建筑业中"白领"和"蓝领"员工的工作都发生了巨大的变化。机器人的智能化使员工从繁重、危险的劳动中解脱出来，而项目计划和核算软件则使很多过去必须由管理人员负责完成的管理任务由计算机准确的完成，并且可以在计划中考虑安全的需要。所有的这些技术，都促进了项目现场安全管理水平的提高。

人工智能和专家系统也许将成为推动建筑业生产力水平发展的巨大动力。人工智能技术能够根据对环境的诊断，在学习经验的基础上，对将来的工作任务进行判断。人工智能的思想与网络技术相结合，能够广泛应用于施工现场的各项工作。例如，计算机能够针对不同的工程项目施工要求，有针对性地编制安全培训方案。尽管计算机技术并不能够解决所有的项目施工问题，但借助计算机辅助施工技术，建筑业中的很多问题(包括建筑安全的技术和管理问题)都能找到有效的解决途径。因此，计算机将帮助工程师建立人工智能和专家系统，高效率地处理建筑施工中碰到的问题，提高建筑工程安全管理的水平。

综上所述，建筑安全管理是保护劳动者权益的必要保证，是建筑业持续、稳定、健康发展的需要，也是和谐社会的重要组成部分。而建筑安全研究是一个跨学科的交叉领域，不仅仅需要安全科学方面的知识和方法，还需要结合管理学、经济学、工效学、医学以及建筑科学等多种学科的相关理论。因此，建筑安全管理是一项长期的工程，任重而道远，只要我们不断探索，不懈努力，坚持创新，建筑工程安全管理工作必将日益完善、日益规范，我国建筑业的安全生产水平必将达到世界先进标准。

参 考 文 献

[1] 冯小川. 建筑施工企业专职安全员安全生产管理手册 [M]. 北京：中国建筑工业出版社，2007.
[2] 徐蓉，徐伟，程志贤. 我国建筑业安全管理创新研究 [J]. 建筑施工，2005，27.
[3] 李钰，矫利寅. 加强建筑工人安全培训的构想 [J]. 中国安全科学学报，2007，17.
[4] 方东平，黄新宇. 工程建设安全管理 [M]. 北京：中国水利水电出版社，2001.
[5] 马学东. 建筑施工安全技术与管理 [M]. 北京：化学工业出版社，2008.
[6] 陈峰. 施工企业员工安全培训手册 [M]. 北京：中国建筑工业出版社，2006.
[7] 顾勇军，蒋剑. 新起点期待新突破 [J]. 建筑安全，2007(3).
[8] 李湘萍. 关于农民工培训提供模式的案例研究 [J]. 职业技术教育，2005，26(10)：54-55.
[9] 张彬. 浅议我国建筑安全存在的问题成因及对策 [J]. 建筑安全，2007(3).
[10] 杜荣军. 建设工程施工现场安全生产保证体系管理资料 [M]. 上海：同济大学出版社，2005.
[11] 邵华. 建筑行业农民工培训任重道远 [J]. 教育与职业，2004(1)：29.
[12] 周庆行，唐礼武. 如何提高农民工职业技能培训水平 [J]. 职业时空，2005(6)：47.
[13] 雷世平，姜群英. 关于促进农民工积极参与培训的政策性建议 [J]. 职业技术教育，2004，25(10)：59.
[14] 孙春海. 开展施工安全教育培训的必要性和途径 [J]. 建筑安全，2006(11).
[15] 渠华. 浅谈建筑业农民工的安全教育培训工作 [J]. 山西建筑，2009，35.
[16] 杨振宏，潘成林，惠雄鹏，等. 国内外企业安全培训调查及模式的探讨 [J]. 中国安全科学学报，2009(5).
[17] 方东平，黄吉欣，麦鸿骥. 香港特区建筑安全管理的探讨与借鉴 [J]. 中国安全科学学报，2003(5).
[18] 王卫萍. 浅析安全培训工作中存在的问题及对策 [J]. 新疆化工，2009(2).
[19] 兰玉，刘世良. 浅析职业教育中农民工建筑安全培训 [J]. 科技资讯，2009(8).
[20] 卢创郁，管学义. 试论分类教学法在安全培训工作中的应用 [J]. 建筑安全，2006(11).
[21] 姜东暄，郑雅珍. 企业特殊工种安全培训的探索与实践 [J]. 现代企业教育，2009(10).
[22] 方东平，黄新宇，黄志伟. 建筑安全管理研究的现状与展望 [J]. 安全与环境学报，2001(1).
[23] 寿钰婷. 美国人力发展培训计划及其对我国农民工教育培训的启示 [J]. 外国教育研究，2007(8).
[24] 刘仲力. 发展我国工程保险的对策研究 [D]. 天津：天津财经大学，2005.
[25] 陈昕. 我国工程保险合同相关问题研究 [D]. 天津：天津大学，2004.
[26] 龙卫洋，龙玉国. 工程保险理论与实务 [M]. 上海：复旦大学出版社，2005.
[27] 吴华平. 建筑工程意外伤害保险实施模式的研究 [D]. 重庆：重庆大学，2007.
[28] 任树本，包锡盛，刘世虎. 工程保险建设项目的风险保障：英国工程保险制度借鉴 [J]. 中国投资，2003(7).
[29] 孟宪海. 国际工程保险制度研究借鉴 [J]. 建筑经济，2000(9).
[30] 施建祥. 中国保险制度创新研究 [M]. 北京：中国金融出版社，2006.
[31] 孙建平. 建设工程质量安全风险管理 [M]. 北京：中国建筑工业出版社，2006.
[32] 赵平，方桐清. 建筑工程保险动态机制的对策研究 [J]. 四川建筑科学研究，2006(6).

[33] 成国华,顾勇军. 推进意外伤害保险 促进行业安全管理[J]. 建筑安全,2006(1).
[34] 郭秋生. 建筑工程安全管理[M]. 北京:中国建筑工业出版社,2006.
[35] 李中锡. 中国工程质量监管体系探索[M]. 北京:中国建筑工业出版社,2006.
[36] 黎旭标. 中外施工安全管理制度比较分析[D]. 重庆:重庆大学土木工程学院,2006.
[37] 周燕. 国外建筑安全管理集粹[J]. 建筑安全,2007(4).